DIGITAL SERIES

未来へつなぐ
デジタルシリーズ

情報マネジメント

神沼靖子
大場みち子
山口　琢
川野喜一
小川邦弘
刀川　眞
砂田　薫　著

38

共立出版

Connection to the Future with Digital Series

未来へつなぐ デジタルシリーズ

未来へつなぐ デジタルシリーズ　刊行にあたって

デジタルという響きも，皆さんの生活の中で当たり前のように使われる世の中となりました．20 世紀後半からの科学・技術の進歩は，急速に進んでおりまだまだ収束を迎えることなく，日々加速しています．そのようなこれからの 21 世紀の科学・技術は，ますます少子高齢化へ向かう社会の変化と地球環境の変化にどう向き合うかが問われています．このような新世紀をより良く生きるためには，20 世紀までの読み書き（国語），そろばん（算数）に加えて「デジタル」（情報）に関する基礎と教養が本質的に大切となります．さらには，いかにして人と自然が「共生」するかにむけた，新しい科学・技術のパラダイムを創生することも重要な鍵の 1 つとなることでしょう．そのために，これからますますデジタル化していく社会を支える未来の人材である若い読者に向けて，その基本となるデジタル社会に関連する新たな教科書の創設を目指して本シリーズを企画しました．

本シリーズでは，デジタル社会において必要となるテーマが幅広く用意されています．読者はこのシリーズを通して，現代における科学・技術・社会の構造が見えてくるでしょう．また，実際に講義を担当している複数の大学教員による豊富な経験と深い討論に基づいた，いわば“みんなの知恵”を随所に散りばめた「日本一の教科書」の創生を目指しています．読者はそうした深い洞察と経験が盛り込まれたこの「新しい教科書」を読み進めるうちに，自然とこれから社会で自分が何をすればよいのかが身に付くことでしょう．さらに，そういった現場を熟知している複数の大学教員の知識と経験に触れることで，読者の皆さんの視野が広がり，応用への高い展開力もきっと身に付くことでしょう．

本シリーズを教員の皆さまが，高専，学部や大学院の講義を行う際に活用して頂くことを期待し，祈念しております．また読者諸賢が，本シリーズの想いや得られた知識を後輩へとつなぎ，元気な日本へ向けそれを自らの課題に活かして頂ければ，関係者一同にとって望外の喜びです．最後に，本シリーズ刊行にあたっては，編集委員・編集協力委員，監修者の想いや様々な注文に応えてくださり，素晴らしい原稿を短期間にまとめていただいた執筆者の皆さま方に，この場をお借りし篤くお礼を申し上げます．また，本シリーズの出版に際しては，遅筆な著者を励まし辛抱強く支援していただいた共立出版のご協力に深く感謝いたします．

「未来を共に創っていきましょう．」

編集委員会
白鳥則郎
水野忠則
高橋　修
岡田謙一

はじめに

本書は，情報マネジメント (IM) に関する基礎的な知識をまとめることを目指して，いろいろな観点から題材を捉えて執筆している．専門分野を問わず，また文系と理工系を問わず，IMについて知識を得たいというあらゆるレベルの学習者に向けた入門書である．

いくつかの章では，IM 教育に関係する国際的なカリキュラム (IS2010, CS2013) が何を扱っているのかにも注目している．たとえば，「なぜ，IM という概念が必要なのか？」，「そもそもIM とは何か？」，「情報の管理はどうして必要になったのか？」などの疑問を解決するためである．

読者は IM について，それぞれのイメージを抱いているであろう．そしておそらく，それらのイメージは IM の概念のどこかに接しているであろう．しかし一方で，この書を読みながら，IM の概念を理解することがいかに難しいかにも気づかされるであろう．

各章の構成は，それぞれ独立して展開されている．授業の中でいろいろな話題を抽出して利用することを視野に入れているからである．また，学習順序を定めていない．シラバスの展開に対応して該当する章だけを選ぶことを可能にしているからである．

似たような話題をいくつかの章で扱っている．しかし扱い方は章や節によって異なる．学部や学科，コースカリキュラムなどによって，あるいは学習者の前提知識やスキルレベルによって話題の取り入れ方を変えることを想定しているからである．したがって，科目の位置づけによって学習順序を変え，必要な話題を選んでそれぞれの授業を形成できる．つまり，このテキストの利用の仕方は，他の科目の内容を相互に参照しながら教師がシラバスを作成すれば，IMという科目を新たに設計することも可能なのである．ここでは，本書の目次に対応する 15 週のシラバスを例示しておこう．なお，( ) 内が関係する章番号である．

第 1 週　本講義の位置付けとガイダンス（第 1 章）
第 2 週　IM とは何かについての概観（第 1 章）
第 3 週　IM の基礎知識とは何かについての概観（第 2 章）
第 4 週　ファイル管理の基本的な技術に関する概観（第 3 章）
第 5 週　データベース管理システムの機能や技術に関する IM の観点（第 4 章）
第 6 週　出版物に関するシステム・技術と IM の概観（第 5 章）
第 7 週　プロジェクトマネジメントと組織の標準化活動の概観（第 6 章）
第 8 週　情報システム開発と情報の役割・利用方法・管理方法（第 7 章）

第 9 週　組織活動と情報の役割・利用方法・管理方法（第 8 章）
第 10 週　人・物・金・情報と企業におけるビジネス活動（第 9 章）
第 11 週　顧客要求とサービスマネジメントとシステム監査（第 10 章）
第 12 週　情報技術と情報利活用の進化（第 11 章）
第 13 週　情報評価の枠組みとは何かについての概観（第 12 章）
第 14 週　目的によって異なる情報管理・システム管理の仕組み（第 13 章）
第 15 週　法・倫理・サイバー犯罪と IM の必要性（第 14 章）

それでは，このシラバスの順序に従って，各章の観点とポイントを簡単に紹介しておこう．第 1 章と第 2 章では，データ，情報，知識，および，情報システムに関する基礎的な知識を扱い，IM の何を学ぶのか／学ぶべきかに注目している．第 3 章ではデータファイル構成と管理システムの技術に関する基礎知識を捉え，第 4 章ではデータベースシステムの側面から技術と IM の概念に注目している．

第 5 章からは応用面に注目した観点を重視している．第 5 章では情報システムの利用現場から，（紙メディアとデジタルメディアとを問わず）図書館や出版物の情報と IM の諸問題を扱っている．そして第 6 章ではプロジェクトマネジメントに注目してマネジメントの諸概念を扱っている．さらに第 7 章ではものづくりの観点から情報システム開発とその管理に注目し，第 8 章では組織の観点から IM を扱っている．

第 9 章では企業における経営とビジネス活動に注目しながら IM を取り上げ，第 10 章では運用や保守の観点を取り入れながらシステム監査とサービスマネジメントを扱っている．さらに第 11 章と第 12 章では新しい情報時代に注目した話題を取り上げている．第 11 章ではクラウド時代の IM を扱い，第 12 章ではメディアドクターに注目して情報評価の枠組みを扱っている．

「目的による情報の特徴と管理」と題した第 13 章は，行政における IM，図書館情報のマネジメント，学術情報のマネジメント，21 世紀の公共サービス基盤“電子政府”などの事例が含まれている．これらの話題を演習授業などとリンクすると，さらに発展した授業展開が可能となろう．この章は四つの話題を提供しているが，それぞれの専門家の手でまとめられた実践的な話題を紹介しているので，時間的な余裕があれば，リアルな話題を複数取り上げて，システム管理の仕組みが違うことを理解するとよい．

そして第 14 章は最終章として，情報社会における法と倫理と IM に注目している．たとえばウイルス対策と管理，倫理とサイバー環境での犯罪，情報セキュリティとマネジメントなど，情報システムの脆弱性とリスク対応などの話題が含まれている．

本書の計画は，数年前に持ち上がっていたが，あまりにも多面的な内容であるために，取り上げ方に関する議論が繰り返された．また，IM の話題の対象が人間であることから，IM 教育は大学以前の教育でも取り上げるべき話題であろうとの考えをもつに至っている．

今日では，ネットワーク環境の進化に伴って，情報を利活用する研究者，組織や企業における業務担当者，ものづくりにかかわる技術者などが増えており，IM では避けて通れない課題である．本書が契機となって，IM に関する議論がますます盛んになることを期待している．

そして IM 教育の内容についても経験的知識のみならず，学問的な知識として時代に左右されないマネジメントの概念として確立されることが重要である．

執筆者と分担

神沼靖子：　第 1 章，第 2 章，第 3 章，第 4 章，第 5 章，第 6 章，第 14 章
大場みち子：　第 7 章，第 8 章，第 9 章，第 10 章
山口　琢：　第 11 章，第 12 章
川野喜一：　13.1 節
小川邦弘：　13.2 節
刀川　眞：　13.3 節
砂田　薫：　13.4 節

筆者らは，本書を計画した段階から，しばしば現実社会のさまざまな現場を訪問してきた．そして働いている人々がどのような問題に遭遇し，それを解決しているのかについて，実際に観察させてもらった．協力していただいた関係者との情報交換は，目で見て質問して議論するという繰り返しであったが，それらの内容は本書のいたるところに反映されている．たとえば，情報収集に際しては，（株）図書館流通センター（TRC）の皆様には多くの情報を提供していただいた．それぞれの社会や時代の中でさまざまな実践を通して学ぶことで，さまざまなマネジメントが行われていることについて理解されることを期待している．

本書の出版にあたって，ご支援ご協力いただいた，未来へつなぐデジタルシリーズ編集委員長の白鳥則郎先生，編集委員の水野忠則先生，高橋修先生，岡田謙一先生，編集協力委員の片岡信弘先生，松平和也先生，宗森純先生，村山優子先生，山田圀裕先生，吉田幸二先生，ならびに共立出版編集部ほかの皆様に深謝する．

2018 年 9 月

著者一同

目 次

はじめに　iii

第1章
情報マネジメントとは　1

1.1 本章を学ぶためにしておくこと　1
1.2 はじめに　2
1.3 CS2013 で重視している情報マネジメント　3
1.4 IS2010 における情報マネジメント　5
1.5 学習成果と評価指標　8
1.6 “人間，情報，メディア” と情報マネジメント　10
1.7 情報マネジメントの概念　12

第2章
情報マネジメントのための基礎知識　16

2.1 はじめに　16
2.2 情報の意味と表現　16
2.3 情報処理と情報システム　21
2.4 情報メディアと組織・社会　21
2.5 情報マネジメントと科目の概念　23
2.6 グローバル化と情報マネジメント戦略　25

2.7 情報システムの運用と管理 28

2.8 本章のまとめ 29

第3章 ファイル管理とその技術 32

3.1 はじめに 32

3.2 情報マネジメントの技術に関する学習 32

3.3 データ管理システム 34

3.4 情報検索システムの基礎 40

3.5 アプリケーションの活用 43

3.6 本章のまとめ 45

第4章 情報マネジメントとデータベースシステム 47

4.1 はじめに 47

4.2 データとデータベースシステム 47

4.3 データモデルとデータベースシステム 53

4.4 データベースシステムの応用 56

4.5 データベースシステムの運用と管理 59

4.6 本章のまとめ 61

第5章 出版物の情報と情報マネジメント 63

5.1 はじめに 63
5.2 知識伝達の仕組みとコンテンツの管理 64
5.3 図書館のサービスと管理の変化 68
5.4 図書情報と物流システム 72
5.5 本章のまとめ 77

第6章 プロジェクト＆情報のマネジメント 80

6.1 はじめに 80
6.2 プロジェクトマネジメントの歴史的背景 80
6.3 情報システム科目で扱う PM 82
6.4 PM とは 83
6.5 標準的な管理の概念 87
6.6 欧米における PM の標準化 89
6.7 日本発のプロジェクトマネジメント “P2M” 90
6.8 ISO の活動 94
6.9 本章のまとめ 95

第 7 章
情報システム開発に関係する情報の管理 97

7.1 はじめに 97
7.2 情報システムの管理 97
7.3 企業における情報活用の流れ 101
7.4 ものづくりのマネジメント 105
7.5 生産管理の方法・技術・実践 106
7.6 本章のまとめ 110

第 8 章
組織活動と情報マネジメント 113

8.1 はじめに 113
8.2 組織の活動と情報 113
8.3 組織化と組織の形態 114
8.4 組織の活動とマネジメント 115
8.5 組織活動の具体例 117
8.6 組織における情報と個人の情報 124
8.7 本章のまとめ 125

第 9 章
企業におけるビジネス活動と情報マネジメント 127

9.1 はじめに 127

9.2 企業活動 127

9.3 経営戦略のマネジメント 130

9.4 企業情報システムの構成 132

9.5 企業経営情報のマネジメント 133

9.6 ビジネス情報のマネジメント 136

9.7 本章のまとめ 139

第10章 システム監査とサービスマネジメント 141

10.1 はじめに 141

10.2 サービスマネジメント 141

10.3 ITIL (Information Technology Infrastructure Library) 147

10.4 SLA (Service Level Agreement) 149

10.5 システム監査 150

10.6 内部統制と IT ガバナンス 153

10.7 本章のまとめ 155

第 11 章
クラウド時代の情報マネジメント 158

11.1 はじめに 158
11.2 組織と情報流通 158
11.3 異なる文字コード (character encoding) の課題 160
11.4 スケジュール共有の課題 161
11.5 その他の重要用語 164
11.6 本章のまとめ 165

第 12 章
情報評価の枠組み 167

12.1 はじめに 167
12.2 情報を評価するとは 167
12.3 メディアドクター 168
12.4 評価の狙いと評価指標 169
12.5 評価記事の事例 170
12.6 メディアドクター研究会の活動 171
12.7 評価実践の事例 171
12.8 本章のまとめ 172

第13章
目的による情報の特徴と管理
174

13.1 行政における情報マネジメント 174
13.2 図書館情報のマネジメント 178
13.3 学術情報のマネジメント 182
13.4 21世紀の公共サービス基盤「電子政府」 188
13.5 本章のまとめ 192

第14章
法と倫理と情報マネジメント
195

14.1 はじめに 195
14.2 サイバー環境で感染するウイルス対策と管理 195
14.3 技術者倫理をいかに学ぶのか 198
14.4 情報セキュリティとマネジメント 200
14.5 法と倫理と情報の管理 202
14.6 リスク対応とデジタルフォレンジクス 205
14.7 本章のまとめ 207

索　引 211

第1章
情報マネジメントとは

□ 学習のポイント

大学で学習する情報マネジメントの基礎とは何かを理解する．たとえば，情報マネジメントの何を学ぶのか，それはなぜかという観点について考えるために，Information Management (IM) に対応している国際的なカリキュラム（CS2013 カリキュラム，IS2010 カリキュラム）などを参照する．

□ キーワード

国際的カリキュラムにおける情報マネジメント，CS2013 で扱う情報マネジメント，IS2010 で扱う情報マネジメント，ISBOK，知識レベルと評価，意思決定支援，情報マネジメントの概念，人間と情報のかかわり，情報管理論の多様性，情報を管理することと情報マネジメントの違い

1.1 本章を学ぶためにしておくこと

「情報マネジメントとは何か」について考える前に，情報マネジメントの何を学ぶのかを明確にすることが必要であろう．そして，受講者の主体的な学びをサポートするために，この課題の意図と学習目標を明確にする．その一歩として，学習者と教師とが思いを共有することから始めたい．まず，次の質問に対する回答をまとめることから始めよう．

◎質問（その1）

- 情報の管理はなぜ必要であると思いますか？［why の観点］
- 何のためにその情報を必要としていますか？［what の観点］
- その情報はいつ必要ですか？［when の観点］
- その情報を誰が必要としているのですか？［who の観点］
- どこでその情報を使いますか？［where の観点］
- どのようなタイミングでその情報が使われると思いますか？［timing の観点］
- その情報は誰が管理しているのですか？［who の観点］

◎質問（その2）

- 情報マネジメントの何を理解したいのですか？

- コンピュータ科学 (Computer Science: CS) のカリキュラム CS2013 (Computer Science Curricula 2013) では情報マネジメントの何を重視していますか？
- 情報システム学 (Information Systems: IS) のカリキュラム IS2010 (Information Systems Model Curricula 2010) では何を重視していますか？

これらの質問への回答をメモしたあと本章を学習し，何ができるようになったかについて自己評価し，学習前のメモと比較してみよう．

1.2 はじめに

情報マネジメント (Information Management: IM) は，時に“Intelligence and Information Innovation Management”とも呼ばれる．ここでは，特に断らない限り“Information Management”を使う．

情報マネジメントの対象は，組織で扱う情報と情報システムとシステムプロセスのすべてである．それゆえ情報が組織の価値を高めることになり，情報の信頼性も重視される．一方，マネジメントの観点では，組織の目的を達成するためにさまざまな資源（資産）を管理することが重視される．さらにリスク対応の観点にも注目しなければならない．そして，結果として質の高い成果が得られることになる．

我々は“Management”を“管理”と訳すことが多いが，「マネジメント＝管理」であるとするには少し違和感がある．たとえば広辞苑で「管理」という言葉を調べてみると，「① 管轄し処理すること．良い状態を保つように処置すること．取り仕切ること．② 財産の保存・利用・改良を計ること．③ 事務を経営し，物的設備の維持・管轄をなすこと」などと記述されている．一方，Random House の英和辞典で management を調べると，「① 取り扱い方，操作，処理，経営，管理，監督，取り締まり．② 経営力，管理能力，運営力，行政力，③ 経営者，管理者」などと幅広く捉えている．

このように，広い視野で情報マネジメントの概念を捉えるならば，扱う話題は実に多様であり，それぞれの切り口によって扱い方を変えることが望ましいであろう．

そこで，可能な限り，各章のはじめにおいて情報マネジメントの対象と切り口を明記するように心がけた．ただし時には，情報に注目して，“計画する”，“分析する”，“選択する”，“評価する”，“統制する”などといった背景にある動作と関連づけて，表現することもある．

この章では，国内外のモデルカリキュラムが情報マネジメントをどう扱っているかを紹介する．たとえばコンピュータサイエンス (CS) と情報システム (IS) とが重視している最新情報に注目する．さらに情報マネジメントの概念に関連して，情報理論，情報と人とのかかわり，自然資源などに言及しながら歴史的背景にも触れる．

1.3 CS2013 で重視している情報マネジメント

CS は，“コンピュータサイエンス”とカタカナで表示してきたが，近年，情報処理学会 [1] では情報専門分野の一つとして“コンピュータ科学”と呼ぶようになったので本書でもこれを踏襲する．つまり，CS2013 はコンピュータ科学のモデルカリキュラムを指している．このカリキュラムは，情報処理学会の次のカリキュラム策定にも反映されることになろう．

1.3.1 CS2013 の知識エリア

CS2013 は，ACM [2] と IEEE [3] コンピュータ部会との共同タスクフォースによって作成され，2013 年 12 月に公開されたカリキュラムである．ここには，CS の知識エリアがまとめられている [1].

これらの内容が正しく伝わるために原語のまま紹介する．

AL (Algorithms and Complexity)
AR (Architecture and Organization)
CN (Computational Science)
DS (Discrete Structures)
GV (Graphics and Visualization)
HCI (Human-Computer Interaction)
<u>IAS (Information Assurance and Security)</u>
<u>IM (Information Management)</u>
IS (Intelligent Systems)
NC (Networking and Communication)
OS (Operating Systems)
PBD (Platform-based Development)
PD (Parallel and Distributed Computing)
PL (Programming Languages)
SDF (Software Development Fundamentals)
SE (Software Engineering)
SF (Systems Fundamentals)
SP (Social Issues and Professional Practice)

アンダーラインをつけているのが情報マネジメントに深く関係している項目である．本書では，IM（以下，情報マネジメント）の概念に各章で触れ，IAS の考え方を通して情報の信頼性やセキュリティの基礎的な概念を学ぶ．

[1] 以下，一般社団法人 情報処理学会を略して，こう呼ぶことにする．
[2] ACM: Association for Computing Machinery.
[3] IEEE: The Institute of Electrical and Electronics Engineers, Inc.

表 1.1 情報マネジメント (IM) の知識ユニットとトピックス

知識エリア	知識ユニット	トピックス
IM	Information Management Concepts	蓄積と検索，収集と表現，探索と検索，データ解析と索引，信頼性，セキュリティ，スケーラビリティ，有効性，…
IM	Database Systems	ファイルシステムとデータベースマネジメントシステム (DBMS)，データベースアーキテクチャ，データ独立，…
IM	Data Modeling	概念モデリング，実体関連モデル，論理設計，リレーショナルモデル，…
IM	Indexing	基本構造，SQL の構造，…
IM	Relational Databases	リレーショナルデータベースの設計，スキーマ，概念スキーマ，正規形，アプリケーション開発，…
IM	Query Languages	SQL クエリ，問合せ，クエリプロセス，クエリ評価，…
IM	Transaction Processing	障害と回復，同時発生の制御，ロッキングプロトコル，デッドロック，…
IM	Distributed Databases	分散データベースの設計，…
IM	Physical Database Design	データベースの物理設計，…
IM	Data Mining	データマイニング，…
IM	Information Storage And Retrieval	情報の蓄積と検索，…
IM	Multi Media Systems	マルチメディアシステム，…

情報マネジメントは，情報を収集し，変換・表現・表示・形成などによって加工・蓄積する基本的な処理に関係する．さらに，蓄積された情報へのアクセスや情報の更新などにおいて効率的・効果的に処理するアルゴリズム，データの物理的モデルや概念的なモデルの作成，ファイルの物理的な編成などに関する方法・技法にも関係している．

これらの知識や技術をどう理解し，与えられた問題解決にどう適用するかについて考えることが重要である．さらに，スケーラビリティ，アクセシビリティ，ユーザビリティなどの観点で考えることも必要である．

1.3.2 情報マネジメントに含まれる知識ユニット

情報マネジメントの知識エリアには，12 の知識ユニットが配置されており，共通コアに指定されているものと選択で取り入れるものとがある．表 1.1 は CS2013 の知識体系 (BOK: Body of Knowledge) でカバーしている情報マネジメントの知識ユニットとそれぞれのトピックスを取り上げたものである．

さらに，IAS に関する知識ユニットとしては，データベースセキュリティ，アクセス制御，バックアップ，障害回復などが取り上げられている．IAS は CS2013 ではじめて取り上げられた知識ユニットである．セキュリティの専門教育において重要であるとして反映されたのであるが，他のさまざまな知識エリアでも重視されている内容である．たとえば，プログラミング言語やシステム基礎やソフトウェアエンジニアリング (SE) やオペレーティングシステム (OS)

などをあげることができる．

CS2013 には，いくつかの知識ユニットで編成された科目例が紹介されている [1]．一つの知識ユニットが一科目として編成されることがあるが，一般には対象とする科目の位置づけ（開講学年，必修・選択の別，講義・演習・実習の別など）によって，いくつかの知識ユニットを組み合わせた科目を生成することが多い．中には，他の科目の中に組み込まれる小さな知識ユニットもある．

知識ユニットの詳細については，第 2 章や第 3 章の関連項目の中でも触れる．

1.4 IS2010 における情報マネジメント

ACM と AIS (Association for Information Systems) との協働による情報システム（以下，IS）分野のモデルカリキュラム見直しのためのタスクフォースが編成され，2010 年に IS プログラムのためのカリキュラムガイドラインが公開された．IS2010 は学部向けのモデルカリキュラムである．本節では，情報マネジメントの観点から IS2010 を概観する．

1.4.1 IS2010 の知識体系 (ISBOK) と知識項目

大学院（修士課程）を視野に入れた IS 専門分野の知識体系はカリキュラム MSIS2016 で展開されているが，その内容は次の 3 項目で構成されている．

① IS 固有の知識とスキル
② IS の基本的な知識とスキル
③ IS が対象とする領域の基礎知識

一方，大学生向けの知識体系では，

① 一般的なコンピューティング知識
② IS 固有の知識
③ IS の基本的な知識
④ IS が対象とする領域の基礎知識

で，構成されている．大学院生向けの構成と大学生向けの構成の違いは，スキルを重視しているかどうかである．また，コンピューティングの基礎知識を含んでいるかどうかで見分けることもできる．

ISBOK は 4 階層で整理されている．第 1 階層は，知識体系の全体像を示す枠組みであり，MSIS2016（大学院生向け）では 3 項目／IS2010（大学生向け）では 4 項目で展開されている．これを詳細化した第 2 階層以下は，大学にも大学院にも共通する知識エリアである．

ここでは，「IS 固有の知識」に関する第 2 階層（知識のエリア）と，さらに展開した第 3 階層（知識エリアの詳細項目）のキーワードについて整理しておく．括弧内の数字は含まれる第 3 階層の詳細項目の数を示している．

IS 固有の知識エリア（第2階層）は，次の7エリアで編成されている．

① IS マネジメントとリーダーシップ（13 項目）
キーワード： ISの戦略・管理・調達，ISの獲得・調整・計画，機能の管理と運用，財務管理，リスク管理など．

② データと情報マネジメント（14 項目）
キーワード： ファイルの処理，データ構造，データマネジメントのアプローチ，データベース (DB)，データベースマネジメントシステム (DBMS)，データモデリング，情報モデリング，DB の実装とデータの回復，データ管理とトランザクション処理，分散 DB，データの完全性とデータの質，DB の管理など．

③ システム分析と設計（11 項目）
キーワード： ビジネスプロセスの設計管理，システム構成と変更マネジメントなど．

④ IS プロジェクトマネジメント（9 項目）
キーワード： プロジェクトチームの管理，コミュニケーションの管理，プロジェクトの実施と管理，プロジェクトの品質・リスク，コンテンツの管理，プロジェクトマネジメントの標準など．

⑤ エンタープライズアーキテクチャ（10 項目）
キーワード： コンポーネントアーキテクチャ，サービスデリバリ，システム統合，コンテンツマネジメント，アーキテクチャ変更マネジメント，エンタープライズアーキテクチャ (EA) の実装と管理など．

⑥ ユーザの経験知（9 項目を含む）
キーワード： 利便性・ゴール・評価，設計プロセス，トレードオフ，インタラクションデバイスとスタイル，情報検索，情報の可視化，ユーザ文書とオンラインヘルプ，エラー記録とエラー回復など．

⑦ IS の専門職に関する事項（6 項目）
キーワード： コンピューティングの社会的文脈，法的・倫理的事項，知的所有権，プライバシーなど．

さらに，第4階層では，具体的な活用事例やトピックスを紹介している．また，第3階層の技術的観点でのキーワードの多くは，第3章と第4章で展開する．

以上の他にも，さまざまな情報マネジメントの観点があり，それらの知識の多くは選択コースの科目にも出現する．たとえば，アプリケーション開発，ビジネスプロセスの管理，エンタープライズシステム，IT のセキュリティとリスク管理などがある．

1.4.2 IS2010 のモデルカリキュラムと学習順序

ここでは，IS のカリキュラムがどのような観点で IM に注目しているかに触れておきたい．IS2010 のガイドライン [2] には，ISBOK をはじめ，モデルカリキュラムの詳細，知識の深さの計り方，IS カリキュラムの背景（進化）などに関する情報が含まれている．IS カリキュラム

表 1.2　IS2010 のカリキュラムデザイン

対象学生	カリキュラムモデル
すべての学生	2010.1：　IS の基礎
IS を主専攻とする学生 と IS を副専攻とする学生	2010.2：　データと情報の管理
	2010.3：　エンタープライズアーキテクチャ (EA)
	2010.7：　IS の戦略，管理，獲得
IS を主専攻とする学生	2010.4：　IS のプロジェクト管理 (PM)
	2010.5：　IT インフラ
	2010.6：　システム分析と設計

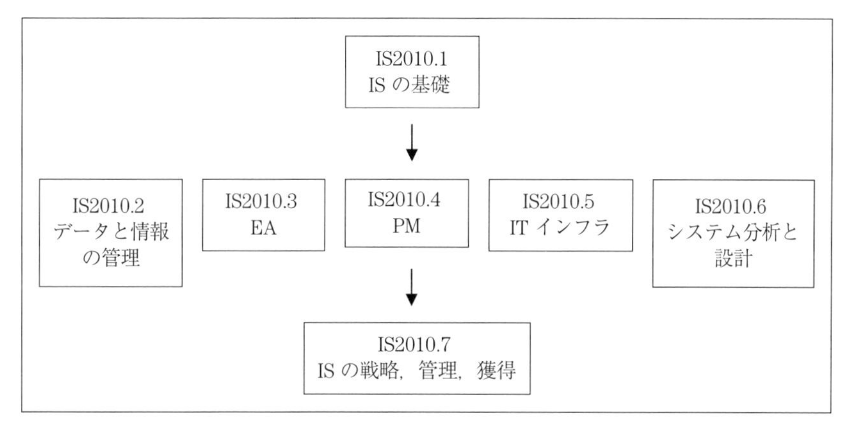

図 1.1　コアコースの学習順序

は，共通するコアコース（7 項目）と選択コース（例）を示している．その背景には，大学院で学ぶキャリアトラックがあり，院生のスキルレベルの考え方にもつながる．

(1)　コアコースのカリキュラム形成

コアコースに配置されているカリキュラムモデルには，この科目を学ぶ対象となる学生グループが明示されている（表 1.2 参照）．

(2)　学習順序

対象学生によってコアカリキュラムが違うことが表 1.2 に示されている．それぞれのコースは，カリキュラムから独自に科目を選ぶことができる．これらの科目のうち，IS2010.1（最初）と IS2010.7（最後）のみ学習順序が指定されているが，これ以外の学習順序は自由に設定できる．また，選択コースのカリキュラムは適宜組み入れることができる．表 1.2 に対応するコアコースの学習順序を図 1.1 に示す．

ここに記したコアコースのそれぞれのタイトルは枠組み名であるが，いずれの枠組みにも情報マネジメントの内容が展開されている．

(3)　個別のカリキュラム開発

先に述べたように，それぞれの学科のカリキュラムは教育目的や学習目標に従って，独自に

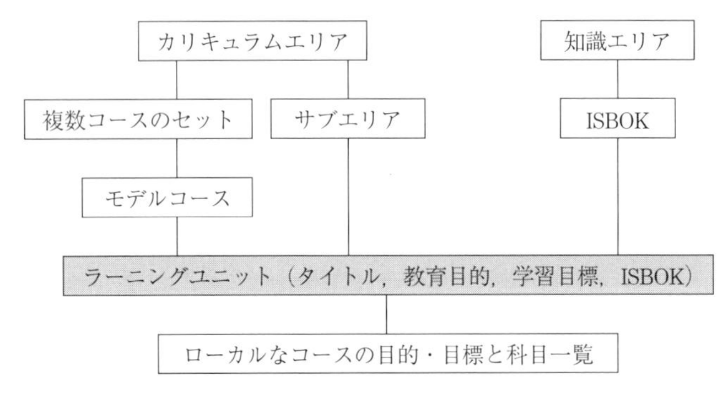

図 **1.2** IS カリキュラムの全体像と LU

作成できる．たとえば，情報システム全般にわたる基礎的な知識を習得するという目的で，汎用的なカリキュラムを開発できる．

技術的な側面では，いかに問題を形成し，いかに問題を解決するのかが目的となろう．問題形成では，問題状況の観察や情報収集・分析・定義が必要である．解決プロセスでは，情報技術や通信技術の基礎となる知識，および応用技術などを修得する．情報システムのライフサイクルに注目するならば，情報システムの企画・計画・設計・実装・運用に関する理解や，プロジェクトマネジメントの理解が必要である．データベースの観点では，モデリング・設計・維持管理・障害管理などに関する知識や活用のための技術を理解する必要がある．

また，DBMS や情報の検索を理解してデータベースを効果的に活用するスキルを身につけることも必要であろう．そのためには，ネットワークの基礎技術や通信プロトコルを理解し，情報セキュリティや情報資源を維持管理することが重要である．以上のような技術的な観点のみでなく，情報システムの歴史的な側面や社会的・組織的な側面，法的・倫理的な側面にも視野を広げる必要がある．また，コミュニケーションスキルの観点では，観察力・表現力・記述力・発表力の修得や，グループ活動の観点にも注目したい．

さらに，社会的観点では，企業活動，公共機関，学術活動などと結びつけて，情報社会，公共システム，電子政府や電子自治体，電子商取引，ネットビジネス，経営管理（経営戦略，経営組織，生産・流通管理，経営情報など）について理解することが必要であろう．

以上のように，多面的な内容をカバーするカリキュラムの開発を容易にするために，ラーニングユニット (LU) の概念が有効である．図 1.2 のように LU には，教育目的と学習目標と知識項目が紐づけられている．このため，必用に応じて LU を作成し共有できるようにしておけば，カリキュラムの編成時に適宜組み込むことができる．LU の粒度はさまざまで，大きな LU に小さな LU を包含することも可能であるため，多様な選択もできる．

1.5 学習成果と評価指標

ここでは，なぜ評価が必要か，何のために評価するのか，何を評価するのか，という観点に注目したい．評価の目的は三つある．一つは教育の質を保証するため，二つめは学習者のモチ

表 1.3 IS2010 とブルームの知識レベルとの比較

IS2010 などにおける知識レベルと深さ	ブルームによる知識レベルと深さの意味
0： 知識はない	対応していない
1： 気づいている	1： 知識は認められる
2： 知識をよく理解している	1： 文脈で識別できる
3： 概念を理解する 知識を利用できる	2： 理解し説明できる 知識を用いて結論を推定できる
4： 詳細に理解し応用できる 能力あり	3： 知識を応用できる
5： 熟達している	4： 分析できる 5： 分析結果を総合できる 6： 評価できる

ベーションを高めるため，そして三つめは学習者のステークホルダがスキルレベルを共有できるようにするためである．これらの目的を効果的に達成するために，学習成果と評価指標に注目する．

1.5.1 大学教育における評価指標

大学では，評価方法や評価基準が統一されているわけではない．大学によっても，学部によっても学科によっても，科目によっても評価方法が異なる．大枠が各組織で設定されていても最終的には担当教師にまかされているといえよう．つまり，多かれ少なかれ，教師の主観が入り込むのである．

組織で評価基準を作成する際には，何のための評価であるかについて思いを共有し，評価の指標を数値で示すとわかりやすい．ただし，レベルの考え方は一つではない．参考までに，「IS のモデルカリキュラムで使用している知識レベルの深さの意味」と「ブルームによる知識レベルの深さの意味（参考文献 [2] の付録 A3 参照）」の微妙な違いを表 1.3 に示しておこう．これらは知識のレベルであるが，別にスキルのレベルに関する指標もある．

学習成果を学習者自身が自己管理できるようなシステムの設計をすると学習者のモチベーションは高まるであろう．より効果的に，知識やスキルを向上させる方法としてポートフォリオなどが使われている．ポートフォリオは科目の目的と達成目標を反映して，科目ごとに担当教師が作成する．その際注意したいのは，学習者が理解しやすい言葉で評価項目や評価内容を表現することである．

CS2013 では，付録 A の各エリアのユニットの中で期待される学習成果に注目し，「熟知している，精通している」，「評価できる」，「使用できる」などの観点を明示している．IS2010 では，コアコースと選択コースとに分類し，学習目標を示している．具体的な学習内容について，「××に関して熟知し，その内容を記述できる」，「××の知識や方法について説明できる」，「××の利点と問題点について評価できる」，「××のデータを比較・対比できる」などとわかりやすく表現している．

1.5.2 IPAによる産学連携による評価基準の策定

教育の質は誰が誰に対して保証するのであろうか．学習者のステークホルダとしてはどのような組織があるのだろうか．このことに注目したのが，IPA（情報処理推進機構）による産学連携の評価基準 [3] である．ちなみに，学習者のステークホルダとしては，他の教育機関や産業界や公共のサービス機関などの諸々の組織がある．教育の質はこれらの組織に対して保証することになる．

IPAの評価基準検討委員会は，産業界と教育機関では評価基準の考え方が違うことを指摘している．たとえば大学間でも教師間でも評価結果は一様ではなく，したがって大学と企業の間で，人材に対する思いの行き違いがかなりあることに気づいた．そこで，個別の成績値ではなく，大学での行動特性と企業でのコンピテンシー評価とがシームレスにつながるようにすることについて議論し，評価項目を設定した，

設定された評価項目として，

コミュニケーション力： 他者との意思疎通を効果的に行うことができる能力
問題発見・解決力： 課題を自ら考え明確化して，解決策を実行できる能力
知識獲得力： 継続的に学習を続け，学んだことの実践からさらに自己成長する能力
組織的行動能力： 他と協調しながら，チームとして成果を出すことに貢献できる能力
自己表現力： 社会において自分が大切にする価値観を認識して，ありたい姿を目指して，目標設定から日々の実践にいたるまでの主体的行動力
多様性の理解： 異なる価値観・文化・専門領域などを理解・受容する能力

の六つがある．

コンピテンシー評価項目の到達レベルは，ブルームのタクソノミー（表1.3参照）を応用して，次の6レベルで体系化している．

① 知識： 知っている
② 理解： 意味を理解し，説明できる
③ 応用： 学習した知識を現実の課題に使える
④ 分析： 問題を要素に分け，それぞれを構造的に分析できる
⑤ 統合： 要素に分けて分析した結果を統合し，新たな価値を生み出す
⑥ 評価： 現実に直面する問題に対し，効果的な判断を下せる

IPAは，以上のようなコンピテンシー評価の考え方を教育の目標管理のプロセスに適用することで，教育成果の質保証が実現できると述べている．

1.6 “人間，情報，メディア”と情報マネジメント

人は日常生活において，さまざまな形で情報とかかわっている．基本的には，五感で「見る」，「聞く」，「嗅ぐ」，「味わう」，「触る」という行動を通して，情報を入手している．それらの情報

が無意識に脳に記憶され経験知として活用されている場合には，そこに意図的な情報マネジメントは存在しない．

しかし，人間の脳の外に記憶しようとする場合には，情報を活用しやすくする仕組みを考えて意図的に管理しなければならない．そこにはさまざまな情報メディアが存在する．情報の蓄積・伝達など目的に応じて多様な情報の形態が使われる．したがって，情報マネジメントも多面的になる．

1.6.1 情報メディアと人間の活動

情報メディアは，利用目的によって異なる．たとえば，情報伝達メディア，情報蓄積メディアなど媒体としての側面がある．

情報伝達メディアに注目すると，古代から利用されている「のろし，光」，「声，音」といった自然環境を媒体とする形態があり，飛脚や伝書鳩などを介して伝達され文字文化によって進化した形態もある．さらに情報通信技術の発展とともに進化した表現（図，写真，画像，動画像，音響，映像などのメディア）に関係する形態がある．

このようにそれぞれの媒体は表現形式や蓄積形式や伝達形式によって活用方法は異なるが，我々は情報活用の目的に合わせてメディアを選ぶことができる．

一方，情報活用のマネジメントに注目すると，企業における情報マネジメント，社会組織における情報マネジメントがある．さらに活用場面に注目すると，個人が日常的に活用する情報，営業活動で必要な情報，経営活動に必要な情報，プロジェクトの遂行で必用な情報などの管理がある．これらの情報の多くは，問題解決などにおける意思決定において必要となる情報である．したがって，それらは時と場合と立場によって，使い方や管理の仕方が変わるのである．

1.6.2 意思決定支援システム

意思決定を支援するために設計・構築されるシステムを意思決定支援システム [4] という．このシステムでは，あらゆる生態系が意思決定支援マネジメントの対象となる．そして，知識マネジメントを通して，計画・創造・評価し，同時に知識を活用する．

ここで対象とする意思決定支援システムは「知識マネジメントと自然資源管理」のための情報システムの一種であるから，開発するアプリケーションシステムの情報技術の理論をいかに展開し利用するかを検討することが重要となる．そこで，まず対象とする意思決定支援システムに関する知識を定義し，わかりやすく表現することになる．さらに「知識マネジメントと自然資源管理」とアプリケーションシステムの仕様とを比較してレビューする．こうして，自然資源管理における意思決定支援が行われる．

1.6.3 マスメディアと情報マネジメント

20 世紀になって生活に大きな影響を与えるようになったメディアがある．それらは，新聞，雑誌，テレビ，ラジオなどを介して情報を伝達する報道組織（マスメディア）である．マスメディアは情報の送り手であるが，発信する情報の収集・蓄積・編集・加工も担当するため，情報マネジメントの対象である.

マスメディアによって伝達される媒体には,電子メディアと紙メディアがある.しかも,送り手と受け手が相対的に存在する.

1.7 情報マネジメントの概念

これまで述べてきたように,情報マネジメントの対象は情報とデータとそれらの背景にある人間活動と社会の仕組みである.その社会は情報技術の進展とともに変化している.そこにはまた,情報技術の進展を支えるコア的な仕組みとしての情報システムがある.

1.7.1 管理の観点

情報システムには,ハードシステムの観点とソフトシステムの観点とネットワークシステムの観点がある.情報マネジメントの概念を理解する前に,この三つの観点を理解しなければならない.

ハードシステムの観点としては,コンピュータハードウェアと周辺機器,および情報を蓄積する物理的な記憶装置,ネットワーク基盤の設備などがある.ソフトシステムの観点では,データファイル,情報ファイル,データベース,DBMSなどのほか,これらを処理するソフトウェアや人間の行動に注目したい.そして,ネットワークシステムの観点では,ネットワークの構成,ネットワークの構築,ネットワーク活用などにおけるトラブルやリスク対応などに注目する.さらに,運用にかかわる情報管理者,ネットワーク管理者などの作業にも注目したい.

情報マネジメントは情報を取得し,整理し,蓄積して効率よく活用できるようにするために,データや情報資源の構成および構造をデザインするすべてのプロセスに関係する.また,データや情報の利用者が効果的に意思決定するために,必要な情報処理の一連の作業を体系化するプロセスにも密接に関係する.

視点を変えて情報サービス組織,情報活用組織(個人を含む)に注目すると,意思決定時の情報処理のほとんどにおいて情報マネジメントが必要であることに気づくであろう.そして,情報と意思決定プロセスの分析において重要なことは,「情報処理能力には限界がある」ということに気づくことである.

1.7.2 情報管理論の多面性と多様性

情報マネジメントにターゲットを絞った科目が定着しているわけではない.たとえば大学のWebサイトなどに公開されている「情報管理論」という科目内容を調べると,次のような話題が展開されている.

① 利用者の視点に注目したメニューの多くに,

- 情報の収集
- 情報の加工

- 情報の整理
- 情報の管理
- データベース管理システム
- 情報の提供
- 管理の仕組み

などの項目が含まれている.

② 技術的な視点に注目したメニューでは,「情報に関する話題」や「データベースに関する話題」がある.「情報に関する話題」には,

情報の意味と特性, 情報の分類, 情報の管理, 情報源と情報の収集, インターネットと情報検索機能, 検索エンジンと検索方法, 情報の分析, 情報の種類, 情報の加工と整理

などが含まれている.

また,「データベースに関する話題」には,

データベースとは（データベースの定義と歴史), データベースの概念（データベースの特徴), データベース管理システムと基本機能, データモデルの概念, データの独立性, データベースの管理と運用, データベース管理システムの諸機能（リレーショナルデータベース管理システムなど：RDBMS), データ操作言語／SQL（データベースを定義したり操作したりするための言語の種類と使用方法など), 商用データベースの利用（高度な利用方法), 情報の提供とプレゼンテーション, データウェアハウスとデータベースの新たな展開

などが含まれている.

さらに,「情報管理の知識の定着」なども重視されている.

③ 企業における情報資源管理に注目したメニューには,「基礎知識に関する話題」,「企業に特化した話題」,「情報管理の実習に関する話題（その 1)」,「情報管理の実習に関する話題（その 2)」,「情報管理の実習に関する話題（その 3)」などがある.

これらのうち,「基礎知識に関する話題」には,

資源の管理, 情報の管理, 情報の収集, 情報の検索, 情報の分析, 情報の蓄積, 情報の立案, 情報の提供

などのキーワードが含まれている.

また,「企業に特化した話題」では,

企業に不可欠な資源, 企業における情報管理の考え方, 情報サービス企業の役割, オペレーションのための情報管理方法

などが取り上げられている.

さらに,「情報管理の実習に関する話題（その 1)」では,

情報収集・検索の方法, 情報収集・検索の技術, 情報収集・検索の実践, 情報分析の方法, 情報分析の技術, 情報分析の実践, 情報加工の方法, 情報加工の技術, 情報加工の実践

などのキーワードが見られる．

さらにまた，「情報管理の実習に関する話題（その 2）」では，

情報提供の方法，情報提供の技術，情報提供の実践，情報蓄積，マネジメントのための情報管理

などのキーワードが見られる．

そして，「情報管理の実習に関する話題（その 3）」では，

生産管理，取引のための情報管理，ネットワークとデータベースの技術，企業間取引の管理，企業消費者間取引の管理，販売管理と会計管理，マーケティング

などを扱っている．

このように，情報管理論という科目で扱われている内容は実に多様であり，また多面的であることがわかる．しかし，何でもありという科目のまま残すのではなく，科目「情報管理論」のコアとして何を位置づけるのかについて，在るべき姿を再確認することが必要になってきたといえよう．IM のよい科目例として情報管理論を紹介できるようになることが期待される．

演習問題

設問 1 この章のはじめに掲げた質問（その 1）のうち「？」に関する気づきをまとめよう．また得られた解についてグループで議論してみよう．（ヒント：解は一つではない．なぜそのような解が得られたかについて皆で考えることが重要である．このコースで学んだ後で，情報マネジメントについて何が理解できたかについてまとめることも重要である．）

設問 2 質問（その 2）のうち，「情報マネジメントの何を理解したいのか？」に関してまとめよう．（ヒント：解は一つではない．なぜそのように考えたのか考えることが重要である．）

設問 3 質問（その 2）のうち，カリキュラム CS2013 に含まれている知識ユニットを組み合わせた科目例をまとめてみよう．（ヒント：解は一つではない．所属している学科の科目で CS2013 の知識が組み合わされていると思われる例をいくつか挙げて，その違いについて述べるとよい．）

設問 4 質問（その 2）のうち，カリキュラム IS2010 で重視していることは何かについてまとめてみよう．（ヒント：解は一つではない．カリキュラム IS2010 の内容を詳細に調べ，重要事項を 5 個以上挙げるとよい．）

参考文献

[1] ACM, IEEE Computer Society : Computer Science Curriculum 2013 (Curriculum Guidelines for Undergraduate Degree Programs in Computer Science, December 20, 2013)

[2] ACM, AIS : Curriculum Guidelines for Undergraduate Degree Programs in Information Systems (IS2010), 2010

[3] 独立行政法人情報処理推進機構 IT 人材育成本部イノベーション人材センター：実践的講座構築ガイド第 3 部評価規準編，2013.10

[4] Encyclopedia of Information Systems: Academic Press, 2003

第2章
情報マネジメントのための基礎知識

□ 学習のポイント

この章は情報マネジメントを学ぶ第一歩となる．そこで，データと情報と知識の扱われ方，情報システムや情報メディアの捉え方，グローバル化やネットワーク環境における情報の管理と運用などの話題を多面的に取り上げる．

□ キーワード

データ・情報・知識・システム，情報の表現と情報メディア，メディアとマルチメディア，マネジメントの手法の発展，ネットワーク技術の進化，組織活動とネットワーク，ネットワークの運用と管理，グローバル化と情報マネジメント

2.1 はじめに

情報マネジメントについて議論する前に，情報とは何かについて明確にしなければならない．情報の概念を明確にしようとすると，異なる概念であっても同じような表現をしている事項が多々あることに気づく．そこで，この章では我々が日常的に無意識に使っているデータや知識に触れながら，情報やメディアに関連する用語とその背景にある環境や技術の変化に注目したい．

2.2 情報の意味と表現

DAMA (The Data Management Association) によるデータマネジメント知識体系ガイド (DAMA-DMBOK Guide) [1] には，データ管理と同じ意味で使われている用語の一つとして，情報管理を取り上げている．そこで，我々が日常的に「情報」,「データ」,「知識」という言葉をどのように使い分けているかについて，少し考えてみることにしたい．まず，いくつかの事例を取り上げて整理してみよう．

たとえば，次のような使われ方がある．

① 情報を取得する，データを取得する，知識を取得する

② 情報を処理する，データを処理する

③ 情報を集める，データを集める
④ 情報を活用する，データを活用する，知識を活用する
⑤ 情報を応用する，知識を応用する

「① 取得する」「④ 活用する」という表現はどの場合でもあり得るが，「② 処理する」「③ 集める」という表現は，知識に注目する場合には違和感がある．また，「⑤ 応用する」という表現はデータでは違和感がある．このように，どのケースでも共通して使われる表現がある一方で，無意識に使い分けられている表現があることがわかる．

広辞苑（第 5 版）[2] で情報の意味について調べると，「ある事柄についての知らせ」であり，「判断を下したり，行動を起こしたりするために必要な種々の媒体を介しての知識」であると述べられている．また，データについては，「立論・計算の基礎となる既知のあるいは認容された事実・数値．資料．与件.」であると述べられている．さらに，知識に関しては，「知られている内容．認識によって得られた成果．原理的・統一的に組織づけられ，客観的妥当性を要求し得る判断の体系.」などと記されている．

このように，データ，情報，知識には同じような使われ方をしたり，活用環境によって使い分けられたりしていることがわかる．ただし日常的には，データと情報を区別しないで，無意識に使っていることが多いと考えられる．

DAMA-DMBOK Guide では，「データとは事実がテキストや数値，グラフィック，イメージ，音，ビデオの形をとったものを表す言葉である．厳密に言えば，データとは「事実」を意味するラテン語の単語，デイタム（Datum：ラテン語）を複数形にしたものであるが，一般的には単数を表す単語として使われている．事実はデータとして捕捉され，記録され，表現される.」と述べている．さらに，「情報とはコンテクストの中に置かれたデータである.」，「知識とは，トレンドなど他の情報や経験によって形成されたパターンの認識や解釈を土台とした視点に組み込まれ，全体像の中に置かれている情報である.」とも述べている．

以上から，データを情報にするためには知識が介在し，知識は情報の一般化・抽象化によってまとめることができる．データから情報へ，情報から知識へという流れの中で知識は増えていくが，それはデータ，情報，知識の間に強い関係があることを示唆している．

一般に，人間の感覚器官を通して記憶されたもの，コンピュータの記憶装置に蓄積されていて機械的に切り出すことができるもの，観測機器から物理的に出力されるもの，そのままでは意味解釈が不可能な信号，などは「データ」といえる．データは数値的に扱えるというイメージが強い．データが物理的な存在として捉えやすいのに対して，情報や知識は物理的な存在としては考えにくい．データや知識は静的に捉えられるのに対して，情報は文脈（コンテクスト）に応じて動的に捉えられるイメージが強い．

このように我々は，日常的にはデータや情報や知識を意識せずに使い分けていることが多いが，特に問題が発生しているわけではない．

以下では，データ，情報，知識の違いについて，事例を導入しながら特徴を整理しておこう．

2.2.1 データとは

立論の材料として集められ，加工・蓄積され，利用されるような資料では，事実がありのままに記録されているもの（あるいは，コンピュータで記号化，数値化されたものなど）をデータという．たとえば，人間の目や耳を通して認知された内容は，雑音も含めてありのままの事実であり，データである．一般に，集めたままのデータを一次データと呼び，加工したデータを二次データなどと呼んでいる．これらのデータは繰り返し加工・蓄積され，将来にわたって利用される．言い換えれば，データとは，議論のベースになる事実であり，ものごとや事象から生成された事実である．

データはコンピュータに入力され，プログラミングの対象となる．また，コンピュータから取り出されて，数字／文字／記号などに変換される．それらは，文字コード，数字コード，一次元記号（バーコード），二次元記号（QR コード）などで表現されるが，コード形式や意味がわからないと正しく解釈することはできない．以下に，データの表現やコード形式の表現事例を取り上げておこう．

事例 1：数字コードの表現例

たとえば，0001，0008，0015，0022，1013，2067，2116，…のようなコードがある．どこにでもあり得る数字の列であるが，このコードは一体どのような意味をもっているのであろうか．

これは，データ処理機能を利用して機械どうし，あるいは機械と人との間で情報を交換する事例である．大学や高等専門学校のコードの一例であり [3]，JIS（日本工業規格）が制定しているデータ形式を示したものである．コードの下 3 桁の数字は通し番号であり，千の位の数字は次のような意味をもっている．

0（国立大学，放送大学を含む），1（公立大学），2（私立大学）

3（国立短期大学），4（公立短期大学），5（私立短期大学）

6（国立高等専門学校），7（公立高等専門学校），8（私立高等専門学校）

これらのコードは，大学・高等専門学校の設置や廃止などによって変更が発生するが，それを文部科学省が毎年 1 回更新している．使用にあたって差し障りがないように情報のマネジメントがなされており，文部科学省と経済産業省産業技術環境局との間でも緊密に連絡がとられている．

上に述べた数字コードの意味を示すには，「コード番号，学校名，よみかた」などを表にしておくとわかりやすい．たとえば表 2.1 のように整理できる．

事例 2：文字コードの表現例

JIS では，2 文字の国名コード，3 文字の国名コード，3 数字の国名コードなどを使って国名を表現している．国名コードの変更（追加・削除）は原則として国際連合本部からの通知に基づいて行われており，表に関する情報の維持管理は維持管理機関によってなされている．正しく活用するために，利用に際しては，どのコードを用いるのかを明示することが重要である．表 2.2 は国名コードのデータを示している．

表 2.1 数字コードの表示例

コード番号	学校名	よみかた
0001	北海道大学	ほっかいどうだいがく
0008	弘前大学	ひろさきだいがく
0015	茨城大学	いばらきだいがく
0022	東京医科歯科大学	とうきょういかしかだいがく
1013	名古屋市立大学	なごやしりつだいがく
2067	駒澤大学	こまざわだいがく
2116	日本大学	にほんだいがく
・・・		

(JIS X0408 から無作為に抜粋したものである [3])

表 2.2 文字コードの表現例

日本語国名	英語簡略名	2 文字の国名コード	3 文字の国名コード	3 数字の国名コード
アメリカ合衆国	UNITED STATES	US	USA	840
イタリア共和国	ITALY	IT	ITA	380
英国	UNITED KINGDOM	GB	GBR	826
スイス連邦	SWITZERLAND	CH	CHE	756
日本国	JAPAN	JP	JPN	392

(JIS X0304 から無作為に抜粋したものである [3])

表 2.3 10 進数表示と 2 進数表示の対応例

10 進数	0	1	2	3	4	5	6	7	8	9
2 進数	0	1	10	11	100	101	110	111	1000	1001

事例 3：10 進数と 2 進数の表現

0 から 9 までの数値を 10 進数と 2 進数で表現すると表 2.3 のようになる．

10 進数では 0 から 9 の数値を 1 桁で表現できるため，10 以上の数値であって誤解が生じることはない．しかし 2 進数表現では桁数が増えるため何らかの表記ルールを決めておかないとデータの解釈に誤りが生じる．たとえば，256 という数値をこのまま 2 進数表示で転記して 10101110 と表現したとすれば，この数値が 2 進数であることがわかっていても 10 進のいくつになるかわからない．そこで，物理的データをコード化し，コードの意味を明示化することによって情報として容易に理解できるようになる．たとえば，0010 0101 0110 のように 4 ビットごとにスペースを挿入して表現すると 10 進数の 256 という数値であることがわかる．このように，何らかのルールで形式化することによって，データは事実や概念などいろいろな事象を表現できる．つまり，データに意味を付加することによって情報に換えることができるのである．

2.2.2 情報とは

集めたデータに意味を付して表現したものを情報という.「ものごと」の内容や事情について加工したもの，伝達するために文章や映像などで表現したものなどは情報である．情報は，状況に変化をもたらすものであり，いろいろな媒体によって伝達される．一般に情報とは，事実についての知らせであり，一定の約束に基づいて数字・音声などの信号に意味を付し，知識を介して判断したり行動したりするときに活用できるものである．

つまり情報の受け手は，意味づけされたデータを読み取ったり，コンピュータから取り出したりすることができる．その際，送り手と受け手は人間に限られるわけでなく，コンピュータであってもよい．そこには，ネットワークを介したコンピュータ間でのやり取りも含まれる．

データの説明で述べたように，事実を形式化してデータが得られ，データを意味解釈して情報が得られ，情報を特定すれば人間の行動へとつながる．つまり，情報には発信側と受信側があり，その間にデータが介在しているのである．したがって，情報とはデータに意味をもたせたものといえる．

情報には送り手と受け手があり，両者の間に，何らかの媒体が存在しているという考え方は，シャノンの通信理論に始まったモデルである．

シャノンの情報量 [4]

一桁のある数字が与えられることになっているとしよう．たとえば5という数が与えられたとき，この一つの数字の情報量はどのように表せばよいのだろうか．このときに，与えられるはずの数の総数“N”が問題となる．もし N が1ならば，最初に何が与えられるかわかっているので，情報量は0となる．シャノンは，情報量は2を底とする対数で計ることにした．この場合には，一つの数字は，0から9までを取り得るので，N は10であって「$\log_2 10 = 3.3$」となる．このようにして表された情報量を「ビット」という単位で呼んだ．つまり，10進数字1個の情報量は，3.3ビットの情報を表している．この情報量の単位は情報の受け手の状態を考慮しており，加算ができるという点で優れている．なお，シャノンは情報から意味を取り除いてはいない．

2.2.3 知識とは

知識はデータや情報を概念化したもの，あるいは体系化したものである．ある事柄に対する明確な判断，客観的に確証された成果などは知識であり，その多くは経験や学習の積み重ねで構築される．知識が論理化され普遍化されると真理・定理・法則になる．

情報を抽象化することによって新たな知識が得られる．言い換えれば，知識は人々に共有されている確かな情報であるといえる．つまり，知識はものごとについて正しく理解できる内容であり，認識して得られた結果である．さらに，情報と知識の関係に注目すると，さまざまな情報を総合し，さらに経験を踏まえてまとめられたものが知識であるといえる．

組織や個人がもっている情報や知識を組織全体で共有し，活用できるような仕組みを実現すれば意思決定は速やかに行えるであろう.

2.3 情報処理と情報システム

この節では，情報システムに限らず広義のシステムを捉えて，人の情報処理の特性や，情報を共有して新たな知見を生み出す知識マネジメントのプロセスを扱う.

情報システムのイメージは人によってそれぞれ異なる．ある人は銀行の窓口で利用するシステムをイメージするかもしれない．別の人は乗車券発売機や航空機の座席予約システム，あるいは天気予報のシステムなどをイメージするかもしれない．あるいはまた，業務活動で利用する生産管理，営業支援，人事管理などのシステムをイメージする人もいるだろう．さらには，電子メールシステムや街角の自動販売機をイメージする人もいるだろう.

このように，情報システムの概念は多面的でありその内容も多様である．また，情報システムと情報処理システム，あるいはコンピュータシステムとを区別することなく，同義語的に捉えている人も少なくない.

『情報システム学へのいざない』[5] は，情報システムのことを次のように定義している.

「情報システムとは，組織体（または社会）の活動に必要な情報の収集・処理・伝達・利用にかかわる仕組みである．広義には人的機構と機械的機構とからなる．コンピュータを中心とした機械的機構を重視したとき，狭義の情報システムとよぶ．しかし，このときそれがおかれる組織の活動となじみのとれているものでなければならない.」

ここでは，情報システム，または社会活動を適切かつ円滑に行うために必要な情報を収集し，提供するシステムであることを明記している．そして，情報システムを，データだけを扱う仕組み（データ処理システム）と区別し，人による価値判断を必要とするシステムであると主張している．また，人的機構は人によって構成する組織体および社会の仕組みをいい，機械的機構の主要な要素としてコンピュータ，通信機器，ネットワークシステムを指しているのである．そして，情報システムが抽象的な概念ではなく，ある目的のもとに人工的に構築される仕組みであるという観点からは技術の果たす役割が大きいのである.

2.4 情報メディアと組織・社会

情報技術の革新によって社会は変化し，これに伴って組織や社会における情報マネジメントの内容も変化している.

2.4.1 メディアの括り方

データの管理，情報資源管理，情報を用いた戦略，情報の維持管理などの背景には，人間と情報をつなぐメディアが介在する.

メディア (Media) という英語は，媒体，あるいは媒介するものと訳されることが多いが，メディアの捉え方は人によって違う．たとえば，メディアという言葉を耳にしたとき，マスメディア（あるいはマスコミ）の媒体（伝達手段）をイメージする人，人と人のコミュニケーションの手段をイメージする人，自然界の伝送媒体をイメージする人などがいるであろう．イメージの内容はそれぞれ違うので，どのような内容がメディアに該当するのかを例示しておこう．

情報を送る相手が不特定多数の場合には，情報伝達媒体をマスメディア (mass media) という．たとえば，新聞，週刊誌，月刊誌，書物などの紙媒体，ラジオ，テレビ，オーディオ，ビデオ，CD，インターネットなどの電子媒体は多くの人に一挙に情報を伝えるためのメディアである．

さらに，1 対 1 のコミュニケーションを媒介する手段として，コンピュータ，インターネット，スマートフォン，電話，ファックスなどが使われる．話しをしたい二人を直接媒介する通信回線もある．自然界での伝送媒体として，光波，電波，音波などがある．また，メディアの特徴という観点から捉えてみると，人の五感を介して伝達する知覚メディア，情報を蓄積する記憶メディア，携帯デバイスなどの移動メディアがある．

新たなコンテンツが新たなメディアを必要とし，新たな技術が生まれる．こうして新しいメディアは，既存の技術を応用して生まれ変わる．その背景にはそれぞれの時代の技術や文化があった．このようなサイクルの中で複数の技術が組み合わされたシステムの一つにマルチメディア処理があった．

今日ではマルチメディアの活用は常態化している．そして，

- 業務における音声処理，画像処理などのシステム
- レントゲン写真や画像を扱う医療情報システム
- 美術館における作品の保存・展示などのアーカイブシステム

などのマルチメディア処理は重要な仕組みとなっている．

2.4.2 マルチメディアシステムと教育の観点

CS2013 の情報マネジメント (Information Management: IM) の中にマルチメディアシステム (Multi Media Systems) という選択科目が設定されている [6]．この科目で扱われる内容には次のようなキーワードが含まれている．

- インプット・アウトプットデバイス，デバイスドライバー，制御信号とプロトコル，ディジタル信号処理 (DSP)
- 標準（オーディオ，グラフィックス，ビデオ）
- アプリケーション，メディアエディター，オーサリングシステム，オーサリング
- ストリーム／構造，獲得／表現／変換，空間／領域，圧縮／コーディング
- コンテンツベースの分析，索引付け，およびオーディオ，イメージ，アニメーション，ビデオの検索
- プレゼンテーション（説明），レンダリング（透視図），同期処理，マルチ処理統合／インタフェース

- リアルタイム配送，サービスの質（性能を含む），キャパシティ計画，オーディオ／ビデオ会議，ビデオオンデマンド

さらに，これらの学習で求められる成果レベルに関して，「知識を知っている」，「使える」，「結果を評価できる」の三つの観点が示されている．具体的な事例を示しておこう．

① 「知識を知っている」というレベル

- 「メディアとは？」について記述し，マルチメディア情報とシステムに含まれるデバイスを例示できること．
- メディア／マルチメディアに関して，何が標準といえるのかを日常用語（非専門用語）で説明できること．
- マルチメディアのアプリケーションを例示し，そのツールの改良可能性について説明できること　など．

② 「使える」というレベル

- マルチメディアを使ってアプリケーションを改良できること．
- マルチメディアを活用したシステムを分析し，応用できること　など．

③ 「結果を評価できる」というレベル

- オーディオ，ビデオ，グラフィックス，お絵かきなどのツールを，マルチメディア以外のツールと比較して評価できること　など．

マルチメディアに関する規定は JIS でも扱われている．たとえば，マルチメディアにおける静止画像の符号化，画像や音声の符号化，動画信号や音響信号の汎用符号化などの諸規定が示されている [7]．また圧縮方法やその理論について詳細に説明し，使い方の指針も与えている．詳細は省略するが，これらの技術は CS2013 の話題をカバーできる内容である．

2.5 情報マネジメントと科目の概念

情報マネジメントについて，国際的なカリキュラムではどのように扱われているのであろうか．この節では，情報系の最新のカリキュラムである IS2010 と CS2013 での考え方を紹介しておこう．

2.5.1 CS2013 における情報マネジメント

CS2013 では，Information Management (IM) に関する科目をコア科目として取り上げている [6]．コア科目は Core-Tier1 と Core-Tier2 で構成されており，Tier1 と Tier2 に分けることによって重要度を明確にしている．Tier1 は日本のカリキュラム構成での必修科目の考え方に近く，Tier2 は選択必修科目の考え方に近い．必修科目では，

- 社会技術 (Socio-technical) システムとしての情報システム
- 情報検索に関する基本概念
- 情報の獲得と表現

- 探索・検索・リンク・操作・読み取りなどに関するニーズの支援

などの話題を取り上げている．選択必修科目では，

- 情報マネジメントの適用
- 問合せ・操作・リンクに関する方法の定義
- 分析と索引付け
- 信頼性・スケーラビリティ・効率・効果などの質に関する事柄

などの話題が含まれている．さらに，期待される学習成果としての事例も提供されているが，ここでは割愛する．

2.5.2 IS2010 における情報マネジメント

ここでは，第1章の表1.2および図1.1で示したIS2010の七つのコアコース [8] の内容（特徴）について触れておこう．

(1) 2010.1（情報システムの基礎）

2010.1 はコンピューティングの一般知識である．コースの最初に学習すべき科目として位置づけられている．たとえば情報システムの構成要素など，基礎的な内容が扱われている．

(2) 2010.2（データと情報の管理）

2010.2 の科目は，2010.1 の基礎を学ぶことが前提条件となっている．この科目では，データ管理，データベース管理システム (DBMS)，データ・情報モデリング，データの回復と操作，トランザクション処理，分散 DB，データの完全保持と品質，データと DB 管理などを扱う．

ただし，2010.2 から 2010.6 の科目間では学習順序は定められていないため，この科目で学ぶ上で必要な前提知識は．この科目内で対応する必要がある．

(3) 2010.3（エンタープライズアーキテクチャ：EA）

2010.3 の科目では，構成の枠組みと変更管理，システム統合，コンテンツ管理などを扱っている．したがって，情報マネジメントに関係する内容として，システムの変更管理やコンテンツ管理が含まれている．

(4) 2010.4（IT 基盤）

情報システム学を専攻するすべての学生が身につけるべき，重要な情報技術を扱う．特に，組織における問題解決の可能性とサービスに焦点を当てて，コンピュータとシステム構成および通信ネットワークに関する内容を取り上げる．

(5) 2010.5（IS のプロジェクト管理）

2010.5 の科目は，情報システムのプロジェクト管理であり，扱っている内容はすべて，情報マネジメントに関することである．具体的な項目として，プロジェクトチームの管理，コミュニケーション管理，実施と管理，リスク管理，管理標準などが含まれている．

(6) 2010.6（システム分析と設計）

2010.6 の科目では，組織のビジネスの判断を効果的に推進することを目指している．そのために情報システムの分析と設計に関するツール，技術，方法，プロセスなどを扱う．情報システムを主専攻とする学生に必須な内容である．

(7) 2010.7（IS の戦略，管理，取得）

2010.7 の科目はコースの最後に学ぶ内容であり情報システムの戦略や管理を扱う．情報システムの機能の管理，IS 専門職の管理，資源の管理，IS のリスク管理（ビジネスの継続性管理，セキュリティとプライバシーの管理などを含む）などで IS マネジメントに注目する．

以上のように，2010.2 から 2010.7 の各コースで「××管理」という表現が多発していることからも，情報マネジメントに関連する内容が重視されていることがわかる．

2.6 グローバル化と情報マネジメント戦略

境界のない経済に関する組織の情報管理戦略では，企業競争や関連技術の利用可能性がベースになっている．情報マネジメントのゴールは組織が情報資源から最大の価値を獲得することである．したがって，情報マネジメントには情報の獲得，利用，伝達などの活動が含まれている．

情報マネジメントの構成要素としては，技術的なインフラ（物理的なインフラなど），管理プロセスと方策，組織のビジネス要求に適合するサービスなどがある．技術的なインフラとしては，コンピュータハードウェア，システムソフトウェア，通信ネットワーク，開発ツール，アプリケーションソフトウェア，その他の特別な目的のためのツールなどを挙げることができる．

管理プロセスでは，インフラ技術をサポートするために，組織内部で（あるいはアウトソーシングによって）サービスを提供している．そこには，施設・設備の計画と管理，ベンダーの管理など，利用者のためのあらゆる技術的な管理が含まれている．

ビジネスの急速なグローバル化は，情報マネジメントにも多くの影響を与えた．ここでは，グローバル化と情報マネジメント戦略に注目する [9]．関係する主な要素として，システムの発展や維持に関するコスト，顧客サービス，システム統合と顧客のニーズ，セキュリティと信頼性，データの所有権とアクセス権，技術的に異なるインフラ（ソフトウェアプラットフォーム，ハードウェアプラットフォームなど），国によって異なる技術の利用価値とベンダーのサービス，ビジネスによって異なる IS/IT 投資，スキルと人的資源の利用，などを挙げることができる．

これらの情報マネジメント戦略では，ローカルビジネスごとの分散アプローチ，中央集権的なアプローチ，分散アプローチと中央集権的なアプローチとを含むハイブリッドアプローチなどの 3 種類の方法を利用することができる．

2.6.1 ネットワーク技術の発達

ここでは，情報マネジメントの対象の一つであるネットワーク管理に注目する．通信技術やネットワーク技術の進歩につれて，コンピュータ間での情報のやり取りはますます活発化している．これに伴ってネットワーク利用におけるトラブルが増大し，それに対応するためにネットワーク技術はさらに進歩した．たとえば，データ伝送中に発生する誤りを訂正する技術，データ量の急速な増加による伝送速度の遅延対策としての圧縮技術，情報の漏洩や破壊に対する保護のための暗号化技術などがある [10].

そもそもインターネットの技術は，1960 年代に始まった ARPANET (Advanced Research Project Agency Network) [11] の研究が契機となって発達した．いわゆるオープンネットワークの始まりであった．このネットワーク上で，分散した計算資源を統合して利用するクラウドコンピューティング (cloud computing) の考え方が生まれ，さらに分散配置されたデータストレージを一体化して計算資源を遠隔利用するグリッドコンピューティングの考え方と相俟って，ネットワークのグローバル化が進んだ．一方，個人のパソコン (PC) やスマートフォンからネットワーク上のいろいろなシステムに接続するようになり，ネットワーク管理の重要性がますます高まったのである．

2.6.2 情報システム環境とネットワーク管理

情報システム環境に注目すれば，離れた場所にあるコンピュータや周辺機器との接続やデータベースなどへの情報の蓄積も盛んになって，LAN (Local Area Network) や WAN (Wide Area Network) を介して物理的に接続されるようになった．こうして，ネットワーク管理は，時代や環境の変化に伴って運用形態の変化が生じたのである．これらの変化の状況を簡単にまとめておこう．

(1) 時代による変化

社会の変化を受けて，ネットワークに対する新たなニーズや変更が発生する．それは性能に関する要求の変化であったり，セキュリティレベルの変更であったりする．このような変化を受け入れて日常的にネットワークを管理することが必要になった．

(2) 環境による変化

組織や社会に変化があれば，そこにつながるネットワーク環境も変わる．それは対応する個人への影響だけでなく，ネットワーク環境全体に影響する．ネットワークの機能を正常に保持するためには，環境の変化を管理しなければならない．

(3) 運用形態による変化

ネットワークの構成や運用方針によって運用形態が変わる．したがって，ネットワーク管理には，運用形態が反映されるため，あらかじめ運用方針を決めておくことが重要であろう．たとえば，ネットワークの利用をオープンにするのかクローズにするのか，ネットワークの機能を分散管理するのか／集中管理するのかなどが関係する．これらの具体的な内容として，構成管理，性能管理，障害管理，セキュリティ管理，ユーザ管理などがある．

2.6.3 組織活動とネットワーク管理

組織活動においても情報システムの環境が変化している [12]．インターネットが出現するまでは，メインフレームによる集中管理がなされていた．この時代に注目されたことは，システム構成や障害に関する管理であった．

構成に関する管理では，ネットワークにつないでいるサーバやクライアントの物理的な構成要素が正常に動作しているかどうかを検査し，利用しているソフトウェアの動作などを確認していた．障害の管理では，ネットワークの稼働状況を監視し，異常が発生すると原因を診断して速やかに復旧させ，その手順を記録していた．

インターネットが出現してからは，ネットワーク犯罪の対策が注目され，特に第三者からの攻撃に対して組織を護るための情報セキュリティ管理が重視されるようになった．また，情報資源であるデータの機密性 (confidentiality)・完全性 (integrity)・可用性 (availability) に関する管理も重視されている．インターネット環境で重視されているネットワーク管理の観点では，次の三つの管理に注目したい．

(1) 構成管理 (Configuration Management)

ハードウェアやソフトウェアの変更を監視し，資源の構成が常に正しい状態になっているように，ネットワークのデバイス，ネットワークバージョン，位置づけなどに注目し，ユニークな識別子をつけて管理する．

(2) 障害管理 (Fault Management)

ネットワークの異常な振る舞い（誤り検出，誤り特性，誤り回復など）を見つけて管理する．

(3) IT セキュリティ管理 (IT Security Management)

IT セキュリティ管理では，ネットワークの安全性の観点から，ネットワークへのアクセス資源への妨害行為を予防するように求められている．予防対策として，ユーザの定義（いろいろなレベルでの許可セット），ネットワーク資源への速やかな対応，ファイアウォールなどによる監視，認定されていないアクセスへのログチェックなどがある．

2.6.4 OSI の管理

組織のネットワーク管理者は，ネットワーク構成や通信規約など，管理に関するさまざまな決定をしなければならない．組織によってネットワークの複雑さや規模が違うからである．大規模組織では，ネットワークが複雑になり，管理者も複雑なネットワーク問題に取り組むことになった．

技術的な問題の調査では，OSI (Open Systems Interconnection) の 7 階層モデル [1)] を利用することができる（表 2.4 参照）．

OSI には，管理の枠組みや構造に関する規定が示されている．そこには管理に関する共通基

1) 文献 [12] の Network Environments, Managing (p.279) の項目を参照．

表 2.4 OSI の 7 階層モデル

第7層	アプリケーション層
第6層	プレゼンテーション層
第5層	セッション層
第4層	トランスポート層
第3層	ネットワーク層
第2層	データリンク層
第1層	物理層

準として，関連する規格間での矛盾をなくすという目的もあった．OSI の管理の枠組みには，管理規格の適用範囲，関連する OSI の規格，用語や略語の規定，管理に関する一般概念，OSI の管理モデル，標準化の範囲などが示されている．

OSI の管理に対する利用者の要件として，信頼できる経済的な方法で情報を伝達する相互接続サービスに関する要求の理解と利用者支援，要件変更への対応，予測可能な通信の確保，通信データに関する情報保護と送受信のあて先の認証などがある．さらに，管理の対象と属性に関係する操作，オープンシステム間の管理などがある．管理に関する機能には，障害管理，会計管理，構成管理，性能管理，セキュリティ管理なども含まれている．

以上から，システム管理では管理情報の交換形式，オープンシステムに必要な通信資源の監視，制御および調整に関する情報交換などの方法が提供されていることがわかる．

2.7 情報システムの運用と管理

顧客の要求事項に基づいて開発された情報システムは，顧客の業務環境に設置され実運用がなされる．運用では業務を遂行するだけでなく，常時，情報システムの操作にかかわる全般的な管理が行われる．これを情報システム管理という．さらに資源管理，性能管理，システム保守などが随時行われる．

資源管理では，ハードウェア，ソフトウェア，ネットワーク，データベースおよび情報資源に関する安全性・一貫性の維持と更新，および周辺機器の管理が行われる．ここで情報資源とは，情報システムを生み出すのに必要な要素であり，データや知識も含まれる．情報システムの運用においては，利用されるデータの信頼性，完全性，安全性などの質を確保するためにデータの運用管理も行われる．ここで，信頼性とは，指定された条件の下で使用するとき，指定された達成水準を維持するソフトウェア製品の能力であり，たとえば「故障しない」，「壊れない」，「順調に稼動する」ことを意味している．

情報資源管理 (Information Resource Management: IRM) の目的は，情報システム開発や活用の過程で発生する無用な情報を排除し，情報システム資源を一元的に管理することである．そして，開発効率や保守性，信頼性を向上させることを目指している．保守性に関しては，すでに稼動しているソフトウェアに手を入れて修正する場合に，その修正を的確に行うために，開発段階で配慮しておかなければならないことを取りまとめている．

表 2.5 品質マネジメントの原則

顧客重視	組織はその顧客に依存しており，そのために，現在および将来の顧客ニーズを理解し，顧客要求事項を満たし，顧客の期待を超えるように努力すべきである．
リーダーシップ	リーダーは組織の目的および方向を一致させる．リーダーは，人々が組織の目標達成のために参画できる内部環境を創りだし，維持すべきである．
人々の参画	すべての階層の人々は組織における要素であり，参画によって，組織の便益のために能力を発揮することが可能となる．
プロセスアプローチ	活動および関連する資源が一つのプロセスとして運営管理されるとき，望まれる結果が効率よく達成される．
マネジメントへのシステムアプローチ	相互に関連するプロセスを一つのシステムとして，明確にし，理解し，運営管理することが組織の目標を効果的で効率よく達成することに寄与する．
継続的改善	組織のパフォーマンスを継続的に改善することを目標とすべきである．
意思決定への事実に基づくアプローチ	効果的な意思決定は，データおよび情報の分析に基づいている．
供給者との互恵関係	組織およびその供給者は独立しており，両者の互恵関係は両者の価値創造能力を高める．

（JIS 品質マネジメントシステム [13] より引用）

資源の運用管理の対象として，土地や水などの自然資源，施設などの有形資源，知的資産などの無形資源がある．これらは，有効性を継続的に改善するための資源といえる．性能管理では，システムの機能や性能に関して定められている目標を維持し管理する．また，システム保守は，システム資源の信頼性・安全性・機能性・ユーザビリティ・保守性・効率性などに注目して点検を行う．

情報システムの運営で，特に重視していることは品質マネジメントである．ISO9000[2)] では，組織をうまく導いて運営するには，体系的で透明性のある方法によって指揮および管理することが必要であるとして，品質マネジメントを重視しており，表 2.5 のように品質マネジメントの八つの原則を明確にしている [13]．さらに，品質マネジメントシステムに関する要求事項，製品に関する要求事項について述べるとともに，プロセスアプローチやマネジメントの役割，文書化，評価などに関する基本について詳細に説明している．

また，Encyclopedia of Information Systems のネットワーク環境と管理 [12] でも，品質マネジメントの八つの原則を公開している．

以上のように，情報システムの運用においてもいろいろな観点から管理がなされていることがわかる．

2.8 本章のまとめ

本章では，データ，情報，知識などの基本的な概念に関する話題を取り上げた．その一方で，情報メディア，情報処理，情報システム，ネットワークシステムのように，テーマの背景にある現実社会の影響を受けやすい話題も多面的に展開してきた．このため，これからも社会環境

2) 文献 [13] と [14] を参照．

に注目しながら，情報技術の進化や情報資源の変化を話題に反映することが必要であろう．

演習問題

設問1 ネットワークシステムにおけるユーザ管理の目的は何か．管理すべき情報は何かについて調べてみよう．（ヒント：身近な組織（たとえば大学の情報基盤センター，コンピュータ教室など）の情報システムにおいて，どのようなネットワークを活用し，運用しているかを調査してまとめるとよい．）

設問2 クラウドコンピューティングの背景において，どのようなネットワーク技術が関係してきたか調べてみよう．（ヒント：インターネットシステムの歴史やインターネット技術の発達について調査してまとめるとよい．たとえば，文献 [11]『爆発するインターネット—過去・現在・未来を読む—』などが参考になる．）

設問3 現在所属している学科のカリキュラムにおいて，情報マネジメントの科目はどのように扱われているか調べてみよう．（ヒント：たとえば，「必修科目，選択必修科目，選択科目のいずれかに含まれている」，あるいは「その他の科目」の中に含まれているものなどについて調査してまとめるとよい．）

設問4 システムの運用において，どのような情報システム管理が重要であるかについて調べてみよう．（ヒント：開発された情報システムの実運用の観点で調査してまとめるとよい．たとえば，所属している組織の資源管理，性能管理，システム保守がどのようなタイミングで実施されているかに注目してもよい．）

参考文献

[1] データマネジメント知識体系ガイド（第一版），DAMA International 著，データ総研監訳，日系 BP 社，2011

[2] 新村出編：広辞苑（第5版），岩波書店，1998

[3] JIS ハンドブック 64 情報基本，日本規格協会，2013

[4] 高岡詠子：シャノンの情報理論入門，BLUE BACKS，講談社，2012

[5] 浦昭二・細野公男・神沼靖子・宮川裕之・山口高平・石井信明・飯島正：情報システム学へのいざない［人間活動と情報技術の調和を求めて］改訂版，培風館，2008

[6] ACM and IEEE : Computer Science Curricula 2013

[7] 日本規格協会：JIS ハンドブック 66–2 マルチメディア，2004

[8] ACM and AIS : IS2010 Curriculum Guidelines for Undergraduate Degree Programs

in Information Systems, 2010
[9] Encyclopedia of Information Systems—Volume 2（グローバル化と情報マネジメント戦略），p.475, Academic Press, 2003
[10] JIS ハンドブック 67-2 電子商取引・ネットワーク，日本規格協会，2004
[11] 安田浩＋情報処理学会編：爆発するインターネット—過去・現在・未来を読む—，オーム社，2000
[12] Encyclopedia of Information Systems—Volume 3（ネットワーク環境と管理），p.279, Academic Press, 2003
[13] JIS 品質マネジメントシステム—基本および用語，ISO9000，日本規格協会，2000
[14] 中條武志：ISO9000 の知識，日経文庫 844，日本経済新聞社，2001

第3章 ファイル管理とその技術

□ 学習のポイント

データ管理システム，物理的なデータ記憶，およびファイル管理などに関する基礎的な概念を理解し，基本的なファイル構成とファイル編成の技術について学ぶ．たとえば，データ管理システム，情報検索システムの観点からデータや情報の管理について理解し，情報システムとアプリケーションの管理などについても学習する．

□ キーワード

データ収集，データ蓄積，データの利活用，データファイルの管理，情報管理の技術，データ管理の機能，ファイルベースシステムの発展，SQL (Structured Query Languages) とインデックス

3.1 はじめに

人のさまざまな活動において情報マネジメントが深くかかわっていることは，これまでの章ですでに触れてきた．この章では，ファイル管理の観点から，情報マネジメントの基礎技術に注目する．ファイル管理は，データベースの基礎となるデータ管理システム，情報検索システム，アプリケーションの活用などに関係する技術である．

3.2 情報マネジメントの技術に関する学習

この節では，情報システム (IS) の観点から，データ管理と情報マネジメントの基礎に触れ，コンピュータサイエンス (CS) の観点からデータベースの基礎知識を扱う．

3.2.1 IS 観点でのデータおよび情報マネジメント

IS の学習のためのモデルプログラム (IS2010) の中に，「データと情報の管理」というコース (IS2010.2) がある [1]．このコースでは，データとデータベースに関する重要な技術を扱っている．特に「組織の情報要求を同定し，技法を用いて概念データモデルを作成し，さらに概念データモデルをリレーショナルデータモデルに変換して，その構造特性を正規化技法で確認す

る」というプロセスはスキル獲得の中心的なテーマの一つと位置づけられている.

このコースの学習目標として，次のような事柄が掲げられている.

- 物理的なデータ庫とアクセス方法を理解すること.
- 基本的なファイル構成を理解すること.
- 広義の「分析と設計」において，情報要求のプロセスを理解し活用できること.
- ユーザ部門の情報要求を獲得するために，概念データモデリング（実体関係モデリングなど）を活用できること.
- データモデリングとプロセスモデリング[1)] で得られた結果を結合できること.
- 言語ツールの文脈において，SQL の構成要素（データ定義，データ操作，データ制御言語）を活用できること.
- 組織の文脈において，データの質に関する主な要素とアプリケーションを関連づけて理解すること.
- オンライントランザクション処理 (OLTP)[2)] とオンライン分析処理 (OLAP) との違いを理解すること．また，これらの概念とビジネス情報との関係，データウェアハウスとデータマイニングの関係などについて理解すること.
- 簡単なデータウェアハウス（データマートなど）を作成できること.
- 構造化データ，半構造化データ，および非構造化データが，企業における情報と知識の管理においていかに必要な要素であるかを理解すること.

これらの目標を達成することによって，企業における情報管理の原理について理解することができる.

これらの学習に関するキーワードとして，ファイル処理の基礎，物理的なデータ記憶，ファイル編成法，概念データモデル，実体関係モデル，オブジェクト指向データモデル，モデリング技法，論理データモデル，物理データモデル，階層的データモデル，ネットワークデータモデル，リレーショナルデータモデル，関係とリレーショナル構造，概念スキーマのリレーショナルスキーマへのマッピング，正規化，索引付け，データ対応，データや情報の構造，データのセキュリティ管理，データの品質管理，ビジネス情報，オンライン分析処理などをあげている.

このコースでは伝統的なデータ管理技術にも注目している．たとえば，概念データモデリングと実体関係モデリングを関係づけたり，論理データモデルと実体関係モデルを関係づけたり，問合せ処理と SQL を関連づけたりしている.

3.2.2 CS 観点での基礎知識

CS のモデルプログラムである CS2013 では，データベース設計の基礎知識として，ファイル処理に関する基礎的な技術を提供している [2]．たとえば，ファイル編成，レコード，データ項目，ハッシュ法，木構造などの概念が取り上げられている.

---

1) 参考文献 [3] を参照.

2) 参考文献 [7] の 6.17 節を参照.

さらに期待される達成目標として次のような観点が重視されている.

①「知識を知っている」というレベルでは,

- レコード, レコードタイプ, ファイルの概念を理解し, ディスク上におくファイルレコードの基礎的な技術について説明できること.
- 主索引, 二次索引, クラスタリング索引などの適用例を示せること.
- 内部的および外部的なハッシュ技術の応用ができ, 理論的に説明できること.
- ハッシング, 圧縮, 効率的な探索などについて説明できること.

などがある.

②「使用できる」というレベルでは,

- B 木 (B-tree) を使って動的なマルチレベル索引を活用できること.
- 動的ファイルを拡張するためにハッシングを利用できること.

などがある.

③「熟知して評価できる」というレベルでは,

- 粗い索引と密な索引を区別して評価できること.
- いろいろなハッシングスキーマのコストと便益について評価できること.

などがある.

3.3 データ管理システム

データ管理システム (Data Management System: DMS) は, データ処理には不可欠な仕組みである. たとえば, ファイルを生成する機能, ファイルを更新する機能, ファイルを維持する機能のほか, データを管理するために必要な基本ソフトウェアも含まれている.

そこで, この節ではファイルに関係する基本的な技術にも触れる [3].

基本ソフトウェアは, プログラミングの知識やスキルがあれば簡単に作成できるが, 必要になったときに毎回作成するのでは作業効率が悪い. そこで, データファイルを作ったり, ファイルにデータを記憶したり, いくつかのデータを並べ替えたりするような基本的なソフトウェアをあらかじめ作成しておくことによって, 繰り返し利用することを可能とした.

さらに, 汎用的なプログラムの保管と共用が常態化したことで, いろいろなプログラムの一般化・抽象化が求められるようになった. また, プログラムをデータ記憶エリアに蓄積し, 有効に活用するようにしたことで, ソフトウェアの品質管理も必要となった. これらがアプリケーションソフトの管理と品質管理の考え方につながったのである.

データ処理システムの中には, 業務における集計処理や会計処理, 特定のアルゴリズムに従う複雑な計算処理をするソフトウェアがある. データやプログラムなどを管理する仕組みや, 文書管理の仕組みなど, 従来は人手で処理してきたような作業が定型化され, アプリケーションソフトウェアとして管理されるようになったものもある.

たとえば繰り返しが可能な情報処理に注目すると, 定式化されている文書作成が多いことに気づく. そこには, 定型的な報告書や, プロジェクトの報告書, 論文やレポートの執筆など, 一

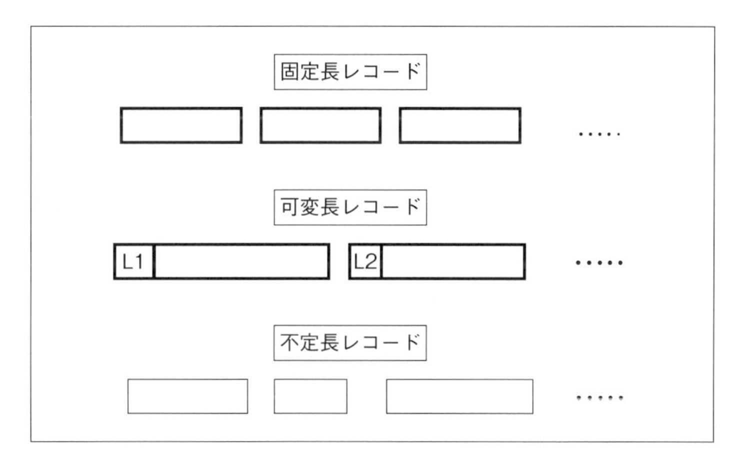

図 3.1 レコード形式

見して共通する書式もある．このような定式化可能な書類が増える一方で，独自性が求められるケースも少なくない．たとえば，新規性を評価する必要がある情報処理では作業プロセスが複雑化し，仕事量も増えている．

このような環境での作業では組織的な効率化が進められ，成果物の品質管理も重要となった．こうして，データ管理システムは，それぞれの目的に沿った形で管理方法の汎化が考えられるようになったのである．

3.3.1 データ管理の基礎技術

ある目的をもったデータレコードの集まりをファイルと呼ぶ．データファイルを処理できる媒体として磁気ディスク，磁気テープ，CD，DVD などの装置があるが，これらはコンピュータシステムの発展とともに進化してきた．ファイルを扱う装置ごとに独自に入出力をする方法が考えられ，プログラムで効率よく処理するためにファイル管理の標準的なパターンが提供された．そこで，この項では基本的なファイル管理の概念について触れ，ファイル編成 (file organization) の方法について言及する．

ファイルは，OS (Operating System) から見れば特定データの集合であるが，使う人から見れば意図する処理を反映できるデータの集まりである．ファイルに書き込む処理の単位をレコードと呼び，レコードを構成する個別の処理単位をデータ項目という．レコードは，情報処理の対象となるデータ項目のセットである．

レコードの形式にはいくつかの種類があり，ファイルごとにその形式を定めている．レコード長が一定のものを固定長レコード (fixed length record) といい，レコードが可変長で，かつ，長さ情報をレコードの頭で指定しているタイプを可変長レコード (variable length record) という．さらに，可変長レコードであるが長さの情報をもっていないタイプを不定長レコード (undefined length record) という．これらのレコード形式の違いを図 3.1 に示す．

ファイル内のデータを形成するレコードの並べ方をファイル編成という．ファイル編成によってファイルを読み書きする方法が決まる．基本的なファイル編成の方法としては順編成，直接編成，索引順編成，VSAM (Virtual Storage Access Method) 編成，区分編成などがあるが，OS によってその管理方法が異なる．

順編成 (sequential organization) は，レコードを時系列に一次元的に配置する方式である．ファイル生成時にレコードの物理的な配置が決まり，その順番でしかアクセスできない．つまり，物理的に決められた順序でのみ記憶媒体上に格納される方法である．

直接編成 (direct organization) は，レコードのキー値により，相対的なレコード番号や装置固有のアドレスを使って物理的な位置を決めてレコードを格納する方法である．読み書きは順不同であるが，順アクセスは行わない．ハッシュ法 (hashing)[3] を応用した編成方法である．

索引順編成 (indexed sequential organization) は，レコードの中のある項目をキーとして索引 (index) を付与して読み書きをする編成方法である．この方法は磁気ディスク装置の物理的な特性に依存する．たとえば，図書や文献情報などのキー値（タイトル，著者など）とデータ本体の物理的な位置とを関係づける使い方がある．

仮想記憶アクセス法 (VSAM) は，全体が一種の探索木をなしている．あるキー値をもつレコードの検索は，ルートを最初のノードとし，キー値に応じた子ノードをポインタとして葉の方向にたどる．B 木[4] による索引編成を基本とし，順編成や直接編成などのファイル編成法を統合して仮想化したアクセス方法である．アドレスは，論理的なキーやファイルの先頭から相対的に計算して指定する．

区分編成 (partitioned organization) は，小さな集まりに分割されて，区分ごとに構成される編成方法である．この区分をメンバ (member) と呼び，それぞれにメンバ名と索引が付されて記憶装置上に格納される．各メンバへのアクセスは索引順編成と同じであり，メンバ内の処理は順編成と同じである．

PC 上のファイルシステムは，Windows などの OS で管理されているが，ファイル編成とファイルの処理は，それぞれのアプリケーションによって管理されている．

3.3.2 データの取得・格納・維持・管理の基礎技術

自然環境やさまざまな装置から得られたデータはビット列で表現され，記憶媒体に格納されている．ここでは，蓄積されたデータを活用するプロセスやコンテンツの使い方などを視野に入れてデータの格納やデータ型に関する諸技術について述べる．

記憶媒体は，内蔵メモリである主記憶 (primary storage) と外部記憶媒体である二次記憶 (secondary storage) とに大別できるが，記憶容量，処理速度，費用対コストの観点でシステム全体の構成をデザインする必要がある．それは，必要な記憶媒体を選択するための意思決定が，意図するデータ処理に必要なデータ量とシステムデザインの内容に依存しているからである．ここでは，データの維持と管理の観点からの評価も重視したい．

---

[3] ハッシュ法で得られるアドレスをハッシュアドレスという．また，この編成によるファイルをハッシュファイル (hash file) と呼ぶ．

[4] B 木は全体が一種の探索木をなしている．木が索引部であり，葉が順序集合部の接点となって各データ本体に分岐される．葉は同一レベルにあるので，これらをまとめてデータ部とみなしている．

手続きに従ってデータファイルが生成され，さまざまな装置から採取されたデータの入力も可能になる．プログラミング言語が扱うデータには，数値，論理値，文字，音声・音響，画像・映像などのデータが，物理的にはビット列として，記憶媒体に格納される．

これらのうち，数値（整数，実数），論理値，文字を一般に基本的なデータ型 (data type) と位置づけている．データ型は，ある共通の構造をもっているデータをひとまとめにして，他の異なる構造をもつデータと区別するための概念である．数値は整数型や実数型などに区別し，特定の符号化方法で変換して表現し格納される．論理値は真と偽の二つの値を 1 ビット（“0” または “1”）で表現し格納される．文字 (character) は，特定の文字コード体系に従ってコード化されて格納される．

その他，声・音響，静止画像・動画像・映像などから採取されるデータは，いろいろな装置から入力され，コンピュータに理解できるコードに変換されて格納される．入出力装置に注目すると，新しい媒体が次々と出現しているため，入力データやコード変換や記憶方法などのソフトウェアも含めて常に監視する必要がある．

3.3.3 データ管理とモデリング

データモデルは現実フィールドの対象データを記述するため，既存の概念と操作の体系に依存する．データモデルは個々のデータをユーザが理解できるように表現したデータ言語であり，データの構造，制約事項，操作に関する概念を与えるものである．したがって，データモデルとは，現実フィールドで形成される情報の見方を抽象化し，情報を共有する関係者の意思疎通を図るための枠組みを与えるものであるといえる．対象となる情報特性に依存して多様なデータモデルが存在するため，本質を捉えうる的確な情報を抽出することが重要である．

データモデルの例として，階層モデル，ネットワークモデル，関係モデル，実体関連モデルなどがある [4].

階層モデルは木構造で形成されるが，ある階層に位置づけられるレコードタイプに対して，常にただ一つの上位階層しかないという特徴がある．たとえば図 3.2 の例では．“a，b，c，d，e，f，g，h” がデータ実体である．この例では第 1 階層に実体 “a” が，第 2 階層に実体 “b” と “c” が，そして第 3 階層に実体 “d” から “h” が位置づけられた階層モデルである．

ネットワークモデルはグラフ構造をベースにしているが，2 層のレコードタイプ（型）の階層構造を組合せで与えられるモデルである．一つの親子関係において親レコードと子レコードとのつながり方，すなわちデータ構造と実現値の関係を表現するものである．「親から子」，「子から親」の関係があり，図 3.3 のように双方向の混在が可能である．この図には記入していないが，横方向の関係などを矢印で表現することもできる．

関係モデルでは，タプル (tuple) と呼ばれるレコードの組（属性の集まり）をベースにして，データの関係を二次元の表形式 [5] で表現する．ここでは，一つの表に属する各タプルは，主キーと呼ばれる属性値によって識別される．具体的には，一つの表の主キーと他の表のレコー

---

[5] タプルの集まり．

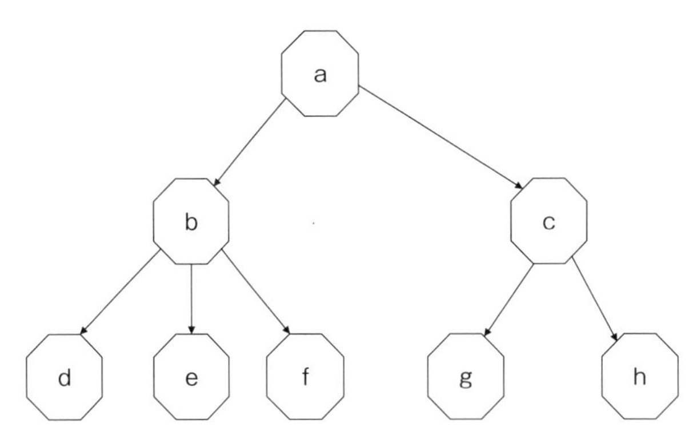

図 **3.2** 階層モデルの表現例

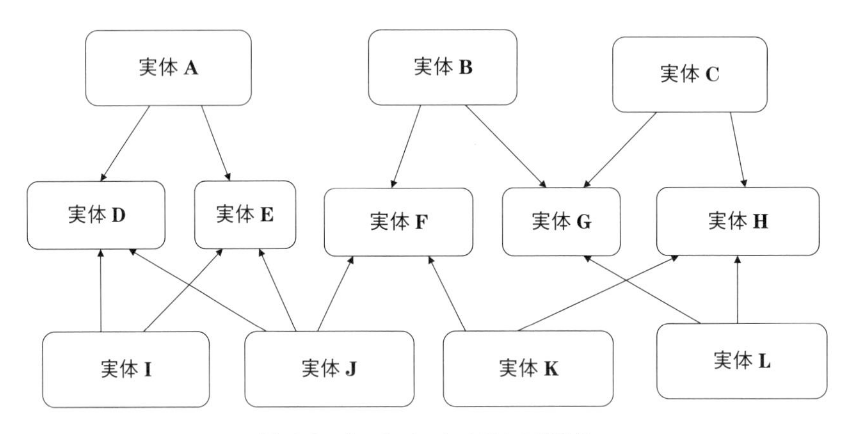

図 **3.3** ネットワークモデルの表現例

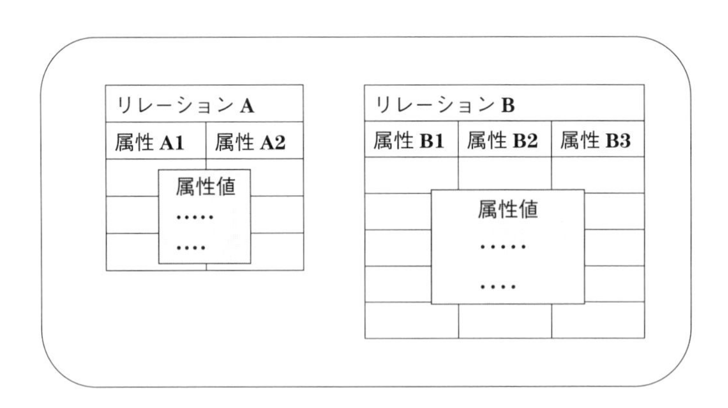

図 **3.4** 関係モデルの表現例

ドに付加される外部キーとを関連づけることで，複数のファイルの集合を一つの構造として表現するものである（図 3.4 参照）．たとえば，属性 A のどれかと属性 B の主キーを関連づけることで，二つのファイルの集合を一つの構造で表現することができる．

実体関連モデル (entity relationship model) は，対象とする現実フィールドで実体 (entity)

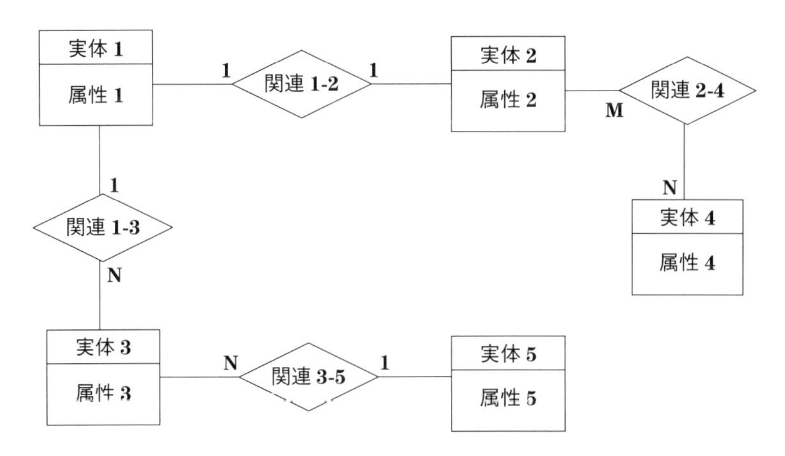

図 3.5 実体関係モデルの表現例

と関連 (relationship) という二つの概念を用いて表現するモデルであり，複数個の実体と関連を結びつけて定義される．実体は属性の集合によって表現され，「関連」は二つ以上の実体どうしの関係[6]をモデル化したものである（図 3.5）．実体関連モデルの「実体」と「関連」はともに，関係モデルの組によって表現される．

3.3.4 データモデリング (Data Modeling) の基礎

CS2013 [2] ではデータモデリングをコア科目として導入している．取り上げられている話題として次のようなキーワードがある．

- データモデリング
- 概念モデル：実体関係，UML (Unified Modeling Language) ダイアグラムなど
- スプレッドシートのモデル
- リレーショナルデータモデル
- オブジェクト指向モデル
- 準構造データモデル

また，達成目標として求められている事項について，次のような観点で整理できる．

① 「知識を知っている」レベルの事例
- モデリング記法における概念（たとえば実体関係図（ER ダイアグラム)，または UML ダイアグラム）とその使用事例について説明できる．
- リレーショナルデータモデルの基本原理について説明できる．
- オブジェクトの同一性，タイプ（型）構造，カプセル化，継承，同質異型，変形など，オブジェクトオリエンテッド (OO) モデルの概念について説明できる．

② 「応用できる」レベルの事例

[6] 1 対 1 の関係，M 対 N の関係などを線で表現する．

- リレーショナルデータモデルのモデリング概念と記法を応用できること．
- 与えられたリレーショナルスキーマに関する準構造と同等な表現（たとえば，DTD (Document Type Definition)，XML (Extensible Markup Language) など）ができること．

③「熟知して評価できる」レベルの事例

- 異なるデータのタイプに関して，内部構造を含むデータモデルの設定を比較し対比できること．
- リレーショナルデータモデルと準構造データモデルとを比較し，それぞれの特徴を評価できること．

などがある．

3.4 情報検索システムの基礎

情報検索システムのベースとなるのは，情報の収集と蓄積と検索に関係する機能である．そこでこの節では，情報の収集と蓄積，情報の検索と問合せ処理，およびデータベース概念の基礎となる考え方に焦点を当てて展開する．

3.4.1 情報の収集と蓄積

ネットワーク環境の整備に伴って広範囲にわたる情報の収集と蓄積が容易になった．今日では，特に意識することなくインターネットを介してWeb環境からさまざまな情報を収集して活用することが常態化している．

情報の収集と蓄積における組織の関心事は，その役割や担当範囲によって違いはあるが，データの利用と更新に関する情報は，組織全体で意識すべき重要事項である．特に，システム開発から運用にわたって，データの完全性を維持・管理することが重要である．さらに，採取したデータの情報源，ISの定義とモデリングの情報は，ISのライフサイクルの各フェーズで参照できるように管理しておくことも重要である．これらの情報をISの開発プロセスで参照することによって，新たな問題を見出すことが容易になり，早い段階での問題解決が可能となる．

情報の収集と蓄積においては，システム開発者のみならず運用者も含んでシステム全体の構成管理や変更管理を意識する必要がある．

3.4.2 情報の検索と問合せ処理

伝統的な情報検索は，文献検索と内容の検索とからなっている．文献検索では，利用者が必要とする項目や見出し語（キーワード）を指定して，目的とする文献の所在とその内容を捜すことができる．

インターネット上に存在するWebページ，Webサイトなどから，情報を検索するシステム（機能とそのプログラム）を狭義の検索エンジンという．情報の収集方法によって，ディレクトリ型検索エンジン，ロボット型検索エンジン，メタ検索エンジンなどに分類される．

ディレクトリ型検索エンジンでは，検索サイトに掲載される情報はすべて人手によって収集され，Webサイトに公開されている．話題やテーマによって，人手でカテゴリー別に分類し，索引やキーワードをつけてファイルに登録する．ロボット型検索エンジンでは，検索ロボットと呼ばれるソフトウェアを利用して世界中のWebサイトの情報を自動的に収集し索引を作成する．メタ検索エンジン（横断検索エンジンともいう）では，入力されたキーワードを複数の検索エンジンに送信して，得られた結果を表示する．検索サイトによって採用方式は異なる．

Web検索エンジンの技術を使えば，コンピュータに保存されたWebサイトのHTML (Hyper Text Markup Language) ファイルやテキストファイル，pdfファイルなどの全文検索も可能である．これらは，広義の検索エンジンと捉えることができる．

これらの考え方の先にデータベースがあるが，その話題は第4章に譲る．

CS2013にある問合せ言語 (Query Languages) は選択科目であるが，中心になっているのはSQLである．SQLは，構造化問合せ言語であり，関係データベース管理システムのためのオープンな言語として開発され，ISO (International Organization for Standardization) で標準化されている．

SQLの関係科目のキーワードとして，データ定義，問合せキー，選択，制御フロー，整合性などをあげることができる．この学習目標は，問合せ処理で最適な戦略を選べるようになることである．問合せ処理は一通りではない．一つの問合せ処理に対して複数の実行方法があるのが一般的である．そこで，媒体へのアクセス時間，処理時間，通信時間などが最小になるよう，問合せ処理の最適化を図ることができる．問合せ処理では，索引付け (Indexing) の影響が大きいので，問合せ用のインデックスをどう作成するのかが重要になる．また，文献引用においてインデックスファイルを効果的に生成することも重要である．

3.4.3 情報の蓄積と検索に関する学習内容

情報蓄積と検索 (Information Storage and Retrieval) に関するCS2013の選択科目の話題は多義にわたっている．そこには次のようなキーワードが含まれている．

- マークアップ言語：　文書，電子出版など
- ファイル：　探索，トライ (Trie)，基数木，索引など
- 情報ニーズ：　適合度，評価，効果性など
- シソーラス：　オントロジー，分類，類別，メタデータなど
- 文献目録情報：　書籍，引用文など
- 発送と共通フィルタリング
- マルチメディア探索：　情報探索行動，ユーザモデリング，フィードバックなど
- 情報要約と可視化
- 小刻みな探索：　引用，キーワード，分類のスキーマの使用など
- デジタルライブラリ
- デジタル化：　記憶，交換，デジタル目的，要素，パッケージ

- メタデータとカタログ化
- 保管と保持： 保全，名前付け，データの倉庫，保管場所など
- 時・空間： 概念，2D，3D，バーチャルリアリティ (VR) など
- 相互利用のアーキテクチャ： 伝送回路，ラッパーなど
- サービス： 探索，結合，読取など
- 法と倫理： 知的財産権管理，個人情報保護など

これらの学習で期待される達成レベルとして，次の観点がある．

①「知識を知っている」レベルの事例
- 基本的な情報検索の概念について説明できること．
- 効率的な情報検索の特徴について説明できること．
- デジタルライブラリに情報を保管・保持する問題について技術的に解決できる方法について説明できること．

などである．

②「使うことができる」レベルの事例
- 中クラスの情報検索システム，またはデジタルライブラリの設計の一部を改良すること．

などである．

③「熟知し評価できる」レベルの事例
- 探索に関する複数の戦略を与えてアプリケーションを評価し，その戦略がなぜ適正であるといえるのかについて説明できること．

などである．

3.4.4 ファイルベースシステムと管理

ファイルベースシステム [5,6] は古くから用いられて来た手法であるが，すべてがデータベースに置き換わったわけではなく，個人の作業環境ではまだまだ使われている．たとえば，レポートや論文を執筆する作業では，最初から文章構成や文章表現が確定できるわけではなく，何回か書き換えを行うことが一般的である．しかし，書き直すたびに最新データに書き換えていると，先に書いた内容に取り替えたいときに復元するのが難しい．そのようなときに，一時的なファイルに保存してバージョン管理をしておくと，短時間で復元ができる．

ファイルベースシステムの問題を理解すれば，データベースシステムでの同じような誤りを繰り返すことなく，予防の意味で単純なファイルベースを活用することが考えられる．

一般にファイルベース的なアプローチでは，作業システムとデータ部分を独立させて，作業ごとに繰り返しデータを活用できるようにしている．その際，作業システムの中にデータ処理プログラムとデータ定義プログラムを組み込んでいる．

一方，データベース的なアプローチでは，作業システムとデータ部分は独立であるが，作業システムに組み込まれるのは複数のデータ処理部分だけである．データ定義は独立させ，複数のデータはデータベースとして統合している．データベース的アプローチでは，データベース

とデータベース管理システム (DBMS: Database Management System) とを関連づけて構成している．DBMS は，データベースへのアクセスを管理し，データベースの定義・生成・維持管理をユーザが行えるようにしたソフトウェアである．

ファイルベース的なデータ処理とデータベース的なデータ処理の特徴と違いについては，図4.1 を参照するとよい．

3.5 アプリケーションの活用

この節では，新たな価値をもたらす情報を，組織としてどのように収集・蓄積・活用しているのかを考えてみよう．読者の多くは，情報システム構築の立場から見たデータモデルや，データベース管理システムに注目しているであろう．ここでは，データの管理，データウェアハウス，リポジトリなどにも言及したい．

対象となるのは現実社会で採取できるデータである．そこで，ユーザや関係組織が関心を持っている情報システム構築に不可欠なデータに注目する．また，議論の話題ではデータの管理に注目する．

3.5.1 ユーザ組織におけるデータの活用

組織で活用している情報システムはハードウェアとソフトウェアで構成されている．ソフトウェアの中では，情報またはデータが資源の主要部分を占めており，情報の採取・蓄積・加工・利用などの処理プログラムが占める部分はごく少ない．

データを操作するプログラムはデータ構造に依存するため，データ構造が悪いとプログラムの仕組みは複雑化しシステムも悪化する．つまり，データ構造あるいは構成がデータの使いやすさを左右しているといってもよい．

近年，主記憶や補助記憶の装置が大規模化し，ビッグデータの利用技術も進化したことで，蓄積されるデータは何でもありの状態となっている．それは，大量で質の悪いデータを組織が抱え込むことにつながるため，経費を圧迫し，システム運用に影響を及ぼしかねない状況である．

自動化と効率化を目指してデザインされたシステム環境で大事な情報が失われるというリスクを避ける必要があるため，データやデータベースの維持管理がますます重要になっている．

3.5.2 情報システムとアプリケーションの管理

組織活動において情報システムは必要不可欠であり，そこで扱うデータをいかに管理するのかが最も重要な課題といえる．データには数値や文字だけでなく，音声，写真，画像，映像などがあり，それらの情報のほとんどがデジタル化されて管理されている．

現実社会では，データ管理が組織の基幹系アプリケーションであるか／情報系アプリケーションであるかによって，活用の仕方や扱い方が違う．

情報系アプリケーションとして戦略的な意思決定支援システムが必要になった．しかも，効果的な情報分析を行うためには大量データを長期間保管しなければならい．そこでデータの倉

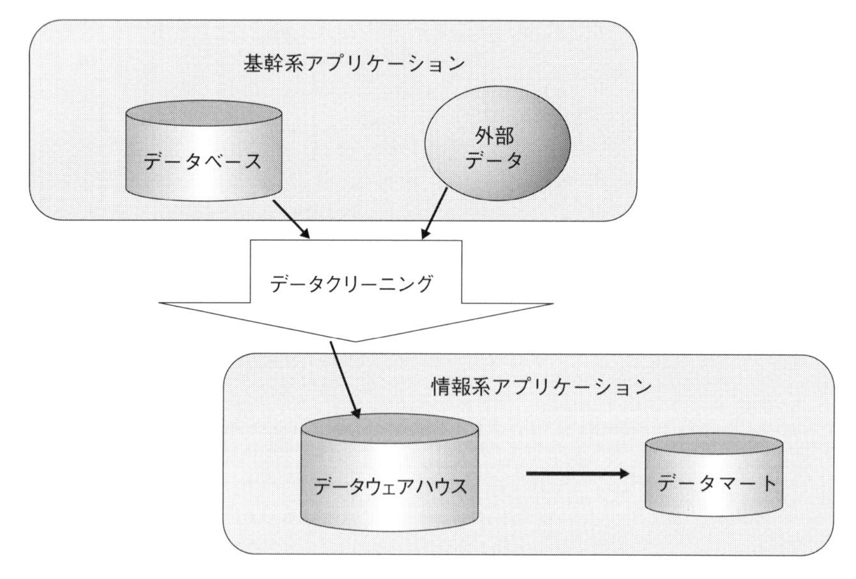

図 3.6 基幹系アプリケーションと情報系アプリケーション

庫ともいえるデータウェアハウスが構築され，さらにデータを分割して活用できる仕掛けとしてデータマートが生まれた (図 3.6 参照)．ユーザニーズに応えてデータを安全に維持・管理するために，アプリケーションの管理はますます重要になっている．

一方，基幹系アプリケーションは単純であるが膨大な履歴情報が保持されているために，応答時間を短くする必要がある．このためデータの信頼性と効率性を維持することも重要である．さらに，多数のユーザによる同時アクセスや更新に対してデータの完全性を保証することも必要である．そして近年ではこれらの情報を活用するために，蓄積されているデータを使って意味のある情報を発見したり，因果関係を見出したりすることが必要になっている．

このような分析に役立つ技術をデータマイニングという．データマイニングを行う際には，統計的手法やニューラルネットワークなどの技法を駆使することができる．目的に応じて，データウェアハウスに蓄積されているデータにアクセスし，有効な技法を活用することが可能である．

3.5.3 データマイニングの学習

CS2013 の IM には，データマイニング (Data Mining) という選択科目が含まれている．そのトピックスとして，データマイニングの使用法，データマイニングアルゴリズム，関係型と順序型，データクラスタリング，マーケットかごの分析，データクリーニング，データのビジュアル化などの話題がある．

また，期待されている学習成果として，次の事例を挙げることができる．

① 「熟知して欲しい」レベルの観点
- マーケットかごの価値について説明できること．
- ルールに基づいて価値パターンを見つけるために，関係システムをいかに拡張すればよいかを説明できること．

- データマイニングのプロセスをどこまで繰り返せば処理を終了できるのかに関するメカニズムについて説明できること．
- いろいろな手法を使ってデータマイニングの効果について説明できること．

②「評価して欲しい」レベルの観点

- 異なる手法を使ってデータマイニングの比較や対比ができること．
- データマイニングによって価値ルールを見つけられること．
- データマイニングが効果的な方法論であることについて評価できること．
- 提供されているデータのノイズ，冗長度，外れ値などの原因を明らかにできること．

以上，この節ではアプリケーションの活用に注目した．

3.6 本章のまとめ

本章ではファイルマネジメントの観点から，情報マネジメント以外の基礎的な技術と概念に関する話題を取り上げた．たとえば，データ管理システムや情報検索システムの基礎に関すること，アプリケーションの活用に関することがある．なお，本章には，IS2010 や CS2013 などの国際的なカリキュラムが含まれているため，新たなカリキュラムの発表があればその内容を反映することが必要になろう．

演習問題

設問 1 変化が激しい情報分野において，身につけるべき基礎知識と基本的な技術は何かについて考え，管理すべき情報とシステムを抽出しよう．（ヒント：情報社会で最近話題になったシステムを取り上げて，なぜそのような仕組みが生まれたのか，その背景にある重要な出来事・知識・技術を調査して何が見えてくるかを整理するとよい．）

設問 2 データ処理に不可欠なデータ管理システムには，どのような機能が含まれているかについて考え，データファイルを扱う基本的な技術をまとめよう．（ヒント：まず，ファイルを扱う装置と基本的なソフトウェアにどのようなものがあるかを調べてみよう．そのうえで，ファイル生成・更新・維持などに関する基本的な技術について検討するとよい．）

設問 3 ネットワーク環境において効率的に情報を検索するためにどのような技術が利用され，どのような情報管理が行われてきたのかについてまとめてみよう．（ヒント：情報検索には文献検索と内容検索がある．まずそれぞれの違いをまとめてみよう．その上で，Web サイトから情報を検索するシステムの特徴について整理するとよい．）

設問4 情報システムで扱うアプリケーションとして，基幹系アプリケーションと情報系アプリケーションがある．この2種類のアプリケーション活用に共通するデータ管理方法と異なるデータ管理方法についてまとめよう．（ヒント：まず，現実社会においてどのようなデータを収集・蓄積・活用しているのかについて検討しよう．そのうえで情報システム構築や情報システム活用において扱うアプリケーションに注目するとよい．）

参考文献

[1] ACM and AIS : IS2010 Curriculum Guidelines for Undergraduate Degree Programs in Information Systems, 2010
[2] ACM and IEEE : Computer Science Curricula 2013
[3] 北川弘之：データベースシステム，情報系教科書シリーズ第14巻，昭晃堂，1997
[4] 魚田勝臣，小碇暉雄：データベース，経営情報システムシリーズ第8巻，日科技連，1999
[5] Thomas M. Connolly, Carolyn E. Begg, Anne D. Strachan : Database Systems, Addison-Wesley, 1996
[6] Ramez Elmasri, Shamkant B.Navathe : Fundamentals of Database Systems (2nd Edition), The Benjamin/Cummings Publishing Company, Inc., 1994
[7] 神沼靖子，浦昭二 共編：情報社会を理解するためのキーワード3，培風館，2003

第4章 情報マネジメントとデータベースシステム

□ 学習のポイント

データベースシステム，データベース管理システムの役割と情報マネジメントの考え方を理解する．そのために，関係データベースとモデリング，分散データベースなどの基本的な機能や技術について学ぶ．さらに，データベースシステムの応用やデータウェアハウスの活用などを通して理解を深める．

□ キーワード

データベース，DBMS，データモデリング，インデキシング，トランザクション処理，検索と問合せ，データベースの変遷と技術，関係データベース，分散データベース，オブジェクト指向データベースなど．

4.1 はじめに

情報システムにおけるソフトウェアの主要部分はデータであり，そのデータを収集し，蓄積・管理し，加工し，活用するための道具がプログラムである．そして利用目的によって集められたさまざまなデータの集合をデータベースという．

データベースは一定の基準で整理されたデータの集まりであるが，それでも質の悪いデータを抱え込むことが少なくない．そこで，データの質を維持して良いデータベースを構築するために，データベース管理システム (Database Management System: DBMS) が必要となる．

この章では，質の良いデータベースシステムを維持・管理するために必要な基礎的な技術と情報マネジメントの基礎的な概念に注目する．

4.2 データとデータベースシステム

我々は日常生活においてさまざまな情報システムの恩恵を受けている．たとえば，気象情報のシステム，公共交通のサービスシステム，道路交通に関するシステム，地図情報のシステム，ガス・電気・上下水道などのインフラシステム，医療や診療の支援システム，防災・災害・救急などの支援システムから，製造・建設・流通・販売・金融・証券などの業務支援システム，情報センターや研究・教育を支援するシステムまで，実に多様なシステムを利用している．これらの情報システムは，それぞれの目的に応じて開発されているが，その背後で何らかのデータベースシステムが構築され動いているのである．

第3章ではファイルに注目してデータモデルやSQL（構造化問合せ言語）の話題を取り上げた．そこでの基本的な技術を発展させたのが，検索・SQL・DBMSなどに関係する諸技術である．この節ではデータベースシステムに注目しながら，データベースの基礎から応用までの話題を多面的に扱う．

4.2.1 データベースシステムの構成とデータ構造

データベースシステムは，日常的な活動で利用するデータの集まりであるデータベースと，データベースを管理するDBMSから構成されている．データはアプリケーションプログラムを介して外部のアプリケーションと連動している．データベースシステムは，それぞれ独自のデータ構造をもっており，その構造はデータ実体と実体どうしの関係を定義することで明らかにできる．

一方で，情報を必要とするユーザが重視していることは，データベースに蓄積されているデータがいかに信頼できるものであるか／データベースの操作性が優れているかということである．そこで必要になるのがデータの完全性であり，その維持・管理である．

DBMSは，データベースへのアクセス要求を実行する統合的な機能を有している．主な機能として，問合せ処理機能，物理的なデータ管理機能，データの一貫性を保持する機能，機密保護の機能，同時実行制御機能，障害回復機能などがある．これらの機能は，データベース管理者（ユーザの一員）によって，DBMSを介して管理される．データベース管理者とDBMSの間では問合せ処理がなされ，物理的なデバイス間での入出力管理が行われる．図4.1は，データベースとDBMSとユーザの相互関係を示している．

使いやすいデータベースシステムを構築する際に，データベースの設計ではいろいろな工夫がなされている．たとえば，業務に支障を来たさないために，“データ独立[1]と整合性の保持，同時実行制御[2]の確保，セキュリティの管理などを維持すること”，“アプリケーションとデータの変更が相互に影響を与えないようにすること”などが配慮されている．

データ独立を達成するために，アプリケーションの視点からデータベースの全体を捉える概念レベル，物理的なデータベースに関係する内部レベル，個々のアプリケーションとデータベースを関係づける外部レベルに注目する．また，同時実行制御では，実務でのデータなどの変更に関する問題と関連づけることができる．そこで，概念レベル，内部レベル，外部レベルの観点から，関係データベース言語であるSQLの基本機能に少しだけ触れておきたい（詳細は4.3節で扱う）．

---

[1] あるレベルでのデータ定義や構造の変更が，その上位層の構成でのデータの使い方に影響を与えないことをデータ独立という．

[2] 同時実行制御は，データベースを同時に使用しているユーザが互いに他のユーザのアクセスによる衝突や障害から回避するための機能である．

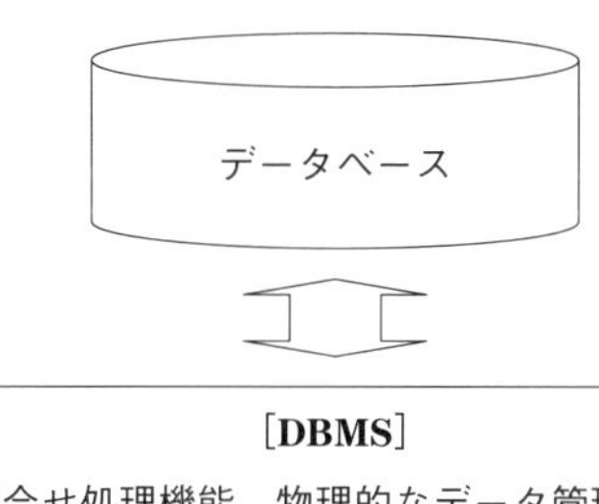

［DBMS］
問合せ処理機能，物理的なデータ管理機能
データの一貫性を保持する機能
機密保護の機能，同時実行制御機能
障害回復機能

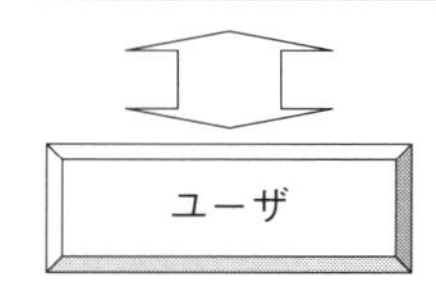

図 4.1 データベース・DBMS・ユーザの関係

関係データモデル (relational data model) では，データモデルをリレーションの集まりとして表している．つまり，リレーションは属性と属性値の組合せ（タプル[3]の集合）から構成されている．リレーションは属性の並びを記述したものであり，リレーションスキーマの各属性は定義域 (domain) から取り出されたデータの値の集合ということになる．

データベースに蓄積されるデータの定義をデータベーススキーマ (database schema) という（単にスキーマともいう）．スキーマはデータベース言語によって定義されるもので，通常はレコード／ファイル，レコード間の関係，レコードを構成する属性 (attribute)，属性の定義域 (domain)，などを指す．

また，データベースを格納貯蔵する装置（主記憶装置，二次記憶装置など）や構造を内部スキーマ (internal schema) といい，データベースの論理的レベルの記述を概念スキーマ (conceptual schema) という．そして，特定の業務に用いるアプリケーションの構造に対応する表現を外部スキーマ (external schema) という．これら 3 種のスキーマをまとめて三層スキーマという．

データベースの構成は“概念レベル”，“外部レベル”，“内部レベル”に分けてモデル化される．それぞれはレベルごとにスキーマと対応する．概念レベルに対応するのが概念スキーマであり，概念レベルでは概念データモデルが定義される．外部レベルに対応するのが外部スキーマであり，外部レベルでは外部データモデルが定義される．そして，内部レベルに対応するのが内部スキーマであり，内部レベルでは内部データモデルが定義される．

データモデリングでは，データベースに格納されるデータの配置やデータの完全性を管理し，DBMS では利用者に提供するデータの可用性について管理する．このように，データとデータベースが，それぞれの観点で管理されることによってデータベースシステムの一貫性（整合性）が維持される．したがって，内部レベルでデータの格納方法に変更があっても，そのデータモ

[3] Tuple と記す．組ともいう．

デルを使っているユーザプログラムに影響を与えないようにする必要がある．

一般に情報システムの開発では，組織における業務目的が反映されるが，そこではデータベースシステムの構築が中心になり，基本的な情報技術が適用されている．

以上の考え方は，図4.2のデータベースの概念にも反映されている．ただし，適用される技術のレベルや範囲は，DBMSの実装ごとに異なる．

4.2.2 基本データとアプリケーションの管理

データベースシステムは，データ資源を有機的に統合・管理し，効率よくしかも安心して情報活用ができるように，いろいろなアプリケーションを使って構築される．業務用に開発されるアプリケーションとしては，生産管理システム，在庫管理システム，販売管理システム，人事管理システム，情報流通システムなどがある．システムに含まれるデータとアプリケーションは相互に依存し，アプリケーションのファイル構造は，アプリケーションごとにデザインされる．つまり，対象となるデータや情報はシステムの構造を表すことになるため，データを体系的に組織化して管理する必要がある．管理を徹底するためには，ユーザ管理システムやDBMSのデータにアクセスすることが可能でなければならない．

一方で，データの整合性はアプリケーションに依存しているため，複数ユーザが共用するデータの管理では，データの一部だけを部外秘にするような制御が難しい．しかし，データ更新に際して複数ユーザの同時アクセスを可能にする制御は不可欠である．データの矛盾を避け，不正確なデータの読み出しを防ぐためには，障害発生時のデータ破壊を防いで，データの整合性を保持することも必要である．

データモデルに基づいてデータの構造や関連を明示することで，DBMSによるデータの整合性は維持できる．たとえば，各ユーザがどのデータにいかにアクセスするのかを，きめ細かく指定することができる．

データベースシステムは，多様なデータの活用が可能となるようにデータを集めて整理しているが，データベースとデータファイルとで扱い方が異なる．複数のデータファイルを関連づけるだけでは，利用者や組織を超えてデータファイルを共用することは難しい．そこで，個別の業務とデータ構造や属性とを独立させてデータベースを定義することで，多くの利用者のデータ共用を可能としている（図4.2参照）．

4.2.3 データと情報マネジメントの基礎

第3章では，IS 2010.2 [1] のデータと情報の管理 (Data and Information Management) に関するファイルの観点にのみ言及したが，このコースではファイルとデータベースの両方の話題を取り上げている．

このコースの目的は，組織の情報要求を同定し，概念データモデルの技法を用いてモデルを作成し，さらに概念データモデルをリレーショナルデータモデルに変換し，正規化や実装の技法を使って確認し，DBMSを用いて関係データベースを利用できるスキルを獲得することである．そこでは，基本的なデータベースの管理，データの質とデータセキュリティの概念に注目

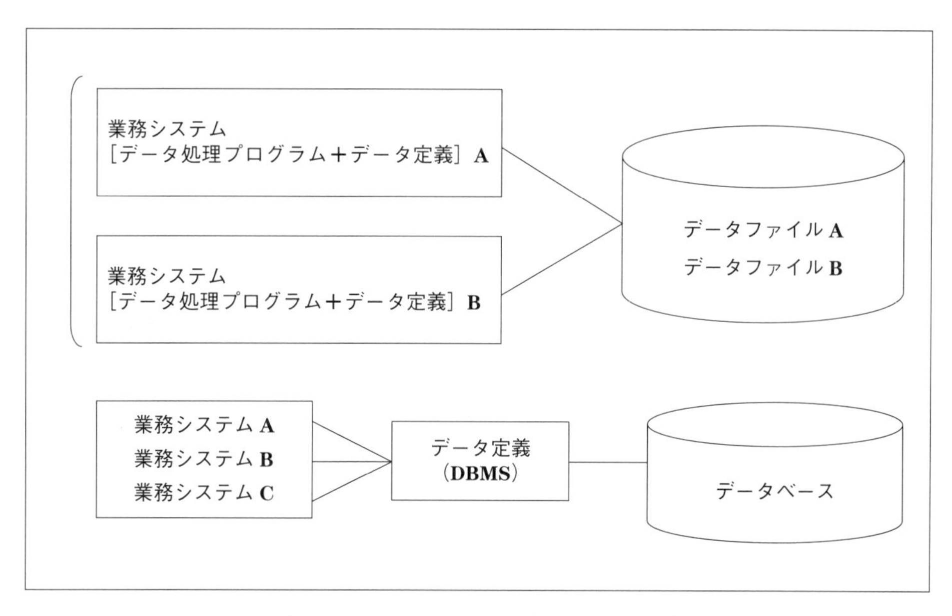

図 4.2 データベースとデータファイルの概念

している．

このコースの目標は，アプリケーションや大規模パッケージシステムが DBMS にいかに依存しているかを理解すること，また，業務での意思決定に必要な情報や情報マネジメントについて理解することである．

データベースの話題はかなり重要視されており，IS2010.2 で求められている達成目標でも 20 項目を超えている．ここではその中から 10 項目を選んで紹介する．

(1) 組織のデータと情報マネジメントに注目して，DBMS とデータベースの役割について理解すること．
(2) 物理的なデータ庫とそのアクセス方法を理解すること．
(3) 基本的なファイル構成に関する技術を理解すること．
(4) リレーショナルデータベースの正規化の目的と原理を理解すること．
(5) アプリケーション開発環境で利用可能なリレーショナルデータベースにアクセスし，基本機能について理解すること．
(6) 情報システムの分析と設計における情報要求のプロセスを理解し，実社会の文脈で対応すること．
(7) データモデリングとプロセスモデリングで得られた成果を評価し，相互に結合できること．
(8) 業務用の DBMS を利用して，データタイプを選択し，索引付けを行って，関係データベースを設計すること．
(9) データベースシステムの概念を理解し，アプリケーションを開発すること．
(10) データセキュリティの管理とリスク対応について理解し，DBMS の設計に反映すべきことは何かについて説明すること.

さらに，これらの到達目標を反映した主たる話題（5 項目）を取り上げ，それぞれ次のキーワードを列挙する.

◇技法の概要： データベース入門，DBMS のタイプ，基本的なファイル処理概念，物理的なデータ記憶の概念，ファイルの編成

◇概念データモデル： 実体関係モデル，オブジェクト指向データモデル，特定のモデリング文法

◇論理データモデル： 階層データモデル，ネットワークデータモデル，関係データモデル，関係データベース設計（概念スキーマのマッピング，正規化など）

◇物理データモデル： 索引，データタイプ

◇データベースシステム： データベース言語 (SQL)；DDL (Data Definition Language), DML (Data Manipulation Language), DCL (Data Control Language) など，データとデータベース管理，トランザクション処理，アプリケーション開発環境での DBMS，企業システムの文脈における DBMS の仕様，データ／情報の構造，基本的なデータセキュリティの原理と実装，データ品質の管理，ビジネス情報（オンライン分析処理，データウェアハウス，データマイニング，企業の探索など）

以上の他に，このコースで重視している伝統的な概念データモデリングとして，ER (Entity-Relationship) モデリングがある．また，関係データモデル（ER 変換と正規化，物理的データベースの実装，SQL による操作），および論理データモデリングなどもある．さらに，グループ討議，実フィールドでの実習がある.

4.2.4 選択科目としてのデータベースシステム基礎

データベースシステム (Database Systems) のコースは，CS2013 [2] でも選択科目として取り上げられている．主な話題として，データベースシステム入門，データベースシステムの構成要素，DBMS 機能の設計（問合せ機能，トランザクションの管理，バッファーの管理，アクセス方法など），データベースの構成とデータ独立，問合せ言語，システム構造と処理の流れなどである．また，選択事項として大規模データの管理などがある.

この科目で期待されている達成目標として，以下を挙げることができる.

① 「知識を知っている」レベルの観点

- データファイルのプログラミングアプローチとデータベースのアプローチの特性と違いについて説明できること.
- データベースシステムの構成要素とそれらの使用例について説明できること.
- 主要な DBMS 機能とデータベースシステムの役割を説明できること.
- データ独立の概念と，データベースシステムの重要性について説明できること.

② 「利用できる」レベルの観点

- データベースから情報を引き出す際に，適切な言葉で問合せができること．

③「選択して評価する」レベルの観点

- 大量データを処理し記憶するための重要な方法について述べること．

4.3 データモデルとデータベースシステム

前節では，データモデリングで何を管理するかに言及した．ここでは，典型的なデータモデルの概念とその適用方法に注目する．データモデリング (Data Modeling) は CS2013 でも選択科目として取り上げられている．主要な話題として，モデリング記法の概念，関係データモデルの原理，オブジェクトのタイプ，カプセル化，継承，同質異型，オブジェクト指向モデルなどがある．

さらに関係データモデルの記法や XML (Extensible Markup Language) スキーマなども含まれている．たとえば，データモデリング，概念モデル，二次元（表）のモデル，関係データモデル，オブジェクト指向モデルなどの話題がある．

4.3.1 データモデル

データモデル [3–5] とは，“データベース固有のアプリケーション”や“データベース内の対象データへのアクセス”に関する枠組みを与えるものである．したがって，データモデルには“データの構造（型，関連など）”や“データ操作（データ検索／更新など）”に関する定義が記述される．さらに，利用環境における整合性などの制約についても記述される．データモデルに関するこれらの記述事項は，データベース言語として規定されている．たとえば 4.2.3 節で触れた SQL，DDL，DML，DCL などの言語がある．

一般に DBMS の構築では，特定のデータモデルをサポートする．このため，データベースを利用するという観点では，データベースと DBMS のインタフェースに注目したデータモデリングが重要であり，その仕組みがツール化されている．

代表的なデータモデルとして関係データモデルがある．関係データモデルでは，データベーススキーマのデータ構造を関係スキーマの集まりとして規定している．CODASYL (The Conference on Data Systems Languages) の仕様に基づいて体系化されているネットワークデータモデル (network data model) や，レコード型を節点とする木構造で記述する階層データモデル (hierarchical data model) などがある．

情報システムの開発では，現行業務の物理モデルから概念モデルを生成し，概念モデルから論理モデルを生成する．さらに，要求論理モデルを生成して要求業務の物理仕様を記述する．したがって，データベースシステムの開発における概念設計や論理設計には，これらのデータモデルが反映される．概念設計では，データベースとして構築される実フィールドがどのようなものかを記述する．この記述が概念モデルである．論理設計では，概念モデルを DBMS で提供されるデータモデルの記述へと変換する．

実体関連モデル (entity-relationship model) は，概念設計で利用するデータモデルである．ここで実体 (entity) とは，存在を認識できる対象を包括的に述べたものであり，その性質は属性によって表現される．実体関連図 (entity-relationship diagram) は，二つの実体どうしの相互関係をモデル化し，その関連を図で表現したものである．

データベース設計では，要求分析，概念構造の設計，論理スキーマの設計，物理スキーマの設計，ユーザアプリケーションのプログラミング，データベースシステムのテストとメンテナンスが繰り返され，維持管理される．この繰り返しをデータベース設計のライフサイクルという．

4.3.2 関係データモデル

関係データモデルは，二次元（表）で表現できる．表という概念でデータ操作の仕組みを体系化しているため，データベースの枠組みの中でも最も簡単なモデルである．関係データベース管理システム (RDBMS) も標準化されている．

RDBMS の機能には，問合せ処理，アクセス制御，構成管理，トランザクション処理[4]，データベース生成，変更管理，故障の回復などがある．データモデルに共通する基本概念として，実体 (entity)，属性 (attribute)，関連 (relationship) がある．

実体関連モデルでは，基本となる実体とその属性値を定義し，SQL のスキーマを作成する．SQL は関係データベースに対する標準データベース言語である．関係データモデルでは，まったく同じ属性値の並びからなる重複したタプルの存在は許されないが，SQL では許している．また，関係データモデルの関係スキーマでは属性の並び順には本質的に意味がないが，SQL では順序付けがなされている．

データベースにおけるすべてのデータは物理的にはビット列で表現し，記憶媒体に格納される．記憶媒体には主記憶 (primary storage) と二次記憶 (secondary storage) がある．RDBMS では，タプルをレコードとして格納する．

4.3.3 関係データベースの基礎知識

CS2013 では関係データベース (Relational Databases) を選択科目として扱っている．ここでは，関係データベースの基礎知識の中からデータベースの入門的な内容を取り上げて整理しておこう．

知識の理解という観点からは，関係データベースの概念的理解が必要になる．たとえば，関係代数 (relational algebra) と関係論理 (relational calculus)，および表現理論 (representation theory) などの基礎的な用語が導入される．さらに，スキーマの分解，関数従属性，多値従属性（第四正規形），結合従属性（第五正規形）などの属性にも関係する．

これらについて，使えるというレベルのスキルに注目するならば，

① 実体関係モデルを用いて概念モデルを展開し，関係スキーマを作る．

② 実体整合性制約と参照整合性制約の概念について説明する．

---

[4] トランザクションの終了処理で開始前の状態に戻し，終了時に変更内容が失われないようにログをとることなど．

③ 関係データベースに関する演算ができる．たとえば，選択（restrict（制限），project（射影），join（結合），商）と数学の集合理論（union（和），intersection（共通部分），difference（差），Cartesian product（直積））を使って関係代数演算ができる．
④ 関係代数で問合せができる．
⑤ タプル（組）を使って問合せを実行できる．
⑥ 主キーと外部キーの制約について，関数従属性を使って示すことができる．
⑦ 関数従属性のもとで一連の属性の終わりを計算する．

などを取り上げることができる．

さらに概念を理解して評価できるというレベルにおいては，

◇関係サブセットで二つ以上の属性間の関数従属性を確定する．
◇当てられた関数従属性に関係する超キー，または候補キーから属性集合かどうかを確定する．
◇提案された分解が，無損失結合分解や従属性保存分解といえるかどうかを評価する．
◇問合せ最適化のデータベース演算の効果について正規化の影響を説明する．
◇何が多値従属性であるか，何が制約タイプであるかについて述べる．

などを取り上げておきたい．

4.3.4 分散型データベースの仕組みとその管理

分散システム上で実現したデータベースシステムを分散型データベースシステムまたは分散データベースシステム (distributed database system) という [6]．分散型データベースシステムでは，複数の異なる DBMS がネットワーク上で分散して管理される．DBMS に分散制御機能などが付加されており，分散型 DBMS とも呼ばれる．

DBMS では，“データを読み出す”，“加工して書き込む”という一連の操作をまとめてトランザクション [5] という単位でデータベースを更新する．この二つの操作はこれ以上分けることができないところまで行われる．分散環境においては，複数サイトで同時に同じレコードを参照することがある．分散型データベースでは，ネットワークで結ばれた複数サイトの操作（トランザクション内の複数操作）がまとめて扱われ，二相コミット [6] (two phase commit) と呼ばれる処理によってデータの整合性が保持されている．

そこで求められるのは，データベース利用者が“データが分散している”ことを意識しないで利用できるようにすることである．このために分散型 DBMS では，位置に対する透過性 (location transparency)[7]，移動に対する透過性 (migration transparency)[8]，分割に対する透

[5] あるプログラムを実行するため，データベースへの参照と更新処理をひとまとめにしたもの．
[6] コミットとは，トランザクションをデータベースに反映される処理のことである．二相コミットでは一人の調査者と複数の参加者全員にコミットが可能であるかを問い合わせ，何らかの不備があればトランザクションはすべてまとめて取り消され，不備がなければデータベースに反映される．
[7] データベースが存在する位置を意識しないで利用できること．
[8] 分散されたデータを移動しても，業務プログラムや操作手順を変更することなく利用できること．

過性 (fragmentation transparency)[9), 重複に対する透過性 (replication transparency)[10), 障害に対する透過性 (failure transparency)[11), データモデルに対する透過性 (data model transparency)[12) などが必要となった. 複数の利用者が検索や更新をリアルタイムに行うために同時実行制御や障害回復処理も必要である. この処理は, 一時的に管理される.

分散型データベースでは, データが水平型または垂直型で分割されて配置される. 水平型分割では, 同種のデータを分割して管理することが可能であり, 垂直型分割では異なる種類のデータを分割して管理することが可能である. これらの処理は大規模データの分割配置に適用できる.

4.3.5 分散データベースに関する基礎

CS2013 では, 選択科目である分散データベース (Distributed Databases) の内容として, 次のような話題を取り上げている.

- 分散 DBMS, 分散データ記憶, 分散問合せ処理, 分散トランザクションモデルなど.
- 同次処理と非同次処理, クライアント・サーバ分散データベース, 並列 DBMS アーキテクチャ (共有メモリー, 共有ディスクなど), スピードアップ, 地図縮小処理モデル, データコピー, 整合モデルなど.

また, 達成目標として期待されていることが次の二つの観点で整理されている.

① 理解すべきことの観点として,
- 分散データベースの設計におけるデータの分離・複製・配置について説明できること.
- 分散データベースのトランザクション管理における二相コミットについて説明できること.
- コピーと選択方法を区別する分散同時実行制御について説明できること.
- クライアント・サーバモデルの 3 レベルについて説明できること.

などがある.

② 評価すべきことの観点として,
- データ転送量を最小化するための分散問合せ処理について評価すること.

などがある.

4.4 データベースシステムの応用

この節では, 産業界と教育組織を問わず "基幹系[13) データベース (業務系データベースともいう)" と "情報系[14) データベース" などに関する応用について紹介する [7–9].

9) 一つのデータが複数のサイトに分割されて格納されていても, 意識せずに利用できること.
10) 一つのデータが複数のサイトに重複して格納されていても, 意識することなく利用できること.
11) ある特定のサイトに障害が発生しても, 意識せずに利用できること.
12) 各サイトの DBMS が異なるデータモデルであっても, 意識せずに利用できること.
13) 業務の基盤となるシステムとデータベース.
14) 外部との情報のやり取りに注目するシステムとデータベース.

4.4.1 データマイニングと業務戦略

データマイニングの学習の観点ではすでに第3章で述べたが，ここではデータベースの応用として業務戦略の観点に触れる．

産業界のさまざまな業務分野でデータベースシステムが活用され，そこではデータマイニング技術が使われている．データマイニング (Data Mining) とは，大きなデータの集合から有用な知識を発掘する技術であり，主たる分析手法として，クラスター分析，相関分析，クラス判別，時系列予測，パターン分析などがある．これらの手法を適用し，膨大なデータから因果関係などを発見し，組織の情報システムやデータベース，および DBMS に反映することが可能であり，組織の意思決定でも有効に利用できる．

企業の業務目的に沿って得られたデータが基幹系データベースで管理されているが，過去に蓄積されたデータなどもデータの倉庫（データウェアハウスという）に集められ，それらは膨大なデータ集合になっている．こうしてデータウェアハウスに蓄積されたデータが選択され，データマイニングの技術を適用して分類・分析などをすることで，データに内在する非明示的な知識も発掘できる．得られた知識や情報はマーケティングや企業戦略などに生かされている．

企業経営の中心にあるデータや情報は，データベースシステムとともに完全な状態で管理されていることがユーザにとって必要不可欠である．

4.4.2 データウェアハウスの活用

日常的な情報活動においてさまざまなデータが使用され，その結果としてまた新たなデータが生み出される．得られたデータの多くはそれぞれの活動環境においてデータベースなどに蓄積されている．一方，情報化，グローバル化が進んで，組織や企業を取り巻く社会環境も大きく変化し，特別な目的がないまま集まってくるデータもたくさんある．

ビル・インモン (William H. Inmon) は，このようなデータが意思決定のために使えるのではないかと考え，データウェアハウス (Data Warehouse) という新しい仕組みを提唱した [7]．つまり，データウェアハウスは業務対応ではなく，意思決定支援のために使えそうなデータが保持された大きなデータベースであるといってもよい．

データウェアハウスには，まだ分析に適した形に加工されてはいない生のままのデータが保存されている．これらの膨大なデータから，特定の目的に合わせて生成した小さなデータベースをデータマートと呼んでいる．業務系のデータベースとデータウェアハウスとデータマートの関係をイメージしたのが図 4.3 である．

図 4.3 に示すように基幹系データベースとは別に分析処理のためにデータウェアハウスが構築される．分析系のアプリケーションは戦略的な意思決定を支援するために，問合せは複雑であるが更新はほとんどない．ただし，商品別，顧客別，時間別などのようにいろいろな観点からデータを分析するために，多次元によるデータ管理も必要になる．

このように，データウェアハウスでは，ユーザニーズに合わせた管理が行われる．

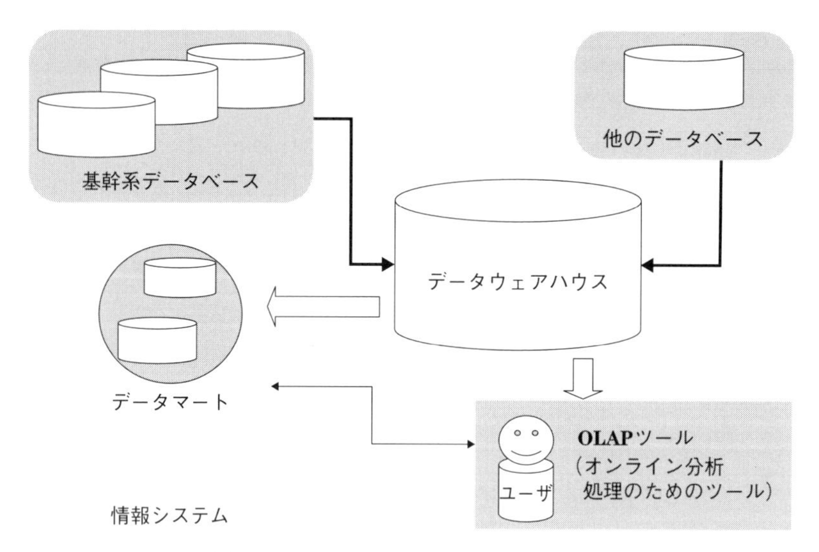

図 4.3 データウェアハウスとデータマート

4.4.3 資源管理とサプライチェーンマネジメント

サプライチェーンとは，組織や企業の壁を越えて流通するすべての情報や供給活動に関するすべての業務の連鎖を捉えたものである．そこには，品物の供給に関係する資材の調達，生産，販売，物流，納品などの部門内の活動も含まれる．サプライチェーンマネジメントは広義の物流システムと捉えることもできる．

また，サプライチェーンマネジメント (Supply Chain Management: SCM) は，調達，生産，販売，物流，納品といったサプライチェーンの全体最適化を継続的に行い，経営成果を向上するための戦略的なマネジメント手法といえる．

このようなサプライチェーンの構築を可能とした背景には，多様な情報資源やデータウェアハウス，情報技術やネットワーク技術，経営管理の技術などの発展があった．たとえば，生産工場における関連企業からの多品種の資材（パーツなどを含む）の電子調達，在庫管理や生産管理などの電子化，あるいはリードタイムの短縮など，いろいろな部門での付加価値を高めることを可能とした．

さらに，サプライチェーンは，企業間の物流管理や在庫管理における納期短縮のみならず，資材供給者，部品供給者，生産者，卸売業者，小売業者，顧客などの組織において部品や素材の生産管理や在庫管理につながっている．

サプライチェーンの構築には，製造工程や装置の特性，顧客の特性などが影響する．たとえば，サプライチェーンの対象産業が，素材の産業であるか，組立産業であるか，流通業であるか，小売業であるかなどによってサプライチェーンを管理するモデルが変わる．

管理の視点をそれぞれの産業に当てはめるならば，素材産業では利益率の高い製品の加工生成を優先して管理し，組立産業では完成品の出荷順序を顧客の緊急度に合わせて管理するであろう．また，流通業ならば流通在庫の管理などが必要になろう．これらは，部分最適の見方であるが，全体最適を重視するならば，サプライチェーンの管理は，生産と販売，生産と資源調達，生産と物流，物流と販売・納品などの視点に変わるであろう．

さらに，返品に関する管理，顧客サービスの管理，顧客情報の管理，販売処理に関する管理，生産開発に関する管理，ネットワーク技術や情報技術などに関する管理なども含まれる．

購買や調達の場面のように単一企業を超えた情報マネジメントによって誕生したSCMは，インターネット技術の発展と普及によって企業間の情報共有が容易になり，さまざまなビジネス分野で用いられるようになっている．

4.5 データベースシステムの運用と管理

企業の情報システム部門の役割の一つに，情報システムの運用と管理がある．たとえば，データの管理，データベースシステムの管理，Webの設計と管理，ネットワークとセキュリティの管理，ユーザサポートなどが含まれる．このためデータベースの運用では，セキュリティ対策，パフォーマンス対策，障害対策などが不可欠である．

4.5.1 データベースの運用管理

この項では，データベースの運用管理に関する安全性，整合性，障害復旧の観点に注目する．

(1) データベースの安全性の管理に関して

データベースの運用管理では，安全性を確保するための予防措置が必要である．一般に重視されている措置として使用権の制限がある．さらに，使用権限のないものが故意または不注意でデータベースに侵入しないように，常に侵入状況を監視し安全性を確保する必要がある．

(2) データベースの整合性の管理に関して

ハードウェアやソフトウェアの故障，あるいは使用者のオペレーションミスなどが原因となって，データの破壊やデータベースの不整合が発生する．時には，今まで気づかなかったアプリケーションプログラムのバグが原因となることもある．障害が発生したら，データベースの管理者は速やかにデータベースを復元しなければならない．

(3) 障害原因の究明と復旧の管理に関して

データベースの使用環境の変化や (1) と (2) における原因などで，運用ができなくなることがある．このような予兆を検出するために，定期的に使用状況を監視し，データベースの性能などを測定してシステムを診断することが必要である．何らかの異常を察知したら，それに対処するために保守や改善を実施することが重要である．

4.5.2 障害対策と問題解決

多くのDBMSは，障害に備えてバックアップを取り，あるいは自動的にリカバリできる機能で，データベースの整合性を保持している．特に重要なデータはミラーリング機能によって二重化し，保持している．データベースに関連するハードウェアやソフトウェアの障害に即時に対応するために，更新処理を同時に行う多重ミラーリング技術もある．

また，データベース管理者は運用状況を監視しており，障害内容に応じて障害復旧を行っている．今日では，自然災害に備えて，バックアップデータを定期的に遠隔地のクラウドサーバなどで管理することが一般的になっている．

障害回復機能の対象となる障害で，個々のトランザクションが何らかの理由でコミットに至る前に異常終了するケースをトランザクション障害 (transaction failure) という．また，ハードウェアやソフトウェアに問題があってシステムダウンが発生するケースをシステム障害 (system failure) という．記憶媒体に障害が発生するケースをメディア障害 (media failure) という．アプリケーションにおけるデータベースの処理では，これらの障害が発生する原因を解明して問題を解決しなければならない．

トランザクション管理 (transaction management) やトランザクション処理 (transaction processing) においては，トランザクションの特性 (ACID) を保証する必要がある．ACID とは，原子性 (Atomicity)，一貫性 (Consistency)，隔離性 (Isolation)，持続性 (Durability) の頭文字を並べた言葉である．

原子性とは，トランザクションに含まれる手順がすべて実行されるか，まったく実行されないかのどちらかになるという性質をいい，一貫性とは，トランザクションの開始と実行後で整合性が保証され，矛盾のない状態が継続されることをいう．また，隔離性とは，トランザクション実行中の操作過程が他の操作からの影響を受けず，他の処理にも影響を与えないことをいう．さらに，持続性とは，トランザクション操作の完了通知を受けた時点でその結果は記録され，その後も持続する性質をいう．

4.5.3 障害と障害復旧に関する基礎

CS2013 では，Transaction Processing という選択科目の中で障害復旧の話題を扱っている．そこには，トランザクション，障害と障害回復，同時実行制御，記憶，特別なバッファリングを伴うトランザクション管理の相互作用などがある．また，学んで欲しい観点として，次のような項目が整理されている．

① 熟知して欲しい項目として，

- データベースに反映することが確定しているコミットの概念について説明できること．
- 効率的なトランザクションの実行に関する特別な事柄について記述できること．

などがある．

② 使用できるようにしたい項目として，

- アプリケーションプログラムの中に SQL を埋め込むトランザクションを作ること．

などがある．

③ 評価できるようにしたい項目として，

- ロールバック（直前のチェックポイントへ戻ること）はいつ必要か，なぜ必要か，ログを取ることで適切なロールバックをいかに保証するのかなどについて説明し，評価すること．

- 同時発生制約のメカニズムの分離レベルや他の効果についても検討し，比較評価すること．
- 特別なトランザクションプロトコル（通信規約）を実行するための適切な分離レベルを選んで，評価すること．
- アプリケーションプログラムとトランザクションの違いについて説明し，評価すること．

などがある．

4.6 本章のまとめ

本章では，データベースシステムの役割と活用に関する技術的な話題を多面的に取り上げ，情報マネジメントの重要性について触れた．現実世界に目を向けると情報技術の進化はめざましく，日常生活で触れている情報そのものの生成・蓄積の仕組みも変化していることがわかる．これからは，ネットワークを通して入手しているさまざまなデータの安心・安全や信頼性といった側面からも情報を管理することがますます必要になるであろう．

演習問題

設問1 いくつかのデータモデリングの特徴を比較し，SQLがどのように役立つのかを整理しよう．（ヒント：たとえば，SQLは関係データベース言語を利用してアクセス操作をするための標準言語である．関係データベースのスキーマを改善すれば，ユーザはデータベースにデータを入力したり，削除したり，更新したり，SQL言語の要素を利用してデータ問合せを行ったりすることができる．また，データベース管理者は，SQLなどのデータ制御言語を用いてアクセスを制御できる．このような視点を参考にするとよい．）

設問2 日常生活でよく利用しているデータベースシステムを選び，その背景にあるデータベースとデータベース管理システム (DBMS) の基本的な技術についてまとめてみよう．（ヒント：データベースシステムを一つ取り上げ，どのようなデータベースとDBMSが利用されているかを調査するとよい．利用するシステムの例として，気象情報システム，地図情報システム，医療支援システム，防災支援システム，情報センター支援システムなどを参考にしてもよい．）

設問3 ビル・インモン (William H. Inmon) が提唱したデータウェアハウスではどのようなデータが管理されるのかについてまとめてみよう.（ヒント：日常的な情報活動で使用されたデータが新たなデータを生み出し蓄積されていくことに注目しよう. また, 分析処理のためにデータウェアハウスが構築されていることにも注目するとよい.）

設問4 DBMS は障害対策としてどのような機能を保持しているのかについてまとめてみよう.（ヒント：DBMS が障害に備えてどのような機能を保持しているのかに注目しよう. また, データベース管理者が遠隔地のクラウドサーバを利活用しているのはなぜかについても注目しよう.）

参考文献

[1] ACM and AIS : IS2010 Curriculum Guidelines for Undergraduate Degree Programs in Information Systems, 2010
[2] ACM and IEEE : Computer Science Curricula, 2013
[3] Thomas M. Connolly, Carolyn E. Begg, Anne D. Strachan : Database Systems, Addison-Wesley, 1996
[4] Ramez Elmasri, Shamkant B. Navathe : Fundamentals of Database Systems (2nd Edition), The Benjamin/Cummings Publishing Company, Inc., 1994
[5] 北川弘之：データベースシステム, 情報系教科書シリーズ第14巻, 昭晃堂, 1997
[6] 魚田勝臣, 小碇暉雄：データベース, 経営情報システムシリーズ第8巻, 日科技連, 1999
[7] 神沼靖子・浦昭二共編：情報社会を理解するためのキーワード3, 培風館, 2003
[8] 元田 浩ほか：データマイニングの基礎 (IT Text), オーム社, 2006
[9] Pieter Adriaans, Dolf Zantinge : Data Mining, Addison-Wesley, 1996
[10] Hossein Bidgoli ほか：Encyclopedia of Information Systems, Academic Press, 2003

第5章
出版物の情報と情報マネジメント

□ 学習のポイント

利用者ビューのシステムデザイン，システム構築モデル，図書館流通センターの情報共有システム，目録情報と入力サービス，ブックナリー（物流倉庫）の流通システム，情報の流通とオープン化，電子出版と法整備の動きなどに関連する情報マネジメントについて学ぶ.

□ キーワード

目録情報，図書の検索情報，定期刊行物の検索情報，著作権法の部分改正，電子出版，電子図書館，MOOC，OCW，書誌データ，MARC，蔵書点検，国立国会図書館，学術情報センター，公共図書館

5.1 はじめに

デジタル化やネットワーク化に伴って文化活動に変化がもたらされ，学術情報の流通や知識の蓄積に影響を与えている．それは図書館のサービス，書店の仕組み，流通業界の在り様，出版界の産業構造などにも影響を及ぼしつつある.

電子書籍が登場し普及し始めたことで，業態そのものも変容を迫られている．そして，出版業界は情報技術を利活用した新たな出版技術と物流の方法を業界に反映することが必要となったのである．書店や物流業界にとってもその基盤にあるのは科学技術や情報技術であり，これらを活用して組織や分野の壁を越えた情報提供環境が生まれ始めている.

このような環境変化の流れの中で対応すべき問題は多様であるが，知識の新たな創出や活用におけるオープン化指向，著作権法その他の法整備もその一例である.

これらを踏まえてこの章では，電子出版や電子雑誌，電子出版物の流通，教育のオープン化，オープンデータの蓄積とオープンアクセス技術の進化などにおける諸問題と情報マネジメントに注目する.

5.2 知識伝達の仕組みとコンテンツの管理

文化審議会著作権分科会出版関連小委員会の中間まとめ（案）[1] には，出版物の違法複製と海賊版の不正流通による被害が増加している実態が示されている [2] が，著作権者（多くの場合，著作者）自らがコストをかけて海賊版対策を行うことが困難であることなどから，出版者は著作者に代わって主体的に海賊版への権利行使を担う必要性が生じていた．

5.2.1 電子出版権と関連法の整備

電子出版，電子雑誌の利便性が高まり電子出版物が増加する一方で，紙媒体では想像できなかった違法な複製やインターネット上への不法なアップロードが急増し，著作物利用の態様は日々変化している．この現状を受けて，インターネットを通じた著作物利用に関する著作権法制の見直しの要請が高まった．

一方，文化庁の文化審議会著作権分科会小委員会は，電子出版市場の健全な発展と促進のために，電子出版の流通と利用の円滑化および効果的な海賊版対策の観点から，出版者への権利付与に取り組んだ．そして，自動的に権利が発生する著作隣接権を出版者に付与する制度改正を行い，電子書籍に対応した出版権の整備（電子書籍を対象とした場合に「出版権設定契約により，出版者に対して設定される排他的権利」），および「出版者が自己の名において侵害者に差止請求等を行うことができる権利」が認められるようにする方策をまとめている．さらに，「訴権の付与（独占的ライセンシーが侵害者に対して差止請求権等を行うこと）ができる制度の改正」，および「契約（著作権者と出版者との著作権譲渡契約）」による対応に関する方策をまとめている．

また，著作権分科会法制問題小委員会では，著作権法制度の在り方に関する観点から，デジタルコンテンツ流通促進法制の問題に対応している．「著作権法とは別に特別法の制定を想定する（特別法では登録制を採用する）」という提案があり，「デジタル化・ネットワーク化の特質に応じた新たな法制を提案する」という動きもあった．これらに関する検討を重ねた結果，著作権法の一部を改正する法律第35号（平成26年5月14日）によって改正され，平成27年1月1日施行となった．

該当項目と関連条項（または号）は次の通りである．

「著作物の発行」に関して（第3条）

「著作物の公表」に関して（第4条および同2項）

「保護を受ける実演」に関して（第7条および同8号）

「図書館等における複製等」に関して（第31条第2項）

「視覚障害者等のための複製等」に関して（第37条3項）

「聴覚障害者等のための複製等」に関して（第37条2号）

[1] 文化庁における文化審議会著作権分科会は2013.5.8に出版関連小委員会を設置．小委員会は全9回の検討を実施し，同年12.20に報告書（案）をまとめている．

[2] 書籍の不正流通による国内の被害額は，2011年だけで270億円に及んだという．

「出版権の設定」に関して（第79条および同2項）
「出版権の内容」に関して（第80条，および同1号（新設）・2号（新設），および2項・3項・4項（新設））
「出版の義務」に関して（第81条および同1号・2号）
「著作物の修正増減」に関して（第82条および同1号2号，および同2項）
「出版権の存続期間」に関して（第83条2項）
「出版権の消滅の請求」に関して（第84条および同2項・3項）
「出版権の制限」に関して（第86条および同2項・3項（新設））
「出版権の譲渡等」に関して（第87条）
「出版権の登録」に関して（第88条2号）
「損害の額の推定等」に関して（第104条3項および同4項）

こうして，出版者が電子書籍について著作権者から出版権の設定を受け，インターネットを用いた無断送信などを差し止めることができるように見直された．

オープンエジュケーションと著作権にかかわる問題にも，いろいろな提案があって，法整備は途上である．出版権については著作権関係法令で扱われているが，平成26年に改正され平成27年1月1日に施行されたところである．その核となるのが，第79条（囲み記事「出版権の設定」）と80条（囲み記事「出版権の内容」）である．

出版権の設定

第七十九条　第二十一条又は第二十三条第一項に規定する権利を有する者（以下この章において「複製権等保有者」という．）は，その著作物について，文書若しくは図画として出版すること（電子計算機を用いてその映像面に文書又は図画として表示されるようにする方式により記録媒体に記録し，当該記録媒体に記録された当該著作物の複製物により頒布することを含む．次条第二項及び第八十一条第一号において「出版行為」という．）又は当該方式により記録媒体に記録された当該著作物の複製物を用いて公衆送信（放送又は有線放送を除き，自動公衆送信の場合にあっては送信可能化を含む．以下この章において同じ．）を行うこと（次条第二項及び第八十一条第二号において「公衆送信行為」という．）を引き受ける者に対し，出版権を設定することができる．

2　複製権等保有者は，その複製権又は公衆送信権を目的とする質権が設定されているときは，当該質権を有する者の承諾を得た場合に限り，出版権を設定することができるものとする．

なお，公衆送信権については，「著作権者は，著作物につき，公衆送信を行う権利（公衆送信権）を専有する（著作権法23条1項）」のように定められている．ここで「公衆送信」とは，公衆によって直接受信されることを目的として無線通信または有線電気通信の送信を行うことである（著作権法2条1項7号の2より）.

出版権の内容

第八十条　出版権者は，設定行為で定めるところにより，その出版権の目的である著作物について，次に掲げる権利の全部又は一部を専有する.

一　頒布の目的をもって，原作のまま印刷その他の機械的又は化学的方法により文書又は図画として複製する権利（原作のまま前条第一項に規定する方式により記録媒体に記録された電磁的記録として複製する権利を含む.）

二　原作のまま前条第一項に規定する方式により記録媒体に記録された当該著作物の複製物を用いて公衆送信を行う権利

2　出版権の存続期間中に当該著作物の著作者が死亡したとき，又は，設定行為に別段の定めがある場合を除き，出版権の設定後最初の出版行為又は公衆送信行為（第八十三条第二項及び第八十四条第三項において「出版行為等」という.）があった日から三年を経過したときは，複製権等保有者は，前項の規定にかかわらず，当該著作物について，全集その他の編集物（その著作者の著作物のみを編集したものに限る.）に収録して複製し，又は公衆送信を行うことができる.

3　出版権者は，複製権等保有者の承諾を得た場合に限り，他人に対し，その出版権の目的である著作物の複製又は公衆送信を許諾することができる.

4　第六十三条第二項，第三項及び第五項の規定は，前項の場合について準用する．この場合において，同条第三項中「著作権者」とあるのは「第七十九条第一項の複製権等保有者及び出版権者」と，同条第五項中「第二十三条第一項」とあるのは「第八十条第一項（第二号に係る部分に限る.）」と読み替えるものとする.

80条との関係で，81条と84条に，出版の義務と消滅請求に関する条項が定められている．その内容は，次の二つの観点である.

① 出版権者は，出版権の内容に応じて，「原稿の引渡し等を受けてから6ヶ月以内に出版行為又はインターネット送信行為を行う義務」があり，また「慣行に従い継続して出版行為又はインターネット送信行為を行う義務」があるとされている.

② 著作権者は，出版権者が①の義務に違反したときは，「義務に対応した出版権を消滅させることができる」とされている.

こうして，著作者と複製権等保有者が著作物の出版権を設定することができ，原作のまま印刷その他の機械的又は化学的方法により文書又は図画として複製する権利（記録媒体に記録された電磁的記録として複製する権利を含む.），および出版権者の義務が明らかにされた.

また，デジタルコンテンツの二次利用に関する情報が2017年に“デジタルアーカイブの構築・活用ガイドライン”に公開された [5].

5.2.2 教材のデジタル化とコンテンツの共同利用

学校その他の教育機関において教育を担当する者（または教育を受ける者）は，その授業の過程で使用することが必要であると認められる範囲で，公表された著作物を複製することができる．ここで複製が許容される教育機関とは，小学校，中学校，高等学校，大学，高等専門学校，専修学校などのほか，公民館などの社会教育施設，県立教育センターなどの教員研修施設，公的な職業訓練所などの職業訓練施設などである．

一方，デジタル化・ネットワーク化された環境下では多様な教育の展開が可能となり，遠隔教育がなされるようになっている．たとえば，連携した大学間で相互に授業を送信したり，あるキャンパスから複数のキャンパスに向けて同時配信の授業を展開したりするなどのスタイルがある．これらの教育で使用する教材のコンテンツを蓄積しておくことによって，教育担当者も受講者もともに参照することが可能となる．そのために，教材コンテンツのさまざまな仕組みが活用されている．

大学などの講義やそのための教材を，インターネットを通じて提供する仕組みも年々増えている．広く利用されている仕組みとして，MOOC (Massive Open Online Course) と呼ばれる大規模公開オンライン講座の方式と，大学が発信する OCW (Open courseware) と呼ばれる講義ノートの閲覧と授業そのものを公開する方式がある．

① MOOC の特徴

MOOC（または MOOCs：Massive Open Online Courses）は，インターネット上で，いつでもどこからでも学習資源にアクセスでき，無料で受講できる開かれた講義である．代表的なプラットフォームとして，Coursera（コーセラ）や edX がある．

Coursera は，スタンフォード大学コンピュータサイエンスの 2 人の教授によって創立された営利団体であり，MOOC の一つである．立ち上げ時に五つの出版社が協力を申し出て，講座に参加する教員と学生に対して，教科書のコンテンツを無料提供した．学生は特定のコースに登録し，そのコースの期間中は，デジタル教科書の全体，あるいは一部にアクセスすることができ，1400 万人が学習しているという．

コンテンツはオンライン教科書のレンタルサービス会社のデジタル著作権管理 (DRM[3)]：digital rights management) で保護された電子リーダを介して配布され，コピー&ペーストやプリントはできないようになっている．教材は e ラーニングなどでも使われる．

教材として第三者の著作物等が用いられるような場合には，複製や公衆送信などが伴うため，原則として著作権者等の許諾が必要になる．

日本版の JMOOC がありそのプラットフォームとして，gacco，OpenLearning ジャパン，OUJ MOOC などがある．

---

3) デジタル情報に係る著作権には，DRM や技術的防護手段とそれをバックアップする法規制を通じて保護されているという見方がある．

② OCW の特徴

そもそも OCW とは，大学講義で使用する講義ノートなどの資料を，インターネットを通じて閲覧できるようにすることであった．その後，教材のみならず授業そのものの公開を意味するようになった．

マサチューセッツ工科大学 (MIT) では，講義とその関連教材をインターネット上で無償公開した．OCW の講義情報には映像やビデオもある．講義内容には，宿題や試験問題と解答などが公開されることもある．授業用の教材はツールを使って作成され，学内限定サイトに蓄積されているが，すべての教材が OCW にアップロードされているわけではない．アップロードに際しては，講義内容のチェックはせず，著作権のチェックのみが行われている．

教材は数年ごとに見直されて改変され，古い教材のデジタルアーカイブがなされている．公開する教材にクリエイティブコモンズのライセンスを表示し，学生が教材をダウンロードして活用し，改善することも可能にしている．

公開された教材は，個人学習者も利用しているが単位は認定されない．ただし，最後まで学習した人には，教材作成教師の終了証が出されている．2002 年のスタート時には 1800 科目だった教材が 2015 年には 2280 科目に増え，世界中からアクセスされている．MIT の学生と個人学習者の割合はほとんど同じである[4)]．聴衆は世界中におり，アクセス数は 17500 万人に達し，毎月 150 万人のアクセスが続いているという．

日本版の JOCW への流れは，2004 年に MIT から日本の主要大学に紹介され，複数の大学で OCW に準拠した講義公開の準備が進められた．2005 年 5 月に「日本オープンコースウェア連絡会」が発足し，そのときのメンバーは大阪大学，京都大学，慶應義塾大学，東京工業大学，東京大学，早稲田大学であった．その後メンバー大学が増えて，連絡会は 2006 年 4 月に「日本オープンコースウェア・コンソーシアム」（略称：JOCW）を設立した．JOCW の目的には，高等教育機関において正規に提供された講義および関連情報をインターネットで無償公開し，会員間での情報交換を行うことが明示されている．

5.3 図書館のサービスと管理の変化

近年，図書館の業務に変化が現れている．本の貸出しのみならず，市民とのコミュニケーションの場へと変容しつつある．広い分野で，図書館員と市民とが協働して，地域の情報収集や発信，データベースの構築，地域文化の蓄積・公開などその活動は多様である．そこに見えるのは，図書館が図書の配架の場から，市民の学びあいの場へと広がっていく様子である．

同様なことが書店の仕組みにも現われている．街中には，本屋とそのテーマに則したショップが一体化した文化複合施設ができた．たとえば，すべてのショップに本があり，書店と専門店が有機的な文脈でつながったモールとなっている．

この節では，このような社会の変化に注目しながら，図書館のサービスと情報マネジメントに触れておこう．

[4)] http://ocw.mit.edu/about/site-statistics/ 2018. 現在.

5.3.1 図書館の業務と利用者のニーズ

近年，大学などの図書館は情報センターと呼ばれることが多くなった．情報センターという名称は，コンピュータシステムの運用管理を担う部門を指すだけではない．情報デスクのような案内センターや図書館的な機能を果たす情報提供機関を指す場合にも使われるようなった．従来の図書館業務である図書の貸出や開架式スペースでの書誌の閲覧に加えて，電子書籍や電子雑誌に関する利用ニーズが高まっている．

電子書籍や電子雑誌，あるいはアーカイブテキストなどに図書館内の端末からアクセスし，キーワード検索することによって必要な書籍を検索することが可能になった．また，全文テキストなどの文字を拡大したり，読み上げソフトを利用したりすることによって，視的弱者の利便性を高めることもできるようになった．こうした変化を受けて，図書館の業務は多面化され，質的にも量的に拡大され，利用者にとっての利便性は日々向上しているのである．

(1) 情報マネジメントの観点

ここでは情報マネジメントが必要な図書館業務について概要を整理しておくことにしよう．一つめに挙げられるのは紙媒体の蔵書の管理である．それぞれの図書館ではその目的や方針に沿った蔵書が整備されているかどうかについて定期的に管理し評価する必要がある．このため，新刊書リスト（改訂版も含む）を常に管理している．さらに，評価結果に基づいて新たな図書を収集したり，廃棄書籍を除籍したりする．紙媒体の図書や資料は痛んだり紛失したりすることがあるため，必要に応じて蔵書の更新が必要になる．具体的には更新によって不要になった資料などを除架したり，廃棄したり，除籍したりし，これらの結果を蔵書目録に反映することになる．目録は和書と洋書では書式が違うが，和書の場合には日本目録規則[5)]などによって書誌情報と所在情報を示す．書誌情報にはタイトルとタイトル関連情報，著者，版，出版社，分類記号などを記述し，所在情報は該当資料の所在場所（書架にあるか貸出中であるかなど）を示す．

二つめに挙げられるのは，大学図書館のサービスである相互貸借に関する管理である．これは研究支援の一つである．たとえば，自図書館で所蔵していない資料を，連携している図書館どうしで相互貸借するサービスがある．利用者からの申込を受けて図書館が相互貸借のサービスを行うものである．文献複写申込サービス (Document Delivery Service: DDS) ともいう．オンラインリクエストで文献を申し込み，指定の場所まで届けるサービスである．自図書館の会員に対するサービスのほか，他の図書館からのリクエストにも応じなければならない．文献そのものを貸すのではなく，文献の複写をして送付するために，業務としての負担は大きいといわれる．文献の所在を意識せずに，受取り方法（来館／郵送／学内便など）を指定して申し込めるということで，ありがたいサービスである．ただし，相互貸借の利用者は，わずかではあるが「基本料金＋複写料金（枚数当り）＋手数料＋郵送料」を負担することになる．

三つめは，大量の電子ジャーナルの管理と文献情報の提供である．具体的な作業として文献のタイトル名・URL・利用可能年の情報を入手してアクセスを確認し，電子ジャーナルタイト

[5)] 「日本目録規則」改訂の基本方針が，日本図書館協会から 2013 年 8 月 22 日に発表された．

ルリストを作成して，ホームページで公開する．このため，電子ジャーナルの管理ツールとしては，「作業が簡単で操作性がよいこと」が重要である．いわゆる電子図書館としてのサービスである．具体的には，各図書館が所蔵する貴重資料をデジタル化したものを公開し，24時間365日可能なWebサービスといえる．このために必要な機能としては，キーワード検索（書誌情報として登録されている資料のカテゴリ，コンテンツ名，著者，出版社の情報などのキーワードを入力して検索），詳細検索（カテゴリ，コンテンツ名，著者，出版社の各項目別キーワードを入力して，AND/OR条件を設定して検索），カテゴリ検索（ナビゲーションの表示，カテゴリ別に蔵書一覧リストの表示から選択）などがある．いずれもファイルダウンロードはメモリ上でのみ閲覧可で複製は不可，画面のハードコピーもできないように設定されている．

(2) 公共図書館の役割と機能

社会の変化や時代の流れとともに公共図書館が担うべき社会的な役割は変化してきた．公共図書館は，一般公衆が知識や情報を得るためのセンターとして，図書・資料や情報サービスの提供をするために設立された施設であり，公共機関や法人などの組織によって運営されている．公共図書館は公立図書館（都道府県／市区町村による設置）と混同されがちであるが私立図書館（法人組織などによる設置）も含まれる．利用者は年齢，性別，国籍，身分を問わず等しくサービスを受けることができる，いわゆる地域の人々に開かれた図書館である．地域住民の教養や調査研究などに供するために図書や資料を収集し管理している．また関連情報を整理して管理し，発信サービスをしている．

公立図書館には組織の位置づけによって固有な役割や機能が必要なケースがある．たとえば，県立図書館には「県内図書館ネットワークの中心として各館の支援」,「県の資料保存センターとして，専門的・学術的な資料や高額な資料などを収集し，県内各館が所蔵していない資料の協力貸出や協力レファレンスサービスなどの支援」,「紙媒体の資料に加えて各種データベースなどの充実」,「学校図書館等への支援」などのサービスも付加されている．

書誌情報のアーカイブとデジタル化は，国立国会図書館および専門図書館の制度と機能にも関係する．そして情報マネジメントにかかわる司書の役割も今後ますます変化するであろう．

5.3.2 国立国会図書館による書誌データの作成

情報通信技術は進化し，コンピュータネットワークやインターネットを介した著作物の利用は日常化している．これに伴い，著作権法も度重なる見直しがなされてきた [1,2]．5.2節で述べたように，2015年1月1日には著作権法の一部改正が施行された（2014年5月14日改正）．この改正で「図書館等における複製等」に関しても，第31条2項で改正がなされた．

2009年の改正法では，国会図書館が時期や対象資料の状態を問わず，権利者の許諾なくデジタル化できる旨が規定された（著作権法31条2項）．2012年の改正法では，デジタル化した資料のうち絶版等資料にかかるものを用いた図書館等への自動公衆送信が権利制度の対象に追加され（31条3項），2014年の改正法では，電磁的記録の作成に関係する31条2項の記述の修正があった．

国立国会図書館 (NDL) は，国立国会図書館法に基づく納本制度によって，出版物などの納本を受け，出版物その他の各種資料を網羅的に収集し所蔵している．これらの膨大な所蔵資料の保存と情報ネットワークの利用に関しても情報マネジメントは不可欠である．国立国会図書館における所蔵資料の電子化，自動公衆送信に関する条項（著作権法 31 条 2 項・3 項）は，情報ネットワークとその法律の観点 [6] でも，日常的に管理し確認しておかねばなるまい．

デジタル化による保存に関して，2009 年の改正法では国立国会図書館の所蔵資料の原本の損傷などを防止するために，所蔵資料をデジタル化して原本の代わりに提供することが権利制限の対象とされた．また「デジタル複製物からのコピーサービスは紙へのプリントアウトによって行い，デジタルファイルでの提供は行わないこと」,「作成したデジタル複製物の流出等が生じないような厳格なセキュリティ管理を実施すること」などと改正された．

この 2 年前に今後の方針に関していくつかの動きがあった．たとえば，国立国会図書館の 2007 年 11 月 16 日の書誌調整連絡会議では，次の五つの方針が考えられていた．

方針 1：　書誌データの開放性を高め，Web 上での提供を前提として，多様な方法で容易に入手でき，活用できるようにする．

方針 2：　情報検索システムをもっと使いやすくする．

方針 3：　電子情報資源も含めて，多様な対象でシームレスにアクセスできるようにする．

方針 4：　書誌データの有効性・効率性を高める．

方針 5：　外部資源・知識を活用する．

一方，国立大学図書館協会の学術情報委員会図書館システム検討ワーキンググループは，2007 年 3 月に一定の共通性として次の 5 点を確認していた．

① 管理からサービスへとの思いを共有した．
② ユーザ指向で大学図書館システムの構築を支援する．
③ パッケージ型から Web 協調型に移行する．
④ 学術情報センター (NACSIS) の連携を見直し再検討する．
⑤ 当面の検討課題に対応する．

他方，NDL-OPAC（国立国会図書館雑誌記事索引）のリアルタイムデータサービスが可能となったことで，Web 上で多様な機能を活用することを目指し，書誌データと所蔵電子情報のリンクや横断的な検索，典拠データ [7] の一元的な検索・提供サービス [8] が推進された．

さらに，国立国会図書館サーチ [9] も実現し，検索対象データベース一覧も公開されている [10]．対象は，国立国会図書館（18 サイト），学術情報機関（6 サイト），公共図書館（35 サイト），大学図書館（7 サイト），専門図書館（6 サイト），公文書・博物館（5 サイト），その他（13 サイト）に分類されている．それぞれのサイトは，名称，概要説明，メタデータ件数，更新頻度，

[6] 『情報ネットワークの法律実務』（第一法規）[1] などが参照できる．
[7] 書誌データにおける標目の別表記や同義語などをまとめて記録したもの．
[8] 国立国会図書館典拠データ検索・提供サービス (Web NDL Authorities)： http://id.ndl.go.jp/auth/ndla
[9] NDL リサーチ：http://iss.ndl.go.jp/
[10] http://iss.ndl.go.jp/information/target/

URL の項目で具体的な内容の説明が付されている．更新頻度は，サイトごとに異なり週 1 回（随時に），ほぼ定期的に更新されている（2015.1.8 現在）．

これらを踏まえて「国立国会図書館の書誌データ作成・提供の新展開 (2013)」における書誌サービスを次の 8 項目にまとめることができる．

① 収集した図書や資料および電子情報に，利用者が迅速に的確に容易にアクセスできように，書誌データを作成・提供する．これを通してより広い利用を促進する．
② 資料と電子情報の書誌データを一元的に扱える書誌フレームワークを構築する．
③ 資料と電子情報のそれぞれの特性に適した書誌データ作成基準を定める．
④ 典拠データの作成対象を日本語以外の外国刊行資料，博士論文，雑誌記事索引，電子情報に拡大し，コード類付与の拡充を行う．
⑤ 国立国会図書館法第 7 条に規定する「日本国内で刊行された出版物」に相当する電子情報の書誌データを，新たに全国書誌として提供する．
⑥ 利用者が書誌データを多様な方法で容易に入手し活用できるように開放性を高める．
⑦ 出版・流通業界，関係機関などと連携のうえ，さまざまな資源，知識，技術を活用する．
⑧ 利用者の要請，出版物の多様化，情報通信技術の発展などに対応するため，必要に応じて見直しを行う．また，各項の具体的な実施に向けて，有効性と費用対効果を考慮し，必要な計画を別途作成する．

さらにこれを受けて，国立国会図書館収集書誌部は，新しい『日本目録規則』の策定に向けて「書誌データ作成・提供の新展開 (2013)」[11] を策定し，以後 5 年間での書誌データ作成・提供の方向性を示した (2013.9.30)．ここでは，RDA (Resource Description and Access)[12] に対応した書誌データの作成基準を利用者の利便性を重視し，国際標準にも対応させている．米国議会図書館で適用している．さらに関連機関との調整も含めて内容を検討し，2018 年度には最終案が公開された [13]．

5.4 図書情報と物流システム

近年，本の管理に快適な空間から図書館ユーザの快適な空間へと移行しつつある．それを支える技術やビジネスも進化している．この節では，蔵書管理の効率化とユーザの利便性に向けた環境管理に注目して，MARC (Machine Readable Cataloging) の作成と蔵書点検に関する技術を取り上げる．

[11] 国立国会図書館「国立国会図書館の書誌データ作成・提供の新展開 2013」(2013.2.12.)：http://www.ndl.go.jp/jp/library/data/shintenkai2013.pdf
[12] 書誌データの新しい概念モデルである．
[13]「国立国会図書館書誌データ作成・提供計画 2018–2020 (2013.3.23)」：http://ndl.go.jp/jp/library/data/bibplan2020.pdf

5.4.1 MARC作成現場での情報マネジメント

MARCとは情報検索の重要なツールの一つであり，図書館専用のデータベースである．主要なMARCとして，国立国会図書館による国内刊行出版物の全国書誌の機械可読目録(JAPAN/MARC)や出版取次などが発行する大規模な書誌目録データ（TRC MARCなど）がある．これらのMARCはどのように作成されるのであろうか．

ここでは，筆者が見学したTRC[14]の作業現場において，見聞きした情報と資料の収集によって知り得た情報とを基にして管理の側面に注目する．

MARC作成の基本工程は，

「① 出版取次からの見本受入」⇒「② 選別と登録」⇒「③ 写真データなどの作成・デジタル化・入力」⇒「④ 分類の付与」⇒「⑤ 情報の入力，概要の作成」⇒「⑥ 入力データの多面的な確認」⇒「MARCの完成」

の流れで実施され，個々の書誌ごとにこのような手順でデータの作り込みが行われる．

データベースを作成する情報システムはTRCが独自に開発したものであるが，設計で最も重視しているのは，「多面的に使えるデータベースの作成」，「システムユーザ（データ入力者，検索者，管理者）の利便性」であるという．担当者が語った「データ入力は命を吹き込む作業」であるという思いが印象的であった．そのMARCを作成する作業の要所を追ってみよう．

① 出版取次からの見本受入

毎日数百冊を超える見本を受け入れてからMARCが完成するまでの期間は3～4日だけであるという．データ作成作業は，担当者が役割分担して流れ作業で行われるが，作業中の本が何日目の工程にあるかは，色板で見分けるという（図5.1）．そして，全工程での処理が終了した見本とMARCは最終日に出版取次に送り返される．

図 5.1 工程を見分ける色板（TRC社の御厚意による）

② 選別と登録

実物を手にとって「図書館で利用可能であるか，新しい本であるか」などを確認し，MARC

[14]（株）図書館流通センターの略称である．

の作成基準に照らして選別する．クリアした本のみにIDナンバーを付す．その際，確認のためにJAN (Japanese Article Number) コードも入力する．

③ 写真データなどの作成・デジタル化・入力

本のイメージを伝えるために写真を撮ってデジタル変換したものを入力する．時には関連データを集めてスキャナー入力もする（図5.2）．

図 5.2 撮影の環境（TRC社の御厚意による）

④ 分類の付与

本を読んでテーマを確かめ，日本十進分類法 (NDC) などに基づいて分類し，分類記号を付す．この作業では，タイトル，目次，序文，あとがきをチェックするとともに，本文を確認してキーワードを拾い出す．また，同じ著者の著作情報を名寄せする．分類では，想定される読者対象（児童書・学生などの年齢層，ジャンルや専門分野など）も付記する．これらの内容は，複数の担当者によってチェックされ，仕分けられる（図5.3）．

ここまでが1日分の作業である．

図 5.3 仕分けられた書籍の棚（TRC社の御厚意による）

⑤ 情報の入力，概要の作成

実物を確認しながら必要項目（本の大きさ，ページ数，分類／件名，タイトル，著者，出版社など）を入力する（図 5.4）．これらは表紙，奥付，背表紙，カバーなどから得られた情報である．概要は本の帯などを参照しながら 150 字程度にまとめる．

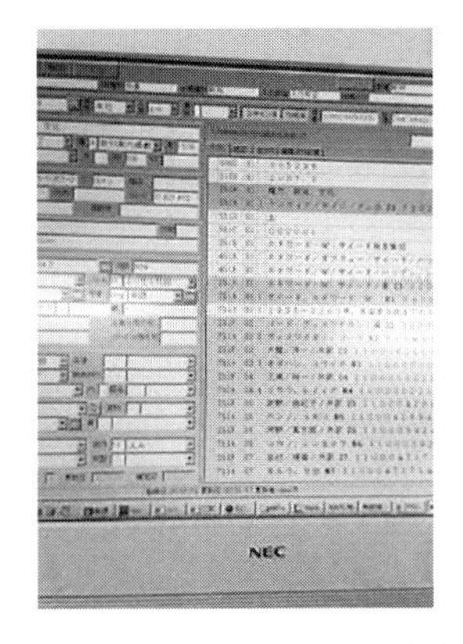

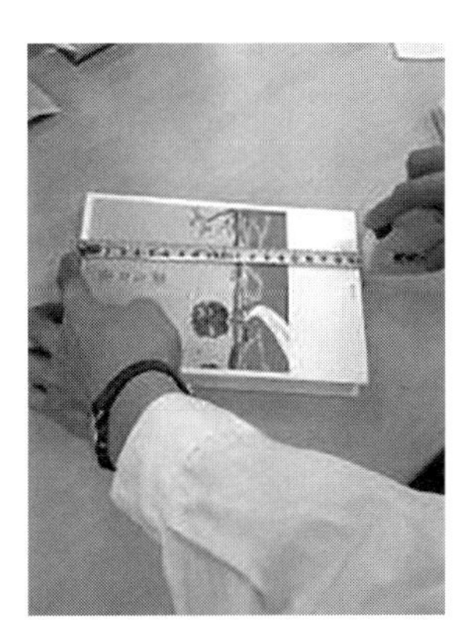

図 5.4 情報入力の作業（TRC 社の御厚意による）

⑥ 入力データの多面的な確認

入力データの校正は出力結果と本とを付き合わせて，誤字，脱字，誤変換などをチェックして訂正する（図 5.5）．また，目録，目次，著者情報も再確認する．この作業は時間が許す限りいろいろな角度から実施される．

こうして，MARC は完成する！

完成した本の見本と作成データをまとめて販売取次へ返却する．

以上が MARC 作成のポイントである．

5.4.2 貸出・返却・蔵書点検と情報マネジメント

大学図書館は，サービスの向上，図書館業務の向上，図書館管理システムの改革を目指して多面的に活動している．具体的な目標として，貸出返却の自動化，蔵書点検・管理作業の軽減，不正帯出管理の自動化，遠隔キャンパスの管理などがある [3,4]．

また，管理の対象には，在庫書籍の書誌名，ISBN[15] (International Standard Book Number)，価格，著者名，出版社名などがある．

(1) IC (Integrated Circuit) チップによる蔵書点検と管理

バーコードとタトルテープを使って行ってきた蔵書の管理は次第に UHF (Ultra High Frequency) 帯の IC タグに切り替えられている．その効果は，蔵書管理の効率化，貸出システム

[15] ISBN は書誌ごとに付されている 10 桁の番号で，「国のグループ番号－出版社番号－書名番号－チェック数字」などで構成されている．

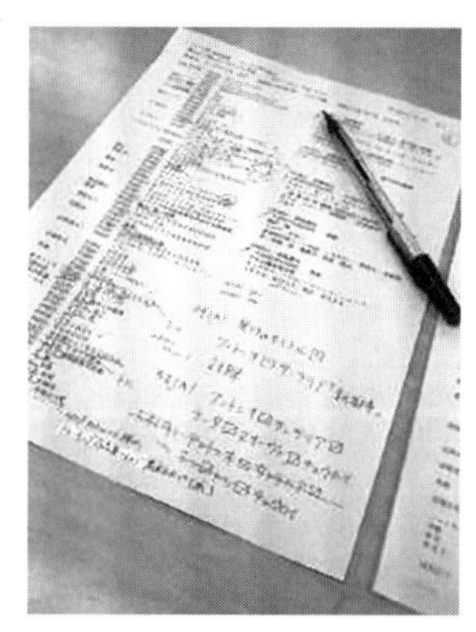

図 5.5 目視による確認作業（TRC 社の御厚意による）

の自動化，セキュリティ管理などに顕著に現れている．特にハンディターミナルを使って書架の間を歩き回るだけで蔵書点検ができるようになったことが，蔵書管理の労力を大幅に短縮することにつながったといえる．

また，和雑誌と洋雑誌の配架が離れた場所に設定されているとか，米国国立医学図書館分類法 (NLMC) による分類と日本十進分類法 (NDC) を分けて配架しているような図書館においては，誤配架されることもしばしば発生するが，読み取りデータファイルを集約することで重複読み取りなどを排除することが可能になった．

また，目視確認の併用によって，不明資料の探索も容易になったのである．さらに，職員不在の無人開館においては，セキュリティゲートと退館ゲートを連動することで不正持ち出しの防止が可能となった．

貸出手続きは，複数冊を重ねたままで一括処理が可能となり，図書の貸出サービスも短時間でできるようになった．

このような効率化の背景には，IC タグなどの技術の進化があった．

(2) 蔵書点検に使われる基礎技術の特徴

バーコードによる点検作業と IC タグを使った点検作業とでは何が違うのであろうか．大きな違いは，バーコードでは一冊ごと書架から取り出して読み取らなければならないが，IC タグでは本を書架から取り出す必要はないということである．バーコードに対して HF (High Frequency) 帯での作業スピードは 2 倍以上であり，さらに UHF 帯では 6 倍以上にもなる．IC タグでは「配架ミスの図書があっても気づかない」という問題はあるが，それらの大半は目視併用で解決している．また，「金属と干渉する」という問題もあったが．書棚に簡単な細工を施すことでこれも解決できた．IC タグにはいろいろな種類があり，IC タグを使う技術にもさまざまな工夫がなされるようになったのである．

現在使われている IC タグは 2 種類ある．HF 帯 IC タグと UHF 帯 IC タグである．形状はいろいろであるが，通信距離に差がある．HF 帯の通信距離が 50 cm 以内であるのに対して，UHF 帯の通信距離は，2〜3 m である．

このように，HF 帯（短波帯）用と UHF 帯（極超短波帯）用があって，それらの性能が異なっていることが大きな違いといえよう．利用が始まった当初は，HF 帯を使用する図書館が，UHF 帯を使用する図書館より圧倒的に多かったが，現在は逆転している．

UHF 帯では，RFID (Radio Frequency Identification) といわれる技術を使って非接触認証が可能である（JR 東日本の IC カード Suica などでも非接触認証が活用されている）．

IC タグは IC チップとアンテナとで構成されている．しかも，IC チップでは情報が記憶でき，かつその情報は書き換えが可能である．リーダライタ装置から出力される電波や電磁界によって IC タグは起電し，IC チップに書かれた情報の読み取りが可能となる．

複数まとめて読み取ることもできる（カウンターでの貸出や，カバンなどに入れたままでも読み取りができるので，不正持ち出しの検知にも効果がある）．

HF 帯では，読み込み用のアンテナを書架の本と本の間に差し込んで近辺にある書籍の ID を読み取る方法と，本の背をアンテナでなぞっていく方法などがある．これに対して UHF 帯では，ハンディリーダを書棚から数センチ離して読み取っている．

以上が，IC タグに関する基礎的な技術である．

昨今の図書館環境では，本の充実以外にも図書館利用者へのいろいろなサービスが始められている．たとえば，ブックシャワーと呼ばれる紫外線で書籍の殺菌や消毒を行う書籍消毒機器の設置，学生証でアクセスできる 24 時間無人で貸出・返却や予約書籍無人受け取りが可能なロッカーの設置などもある．さらに，脳にリラックス効果を与える空間音響設計や空気の清浄を保つ空間の導入なども配慮され始めている．

5.5 本章のまとめ

本章では，書籍・出版物・コンテンツの利活用に関係する仕組みと情報マネジメントに注目した広い話題を扱ってきた．これらは図書館における書誌データの作成や，図書の貸出・返却・蔵書点検・管理に関係しているため，流通するデジタルコンテンツの情報や著作権や電子出版に関係する法にまで手を伸ばしている．この延長線上において我々は，法の改変や物流の仕組みについて引き続き注目することが必要であろう．

演習問題

設問 1 図書館の利用者サービスにおいて，紙媒体による出版物（教科書，雑誌など）と電子出版物（デジタル教科書，オンラインジャーナルなど）との根本的な違いは何かについて述べよ．（ヒント：著作物の概念，媒体によって管理対象や管理目的がどう変わるか，著作物の二次使用はどうなるかなどの観点から，比較分析するとよい．）

設問 2 デジタル化・ネットワーク化の進展によって，遠隔にある複数キャンパスで同時配信授業が可能となった．広く利用されている仕組みである MOOC と OCW の違いについて述べよ．（ヒント：インターネット上でいつでも無料で公開されている二つの仕組み MOOC と OCW の特徴を調べるとよい．）

設問 3 図書館業務における「紙媒体の蔵書の管理」と「相互貸借サービスに関する管理」および「電子ジャーナルの管理」に関する情報マネジメントについて整理しよう．（ヒント：図書館の新たなサービスの観点で，それぞれの管理に関する利便性について調べるとよい．）

設問 4 国立国会図書館 (NDL) における「納品制度」と「情報資料の保存と利用」について重要なことは何かを述べよ．（ヒント：情報通信技術の進化によって国立国会図書館の納品制度がどう変わったかに注目しよう．また，膨大な蔵書資料の保存と情報ネットワーク利用に関する情報マネジメントにも注目しよう．）

参考文献

[1] 情報ネットワークの法律実務編集委員会代表（多賀谷一照・松本恒雄）：情報ネットワークの法律実務，加除式追録号数 66～69，第一法規，2014.5.30

[2] 著作権法令研究会編集：著作権関係法令実務提要，加除式追録号数 207～212，第一法規，2017.4.20

[3] 井口史子：帝京大学医学総合図書館における UHF 帯 IC タグによる蔵書点検，医学図書館，62 (1)，pp.16–19，2015

[4] 新沼拓也：早く効率的な蔵書点検のための IC タグそして IC タグの現在，医学図書館，62 (1)，pp.12–15，2015

[5] デジタルアーカイブの連携に関する関係省庁等連絡会・実務者協議会：デジタルアーカイブの構築・共有・活用ガイドライン，2017

◎推奨文献，雑誌，サイト

● 国立大学図書館協会学術情報委員会図書館システム検討ワーキンググループ：今後の図書館

システムの方向性について，総会資料 No.54–2，2007.3
- 国立国会図書館収集書誌部：新しい『日本目録規則』の策定に向けて，2013.9.30
- 日本図書館協会目録委員会・国立国会図書館収集書誌部：「日本目録規則」改訂の基本方針，国立国会図書館収集書誌部，2013.8.22
- 国立国会図書館：国立国会図書館の書誌データ作成・提供の新展開 (2013)，2013.2.12，http://www.ndl.go.jp/jp/library/data/shintenkai2013.pdf　2018.11.21 確認
- 国立国会図書館：書誌情報ニュースレター (2013.2)
- 国立国会図書館：平成 25 年度活動実績評価の枠組み
- 国立国会図書館書誌データ作成・提供計画 2018–2020 (2013.3.23): http://ndl.go.jp/jp/library/data/bibplan2020.pdf　2018.11.11 確認

第6章
プロジェクト&情報のマネジメント

□ 学習のポイント

プロジェクトマネジメント (PM) とは何かを理解するために，標準化活動に関係する組織の活動とそれぞれの特長について学ぶ．具体的には，PMI の PMBOK，APM の APMBOK，PMAJ の P2M，ISO の ISO21500 におけるマネジメントの共通概念と，それぞれの特徴について理解する．さらに，PM の歴史的な背景と PM カリキュラムで重視している内容について理解し，PM の概念的な基礎知識を修得する．

□ キーワード

プロジェクト，マネジメント，プロジェクトマネジメント，プログラムマネジメント，プロジェクトのプロセスとプロダクト，情報資源管理，スケジュール管理，品質管理，コスト管理，PM の対象となる情報

6.1 はじめに

プロジェクトの対象はプラント系，建築系，造船系など，複雑で大規模な構造物や設備の建設が多いが，この章では主として情報システム系のプロジェクトマネジメント (PM) に注目する．プロジェクトマネジメントという言葉の通り，この章の内容はすべてマネジメントに関する内容である．PM にかかわる組織はいくつかあるが，その内容は一様ではない．扱う組織やプロジェクトの対象によっても異なる．そこで，この章では，それぞれの観点に注目しながら，プロジェクトの本質について理解することを目指す．

6.2 プロジェクトマネジメントの歴史的背景

PM がなぜ必要になったのかについて理解するために，国内外の歴史的な背景と発展について取り上げることにしたい．そこで，PM に関係する組織がいつ生まれ，どのような活動をして今日に至ったのかを簡単に紹介しておこう [1].

歴史的には，エジプトのピラミッドや中国の万里の長城の建設までは，プロジェクトとして

遡ることができよう．さらに古く遡るならば，そもそも人類の集団活動が始まった頃から存在していたという見方もできる．

スケジューリング機能などを取り入れた近代的なPMの話題としては，米軍によるマンハッタンプロジェクト，ポラリスミサイルや潜水艦プロジェクトなどが浮上する．あらゆる業種でPMが行われるようになったのは，さらに遅れて20世紀後半からである．

すべての組織のコンピテンシー[1]を促進するために，1965年にIPMA (International Project Management Association) がヨーロッパを本拠地として設立され，世界各国のPM団体を傘下にもつ連盟団体として発展している．1992年にはIPMA傘下のNA (National Association) の一つであるイギリスのAPM (Association of Project Management) がAPMBOK (APM Body of Knowledge) を発表し資格試験を開始した．IPMAではこれをもとにPMの国際的な標準としてICB (IPMA competence baseline) を発表している．

一方，1969年にはPMI (Project Management Institute) が米国の非営利団体として発足し，1987年にPMBOK (Project Management Body of Knowledge) ガイドを発行している．

1989年にはイギリスの政府団体がPMの標準としてPRINCE (Projects IN Controlled Environments) を開発し，1996年により汎用的なPMの手法として，PRINCE2 (Projects IN Controlled Environments2) を発表[2]した．

IPMAは1998年にICBの第1版を発行[3]した．ICBは1990年，2001年，2006年に改定され，2015年には第4版が発行されている．

1998年にはまた，JPMF (Japan Project Management Forum) が任意団体として発足し，エンジニアリング振興協会 (ENAA) 内におかれている．翌年さらに，ENAA[4] (Engineering Advancement Association of Japan：一般社団法人エンジニアリング協会）が中心になって，日本発信型のPMの体系化が進み，2001年にプログラム&プロジェクトマネジメント (P2M) が発表[5]された．

さらに，PMI東京支部（現 日本支部）が1999年に設立され，我が国のPM学会も発足している．また，プロジェクトマネジメント資格認定センター (PMCC) の発足 (2002)，JPMFの組織統合と日本プロジェクトマネジメント協会 (PMAJ) の発足 (2005)，国際P2M学会の発足 (2005) などが続いている．

このような流れの中で，近代の軍事プロジェクトを中心に体系化されたPMは“モダンプロジェクトマネジメント”と呼ばれるようになった．また，これまで品質とコストと納期の管理を目的として進められたPMが，モダンプロジェクトマネジメントではスコープ，スケジュール，コスト，品質などをバランス良く管理し，顧客満足度を上げようという考え方に変わったのである．そして，PMIが体系化したPMBOKもPMの一つの標準として定着されている．

---

[1] 成果につながる専門的な行動特性能力のこと．
[2] PRINCE2はその後も更新を継続している．
[3] ICB第3版，その後2014年に日本プロジェクトマネジメント協会によって翻訳版が出版されている．
[4] ENAAは，一般財団法人エンジニアリング協会の略称である．
[5] P2Mは2007年に改訂され，さらに2014年に第3版が発行されている．

6.3 情報システム科目で扱うPM

この節では，IS2010の情報システム (IS) のモデルカリキュラム [2] とJ07-ISのモデルカリキュラム [3] で扱っている情報マネジメントの観点に注目する．

6.3.1 ISのモデルカリキュラム (IS2010) におけるPM

IS2010ではIS系のコアコースとして「ISのプロジェクト管理 (IS2010.5)」という科目を提案した．そこでは，プロジェクトの開始・計画・実行・制御・終了に関するシステム的な方法論を理解し，PMの効果を高めることを目標としている．

このカリキュラムに取り上げられている達成目標は，「PMの基礎を理解すること」，「PMライフサイクルのフェーズを理解すること」，そして「プロジェクトにおける，コミュニケーション，スケジュール，資源，品質，リスク，実施，コストなどの管理を理解すること」である．

また，具体的な話題として，「PMとは？」「PMのライフサイクルとは？」「プロジェクトチームを管理するとは？」「プロジェクトコミュニケーションを管理するとは？」「プロジェクトの開始と計画とは？」「プロジェクトスコープを管理するとは？」「プロジェクトスケジューリングを管理するとは？」「プロジェクトの資源を管理するとは？」「プロジェクトの品質を管理するとは？」「プロジェクトリスクを管理するとは？」「プロジェクトの獲得を管理するとは？」「プロジェクトの実施・コントロール・終了とは？」「プロジェクトのコントロールと終了を管理するとは？」などを取り上げている．

他方，ISBOK (The Information Systems Body of Knowledge) は，

① 一般的なコンピュータ知識エリア
② IS固有の知識エリア
③ 基礎的な知識エリア
④ プロジェクトの対象領域における知識エリア

で，構成されているが，このうちPMに関係する知識は ② と ③ に含まれている．

さて，PMでは，計画，コストの見積り，資源配分，ソフトウェアの技術的レビュー，分析，フィードバック，コミュニケーション，品質の確保，スケジューリング，マイルストーン，進捗管理，予定・実績管理，EVMS（アーンドバリュー管理）について学ぶ．特に，プロジェクトに関する管理では文書化に注目し，スケジューリング，コストの見積り，コスト／便益などの分析について明らかにする．また，上記の話題で重視している学習事例を選んで表6.1に示す．

プロジェクトリスクの管理では，実現可能性の評価，リスク管理の原則に注目し，プロジェクトの組織，管理，原則，概念，問題などについて学ぶ．ここには，PMO (Project Management Office) も含まれる．これらの他に，複数プロジェクトの管理や管理上の概念，ストレスと時間管理，スコープとスコープ管理，要求変更管理などにも注目する．さらに，構成管理では，変更管理や版管理の文書化についても学ぶ．

表 6.1　IS2010 における PM の学習事例

項番	話題	学習事例
1	PMとは	PMの専門用語，失敗プロジェクトと成功プロジェクト，ITプロジェクトの特徴
2	PMのライフサイクル	システムの獲得または開発，PMコンテクスト，PMライフサイクルを支える知識と技術，PMのプロセス
3	プロジェクトチームの管理	プロジェクトチームとは，チームメンバーの動機付け，プロジェクトチームにおけるリーダーシップ・パワー・コンフリクト，チーム全体の管理
4	プロジェクトコミュニケーションの管理	チームコミュニケーションの強化，チーム強化のための協力方法
5	プロジェクトの開始と計画	——
6	プロジェクトスコープの管理	プロジェクトの開始，プロジェクトをいかに組織化するか，活動，プロジェクト憲章の作成
7	プロジェクトスケジュールの管理	スケジューリングとは何か，スケジューリングの共通問題，スケジューリングの方法
8	プロジェクト資源の管理	資源とは何か，資源のタイプ（人間，資本，時間），資源を管理するための方法
9	プロジェクトの品質の管理	プロジェクト品質とは？ プロジェクト品質への脅威とは？ プロジェクト品質をいかに評価するか？ など
10	プロジェクトリスクの管理	プロジェクトリスクとは？ プロジェクトリスクの脅威とは？ リスク管理のツール
11	プロジェクト獲得の管理	システム展開のための選択，外部調達，獲得プロセスの手順と管理
12	プロジェクトの実施・コントロール・終了の管理	プロジェクト実施の管理，進捗と変更の管理，文書と伝達，プロジェクト実施の共通問題など
13	プロジェクトのコントロールと終了の管理	情報獲得，コスト管理，変更管理，管理終結・チーム解散・契約終結・報告書作成などの処理

6.3.2　J07-IS モデルカリキュラムにおける PM

J07-IS では，Learning Unit (LU) を作成し公開している．その中から PM に関する 13 項目を選んで，表 6.2 に示す．

6.4　PMとは

この節では，マネジメントとプロジェクトに関する一般的な概念に触れ，いろいろな組織が PM についてどのように考えているのかを示す．そして，情報マネジメントに焦点を当てた PM を定義する．

6.4.1　マネジメントの概念

岩波書店の辞書類でマネジメントの意味を調べると，広辞苑（第 5 版）[6] では，「① 管理．処

[6] 新村出編：広辞苑（第 5 版），岩波書店，1998

表 6.2 J07-IS で重視している PM の LU

項番	項目名	概要
1	PM オーバービュー	教育目的：情報システム開発プロジェクトの特性とマネジメントの必要性を理解させる． 学習目標：「プロジェクトマネジメントの歴史」，「プロジェクトの失敗要因と成功のポイント」，「プロジェクト組織とプロジェクトマネジャーの仕事」について説明できること．
2	PM 知識体系	教育目的：プロジェクトマネジメントに関する知識体系の全体像を理解させる． 学習目標：「プロジェクトマネジメントに関する知識体系の意義と概要」を説明できること．
3	スコープマネジメント	教育目的：スコープマネジメントの意義を理解させるとともに，関連する手法を使えるようにする． 学習目標：「スコープマネジメントの意義や手法」を理解し適用できること．
4	タイムマネジメント	教育目的：タイムマネジメントの意義を理解させ，関連手法を使えるようにする． 学習目標：「タイムマネジメントの意義と手法」を理解し適用できること．
5	コストマネジメント	教育目的：コストマネジメントの意義を理解させ，関連手法を使えるようにする． 学習目標：「コストマネジメントの意義」を説明し手法を適用できること．
6	品質マネジメント	教育目的：品質マネジメントの意義と関連手法を理解させ使えるようにする． 学習目標：「品質マネジメントの意義」を理解して手法を適用できること．
7	リスクマネジメント	教育目的：リスクマネジメントの意義を理解させ，手法を応用できるようにする． 学習目標：「リスクマネジメントの意義」を説明し適用できること．
8	コミュニケーションマネジメント	教育目的：コミュニケーションマネジメントの意図を理解させ，応用できるようにする． 学習目標：「コミュニケーションマネジメントの意図」を説明し，実践できること．
9	プロジェクト管理の基礎	教育目的：プロジェクト管理の基本的概念を理解させる． 学習目標：「プロジェクト管理の基本用語および管理対象とプロジェクトの進捗評価技法」について説明できること．
10	見積もりとスケジューリング	簡単な見積方法とスケジューリングについて理解させる． 学習目標：「要求記述に基づいた作業量の推定と作業の分解，およびスケジューリングの基本概念」を説明できること．
11	プロジェクトにおけるリスク管理	教育目的：プロジェクトの状態を把握し適切に対処させる． 学習目標：「リスクの評価と対応策，進捗管理手法について説明し，プロジェクト進捗における課題を想定して適切な対応方法」を検討すること．
12	プログラムマネジメント	教育目的：プログラムマネジメントとは何かを理解させる． 学習目標：「情報システム構築の中長期計画の意味の説明と IS 構築の中長期計画の評価，および IS 構築の中長期計画作成」ができること．
13	システム開発プロジェクトの管理	教育目的：情報システム開発プロジェクトの特徴を理解させ，プロジェクト管理の必要性について考察させる． 学習目標：「プロジェクトマネジャーの役割やプロジェクト管理の対象と管理方法」を説明できること．

理．経営．②経営者．経営陣．」と述べており，岩波国語辞典[7]では，「人・物・金・時間などの使用法を最善にし，企業を維持・発展させていくこと．経営管理．また，経営者．」と述べている．

さらに，英和大辞典[8]の英語表記“management”の日本語表現には，

① 経営，運営，管理，処理，処置
② 取扱い，操作，統御
③ やりくり，ごまかし，策略
④ 経営者，幹部

と説明されている．

これらの例からも，取り上げる観点によって捉え方がかなり違うことがわかる．

他方，SLCP-JCF2007 [4]，およびSLCP-JCF2013 [5] では「マネジメントとは，進捗，見積，組織，要員，リスク，品質，作業，環境整備などのプロジェクトの円滑な遂行に必要な資源を監視し制御することである．」と述べている．

ちなみに，この章で意図するマネジメントの目的は，「組織や会社などで目的を効率的に達成するために，組織を維持し発展を図ること」である．つまりマネジメントの対象は「ヒト（人）」「モノ（物）」「カネ（金）」「情報」である．企業活動に注目するならば，「人」のマネジメントは最も重要な経営資源に対応し，「物」のマネジメントは生産過程の標準化によって対応し，「金」のマネジメントは金融資産や不動産などが対象となる．

これらを受け入れると，マネジャーとは「目的を達成するために管理の仕事を果たす人」といえるであろう．つまり，マネジャーは事業戦略・事業計画・目標設定，要員調達と育成，組織形成などにかかわる人である．

6.4.2 プロジェクトの概念

プロジェクトの対象はさまざまである．この項では，情報システム (IS) 開発のプロジェクトに注目しながら，プロジェクトの概念がプロジェクト対象によって違うことを示す．

ISのプロジェクト対象となるビジネスや使用技術には目標がある．目標はステークホルダによって合意されることが必要である．たとえば，

- どのような技術が使用されるのか
- プロセスによってプロジェクトの範囲がどう変わるのか
- ビジネスや組織に影響するのか
- ビジネス政策に影響するのか
- リスクは何か
- 納期はいつか
- プロジェクトの優先順位をどうするか

---
[7] 西尾実・岩淵悦太郎・水谷静夫編：岩波国語辞典，岩波書店，1987
[8] 中島文雄編：岩波英和大辞典，岩波書店，1970

などが関係する．

プロジェクトとは一般に，ある特定の目的を持って実施される．たとえば，システム開発で達成すべき課題を所定の期限までに計画に沿って実現する．この場合，課題の目的と目標，スケジュール，組織，要員，作業，品質，環境整備などが管理対象として明示されていなければならない．

プロジェクトでは日常業務とは違って，特別な目的を達成するための一時的な組織を立ち上げ，目的を達成したら組織は解散する．日常業務とプロジェクトの違いは，「日常業務には継続性と反復性があるのに対して，プロジェクトでは有期性と独自性があること」といえる．両者の共通点として，「達成目標があり成果物を産出すること，人間活動にかかわっていること，活動に際して使用する資源には制約があること」などを挙げることができる．

つまり，プロジェクトの特徴は，「プロジェクトの目的を達成するためにチームが形成され，そのチームは期限内に価値のある成果物を生成して目的を達成したら解散する」ということになる．言い換えれば，プロジェクトとは日常的な業務の繰り返しではなく，特別な目的を達成するためにだけ業務を遂行する組織ができ，目的を達成後に組織が消滅するような業務である [6–8].

6.4.3 PMの概念

PMとは「最終製品やサービスについて望ましい水準を達成するとともに，プロジェクトをスケジュール通りに，しかも予算内で確実に完了するために行う計画，運営，手配，評価，問題解決，報告，指示などの一連の行為」のことを指す．ここでは，要求管理，スケジュール管理，コスト管理，リスク管理，構成管理，品質管理，およびプロジェクト管理について述べる [6–9].

PMでは，管理の内容をブレークダウンし，それぞれに「××マネジメント」という名称を付して表現している．PMに関連する組織にはいくつかの異なる観点があるため，ここにはそれぞれの特徴が明示されている．たとえば，PMAJ (Project Management Association of Japan：日本プロジェクトマネジメント協会) [6] では，P2M (Project & Program management)[9] に関して，「特定使命を達成するために有期的なチームを編成し，プロジェクトを公正な手段で効率的・効果的に遂行して，確実な成果を獲得する実践的な能力である」と述べている．また，PMI (Project Management Institute) では，PMBOKのガイド (A guide to the Project Management Body of Knowledge) において「プロジェクトの顧客が，プロジェクトへの要求事項や期待を満足させるために，対象となるプロジェクトにとって，最適な知識，技術やツール，技法を適用することである」と述べている．

P2Mにおけるプログラムマネジメントは，統合マネジメント[10] とコミュニティマネジメントで構成される．プログラムは，経営戦略を具体的に実現するための手段であり，実際に活動する組織の全体使命を実現するための価値創造活動である．基本特性として，“多義性，拡張

[9] P2Mの表記は文献によって ① Project & Program management であったり，② Program & Project management であったりと揺らいでいる．本章では書名などの固有名詞以外では ② を採用する．

[10] 統合マネジメントには，ミッションプロファイリング，アーキテクチャマネジメント，プログラム戦略マネジメント，プログラム実行の統合マネジメント，アセスメントマネジメントが含まれる．

性，複雑性，不確実性”[11] をあげることができる．また，マネジメントの対象として，「戦略，ファイナンス，システム，組織，目標[12]，資源，リスク，情報，関係性，バリュー，コミュニケーション」の 11 項目を挙げることができる．初期段階の PM 活動は，QCD（品質，コスト，納期）[13] の観点からの管理活動と捉えられ，成果物の QCD の指標をいかに高めるかということが中心課題であった．

PM は，「独自のプロダクト，サービス，所産を創造するために実施される有期性の業務」である．プロジェクトごとにそれぞれの目標があり，期間と人的資源と予算の制約がある．そのため，プロジェクト管理の知識体系を示した PMBOK，プロジェクトマネジャーの業務遂行能力に関する知識・資質などを体系化した ICB，管理対象をプロジェクトからプログラムの領域に範囲を広げた P2M など，いくつかの視点からプロジェクト管理の体系化がなされている．

情報システム開発には，「独自性」と「有期性」がある．情報システム開発プロジェクトでは，プロジェクトの途中で顧客要求が変化することが多く，コスト，スケジュール，品質，リスクなどのバランスを考えた適正な変更の管理が重要になる．

6.5 標準的な管理の概念

PMI，APM，PMAJ，ISO (International Organization for Standardization) などの組織では，独自の考え方で PM 活動を標準化している．それらはそもそもプロジェクトを実施するいろいろな組織のプロセスを概念化したものである．その際，“How to”が先行して概念がまとめられたために，同じような考え方が少なくないのである．そこでこの節では，標準化にかかわる組織に共通する管理に注目して概念を整理する [5, 6, 8, 10, 12]．

(1) リスクマネジメントとは

プロジェクトにおけるリスクマネジメントとは，「リスク因子の特定，リスク要因の分析，リスクの評価，リスク対応の優先順位決定，コストパフォーマンスの評価，リスクの改善」などによって，さまざまなトラブルを回避するための手法である．リスクマネジメントでは，可能な限りあらかじめリスクを明確にし，リスク軽減のための計画を立てて，リスクによる損失を最小限に抑え，支障なくプロジェクトを完了することを目指す．システム開発におけるリスクとして，納期遅れ，予算超過，要求に合わない製品の納入などがある．

(2) 構成管理（configuration management）とは

構成管理とは，該当する製品の構成要素の状態を正しく把握できるように管理することをいう．構成管理の対象としては，ハードウェア構成とソフトウェア構成があるが，ここではソフトウェアの構成管理に注目する．構成管理の目的は，ソフトウェアの不当な変更を防止し矛盾を防ぐこと，仕様変更やバグ修正などの作業を容易にすること，アプリケーションが動作する

---

[11] 詳細は 6.7.3 項に述べる．
[12] 目標マネジメントには，ライフサイクルマネジメント，スコープマネジメント，タイムマネジメント，コストマネジメント，アーンドバリューマネジメント，品質マネジメント，報告・変更・課題の管理，引渡し管理が含まれる．
[13] Quality（品質），Cost（コスト），Delivery（納期）を略していう．

ハードウェアまたは基本ソフトウェアの条件・構成を明確にすることなどである．構成管理では，対象となるソフトウェア要素のバージョンなどといった詳細に至るまで識別し，変更要求の発生から解決までの履歴を管理し，変更後の内容が正しいことを保証する．

(3) 変更管理と要求管理

変更管理では，進捗や作業の状況によって変更がある場合の管理をする．要求管理では，顧客の要求を管理し，顧客要件の変更があったときに変更履歴を記録する．顧客要件の変更はしばしば生じるものであるから，顧客の要求を満たす製品を納入するためには，変更履歴を取り，顧客の最終製品に関する機能，性能の確認を繰り返し行う必要がある．

(4) 品質管理と品質保証

品質管理では，契約に基づいてあらかじめ定めた品質計画，品質保証，品質監査，品質改善を行う．品質保証 (quality assurance) では，対象となるものの品質要求を満たすことが求められる．システム開発における品質管理では，テストによる手戻りなどを防ぐために品質管理を行う．具体的には，設計書やプログラムなどを検査し，顧客要件が盛り込まれているか，仕様の変更が反映されているか，プログラムのロジックは間違っていないかなどを調べ，誤りがあればそれを早期に発見し修正する．

(5) 資源管理

資源管理では，プロジェクト要員などの人的資源，資材・作業場所・機材・ハードウェア・ソフトウェアなどの物的資源，プロジェクトの資金となる金融資源，情報の判断材料・状況・データなどの情報資源，組織内の知識・技術・サービスなどの知的資源，基幹システム・ネットワークなどの管理を行う．

(6) 組織管理

組織管理では，当該プロジェクトの組織をデザインし，プロジェクトチームを編成し，チームビルディングを通してプロジェクトを共通に理解する．

(7) 目標管理

目標管理では，品質，コスト，工期のトレードオフによって，これらのバランスをとりながら合理的な工程と経済的なコストで適切な品質を獲得する．

(8) 進捗管理

進捗管理では，あらかじめ定めた方法で進捗率を計算し，プロジェクトの進捗を確認してスケジュールが遅れないように管理する．

(9) タイム管理

スケジュール計画と完成時期について管理する．

(10) コスト管理

コスト管理とは，作業遂行に必要なコストと対応する予算を割りだして全体予算を策定し管理することをいう．コスト管理では，工数を含めたコストの予実管理と消化状況の管理がある．コストの予実管理では，外部委託を含めた工数に関するコストと，ハード・ソフト・通信費など運営などにかかるコストを管理する．

6.6 欧米における PM の標準化

この節では，アメリカの PMI による BOK (Body of Knowledge) とイギリスの APM (Association for Project Management) による BOK を取り上げる．

6.6.1 PMI による PMBOK

PMI は 1969 年にアメリカの非営利団体として設立された．それは，業界を超えた PM のスペシャリストの集まりであった．彼らは，プロジェクトにおける実務慣行を PM の知識体系として，PMBOK をまとめたのである．1987 年に初版が出され，2012 年に第 5 版が発行された．以後も，改訂作業は継続している．

PMBOK では，五つのプロセス群と 10 の知識エリアの関係とが整理されている．プロセス群に含まれているのは，立上げのプロセス，計画のプロセス，実行のプロセス，監視とコントロールのプロセス，終結のプロセスである．これらのプロセスは実施される可能性が高いということで選ばれた項目で，プロジェクトライフサイクルの中にもしばしば現れる．

PMBOK には，建設・建築，宇宙，医療，金融，情報などのシステム，製品開発などの適用分野と手法，および知識などが標準化されている．ここには将来の技術研究も含まれている．たとえば，「開始・終了を明確にすること」，「同じプロジェクトが複数存在しないこと」，「計画とプロセスと成果物は進捗に伴って詳細化され実現されること」などを挙げることができる．

PMI では，PM とは「プロジェクトの目標あるいは成果物作成の目標を達成するために，知識，スキル，ツール，技法などをそのプロジェクト活動に対して適用すること」であると述べている．さらに，このような PM に必要な知識の枠組みを，10 の知識エリア (Project Management Knowledge Area) として示している（表 6.3）．

「スコープ計画」では具体的にプロジェクトのスコープを明文化し，「スコープ定義」では全体の WBS (Work Breakdown Structure) として表現している．これらのスコープマネジメントのプロセスはどのようなプロジェクトのフェーズでも利用可能な知識であることから，「スコープマネジメントの知識エリア」と呼んでいる．

6.6.2 APM のプロジェクトマネジメント

6.2 節で触れたように，APM は IPMA 傘下の団体の一つで，イギリスで生まれた国際的な組織 (NA) である．PM の先進団体として，1992 年に APMBOK を発表した．その後，改訂が重ねられて 2012 年度に第 6 版が発行されている [10]．この書では，ハードカバー版とペーパー版の電子書籍（デジタル版）とが作成されていて，利用者がいずれかを選択できるようになっている．

表 6.3 10の知識エリアと対応するプロセス

プロセス群→ 知識エリア↓	立上げ	計画	実行	監視・コントロール	終結
統合	プロジェクト 憲章作成	PM 計画書作成	計画の実行	作業の監視 統合変更管理	
スコープ	開始	計画・定義		検証・変更管理	
タイム		スケジュール作成		スケジュール管理	
コミュニケーション		コミュニケーション 計画	情報の配布	コミュニケーション 管理	
リスク		リスク対応計画		リスク監視と管理	
品質		品質計画	品質保証	品質管理	
コスト		コスト見積・予算設定		コスト管理	
人的資源		組織計画の作成	チームの育成		
調達		調達計画	調達実行	調達管理	調達集結
ステークホルダ	ステークホルダ特定	マネジメント計画	雇用契約	契約の管理	契約終了

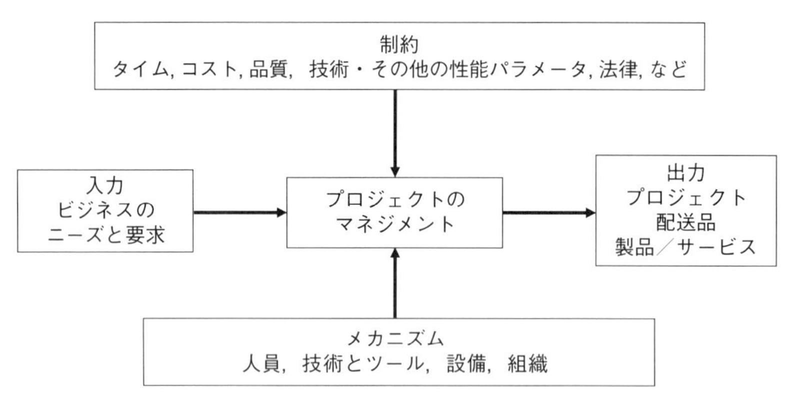

図 6.1 APM のプロジェクトマネジメント

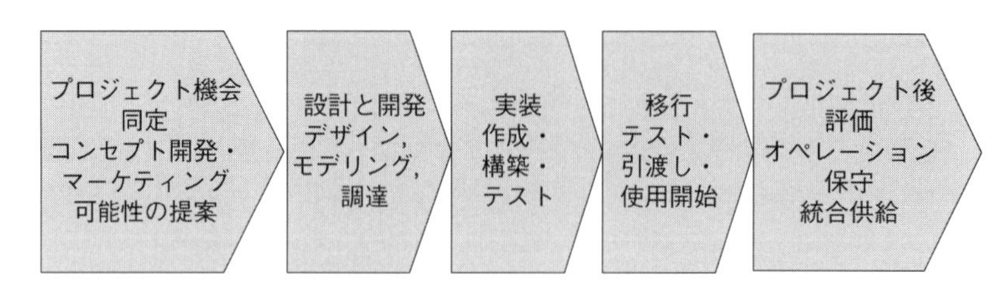

図 6.2 APM による標準的なプロジェクトのライフサイクル

APM の PM のイメージは図 6.1 で知ることができる．また，APM の標準的なプロジェクトライフサイクルは図 6.2 のように整理されている．

6.7 日本発のプロジェクトマネジメント “P2M”

この節では，P2M におけるプロジェクトの考え方に注目して PMAJ の活動を取り上げる．

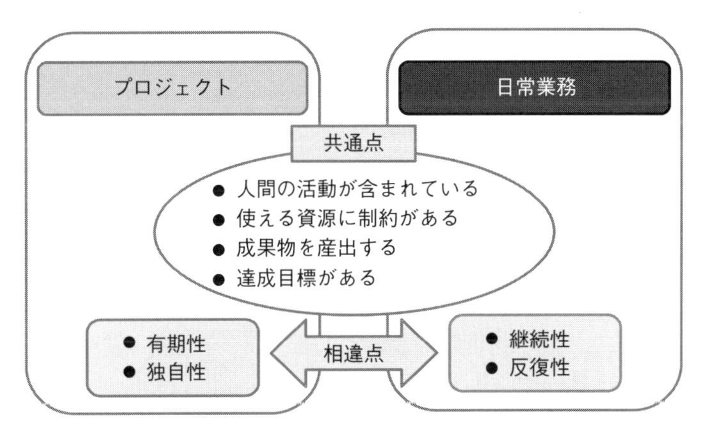

図 **6.3** プロジェクトと日常業務（文献 [1] より引用）

P2M 導入の特徴の一つに，革新的な企業経営を視野に入れたプログラム&プロジェクトマネジメント (P2M) がある．コアは “Program & Project Management for Enterprise Innovation” である．清水 [11] はプログラムについて，「全体使命（ミッション）を実現するために，複数のプロジェクトが有機的に結合された事業」であると述べている．

6.7.1 プロジェクトと日常業務

P2M では，「ある一つの目的のためだけに組織ができ，その目的を達成したら消滅する業務」をプロジェクトと呼んでいる．プロジェクトと日常業務の違いを図 6.3 で表現している．

プロジェクトも日常業務も目的を持った業務であるという点では共通しているが，プロジェクトでは「有期性」と「独自性」が重視され，日常業務では「継続性」と「反復性」が重視されるという点で違いがある．P2M では，「プロジェクトとは，特定使命 (Project Mission) を受けて，資源，状況などの制約条件 (constraints) のもとで，特定期間内に実施する将来に向けた価値創造事業 (Value Creation Undertaking) である」と述べている．

プロジェクトには始まりと終わりがある．始まりは，必要に応じて管理責任者によって決められる．目的を達成したらプロジェクトは終了し，その業務は消滅し，同じ内容を繰り返すことはない．プロジェクトが始まってから終わるまでの一連のプロセスをプロジェクトライフサイクルという．そして，この間に生成された成果物をプロダクトという．

P2M ではまた，PM について，「特定使命を達成するために有期的なチームを編成し，プロジェクトマネジメントの専門職能を駆使してプロジェクトを公正な手段で効率的・効果的に遂行し，確実な成果を獲得する実践的能力をプロジェクトに適用することである」と明記している．

プロジェクト活動には，プロダクトプロセス (Product process) と PM プロセスとがある．プロダクトプロセスは，成果物を創出する活動でありプロジェクト活動の主体となる．その成果物は製品であったり，製造物であったり，構造物であったり，サービスなどであったりする．PM プロセスはプロダクトプロセスが円滑に進むように支援し，管理する活動である．

一方，プログラムとはプロジェクトの上位概念であり，組織の戦略を実現するための施策を

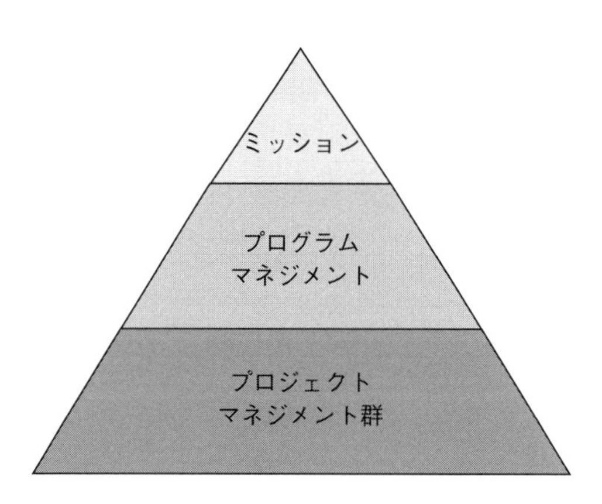

図 **6.4** P2M タワーのイメージ

具体的に実践するものである．プログラムが複数のプロジェクトを含むということは，プログラムが同一目的を持って管理される複数のプロジェクトの集合であることを意味する．P2M ではプログラムを「全体使命を実現する複数のプロジェクトが有機的に結合された事業である」としている．プロジェクトの結合方法には逐次型，並列型，サイクル型がある．

6.7.2 PMAJ の取り組み

一般財団法人エンジニアリング協会 (ENAA) に設置された PM 導入開発委員会は，日本型の PM 知識体系である「プロジェクト&プログラムマネジメント標準ガイドブック（P2M ガイドブック）」をまとめ，2001 年に発表した．2002 年にプロジェクトマネジメント資格認定センター (PMCC) が NPO として発足し，2005 年に PMCC と ENAA の日本プロジェクトマネジメント・フォーラム (JPMF) が組織統合して，日本プロジェクトマネジメント協会 (Project Management Association of Japan: PMAJ) となり今日に至っている．

P2M の活用分野は，社会基盤系のインフラや施設建設から，資源開発，生産施設，製品開発，情報通信分野などと広い分野に及んでいる．

P2M 標準ガイドブックは日本発の PM の知識体系の基礎となっている．この知識体系の全体像をピラミッド型に示しているのが P2M タワーである．このイメージを図 6.4 に示す．このタワーは企業のミッションがプログラムやプロジェクトに展開されることを示している．

プログラムマネジメントは「ミッションプロファイリング」，「アーキテクチャマネジメント」，「プログラム戦略マネジメント」，「プログラム実行の統合マネジメント」，「アセスメントマネジメント」で構成される統合マネジメントと，それを実現するためのコミュニティマネジメントによって統制されている．

プログラムを展開した個別の PM では，11 項目の知識が類別されている．それらは，「プロジェクト戦略マネジメント」，「プロジェクトファイナンスマネジメント」，「プロジェクトシステムズマネジメント」，「プロジェクト組織マネジメント」，「プロジェクト目標マネジメント」，「プロジェクト資源マネジメント」，「リスクマネジメント」，「情報マネジメント」，「関係性マネジメント」,「バリューマネジメント」,「コミュニケーションマネジメント」である.

これらの知識は，PM やプログラムマネジメントの実行時に活用される．これらのうち，プロジェクト目標マネジメントは，さらに6項目のマネジメントに展開されている．また，実践力の観点では，体系的知識，実践経験，および姿勢・資質・倫理観が総合的な能力である．

6.7.3 プログラムマネジメントの概念

企業や組織は利益の追求や永続的な成長を目指して，経営戦略のもとで行動する．プログラムはその経営戦略を具体的に実現するための手段といえる．

6.4.3 項で触れたように，プログラムの基本特性として，多義性，拡張性，複雑性，不確実性をあげることができる．多義性とは，プログラムが実現しようとする使命に対して，企業や関係者の多様な問題解決の要求が含まれており，またいろいろな発想が含まれていることをいう．拡張性とは，政治・経済・社会などの多様な要素の組み合わせから，プログラムの規模，領域，構造が広がることをいう．複雑性は，プログラムに含まれる複数のプロジェクト間で，境界，結合，プロジェクトライフサイクルが複合することなどで生じる．不確実性は，実現までの期間が長期にわたり，環境が変化することで生じる．

プログラムマネジメントは，プログラム統合マネジメントとそれを実現するためのコミュニティマネジメントから構成される．プログラムのライフサイクルは，その構成要素であるプロジェクトのライフサイクルに依存する．

プログラム統合マネジメントでは，プログラム使命を複数のプロジェクトに分離し，有機的結合を図る．ミッションプロファイリングでは，プログラムの開始時に企業の戦略や現状の問題など，複雑な問題を分析して，プログラムのミッションを明確にする．アーキテクチャマネジメントでは，プログラムを，整合性がとれた個別使命をもつ複数のプロジェクトや日常業務に展開する．プログラム戦略マネジメントでは，各プロジェクトの価値をプログラム全体最適の視点で管理する．プログラム実行の統合マネジメントでは，具体的に価値を生み出しているプロジェクト群を管理する．アセスメントマネジメントでは，体系的にプログラムの価値を評価する．そして，コミュニティマネジメントでは，共通基盤にコミュニティの場を準備する．

6.7.4 プロジェクト資源の構成と管理

プロジェクトを構成する資源は，人的資源，物的資源，金融資源，情報資源，知的資源，基盤資源である．これらのどれが欠けてもプロジェクトは機能しない．必要な資源に関する計画，資源の確保や再資源化は，一つのプロセスサイクルになっている．プロジェクトに必要な資源を特定し，それを確保するための計画を策定し，計画に基づいて実施し，そのチェックを行って，改善の必要があれば対策を講じるのが，資源マネジメントのサイクルである．

資源マネジメントは，再資源化および調達という個別プロジェクトの活動であると同時に，組織全体としての統一性が求められるプロセスを含んでいるために，共有化が重要となる．資源の調達では，「契約管理」,「品質管理」,「納期管理」,「予算管理」を行っている．契約管理では，契約に則り，適切に業務を遂行し，成果物が契約書に記載されている事項を満たしているかについて管理する．品質管理では，契約書に記載されている成果物に品質上の問題がないかを管理する．納期管理は，プロジェクトのスケジュール管理と密接に関係している．予算管理では，プロジェクトの全行程にわたって，外部環境と内部環境の変化に対応した管理をする．

物的資源は使うとなくなるが，情報，技術，知識などの資源はプロジェクトの遂行で使用することによって知識の範囲が広がり，技術的なスキルも向上する．また，得られた成果を次のプロジェクトに引き継ぐことによって利用価値が高まる．

その際，さまざまな情報を扱うことになるため，必要な情報とそうでない情報とを見分けて関係者間で共有し保管することが望ましい．また，変更が発生した場合にどのように対応したのかなどの情報を一元管理するとよい．さらに，プロジェクトの進捗に伴って発生する要求や予算やスケジュールなどの変更をメンバー間で共有し管理することも必要である．

変更管理の目的は，変更による影響を可能な限り少なくすることである．したがって，プロジェクトを通して蓄積される情報資源は再活用でき，対象領域もまた多様になる．情報管理システムはプログラムとプロジェクトの全期間を通して利用される．

プログラムマネジメントのサイクルを支援する主要機能として，進捗管理，コスト管理，資源管理がある．進捗管理では，個々のプロジェクトの進捗状況やリスクや課題などをモニタリングする機能と複数プロジェクトの予測と実績を管理する機能とがある．コスト管理には，さらにコスト情報の集約機能も含まれる．資源管理では，プロジェクトの単位ごとに物的・人的資源の情報を管理し，管理に必要な情報を関係者に提供する．プログラムレベルの管理では，複数のプロジェクトに対して資源を効率的に割り振る仕組みが重視され，プロジェクトレベルの管理では割り当てられたリソースを効果的に利用することが重視される．

これらの他に，プロジェクトマネジメントサイクルで支援する「スコープマネジメント」，「タイムマネジメント」，「コストマネジメント」，「品質マネジメント」，「アーンドバリューマネジメント」，「リスクマネジメント」などの支援機能でも管理が必要である．

6.8 ISOの活動

ISO（国際標準化機構）では2006年にプロジェクトマネジメントの標準化の提案，2007年にPC236 (Project Committee 236) という標準化コミッティが組織化され[14]，2010年1月に標準のコミッティ・ドラフトが提示された．さらに，2012年9月にプロジェクトマネジメントの手引き (Guidance on project management) ISO21500が，国際標準として発行された [13]．ちなみに，ISO標準としては，1998年にプロジェクトにおける品質管理の指針としてISO10006が制定（2003年に改定）されている．

ISO21500には，活用する組織の複雑さや規模や期間に関係なくあらゆるプロジェクトで使用できるPMの国際規格であると記されている．基本用語を定義したうえで，プロジェクトマネジメントの概念とプロセスについて，高次のレベルの説明をしている．

[14] 日本では独立行政法人情報処理推進機構（IPA）が事務局をしている．また，2011年からは，日本規格協会（Japanese Standards Association：JSA）がPC236の活用と並行して，ISO TC258委員会活動を開始している．

五つのプロセス（立上げ，計画，実行，コントロール，終結）と10のサブジェクトグループ（統合，ステークホルダ，スコープ，資源，タイム，コスト，リスク，品質，調達，コミュニケーション）でマトリックスが形成され，この中に39の定義が配置されている．

ISO21500は，PMの包括的なガイダンスを提供するものである．

6.9 本章のまとめ

本章では，プロジェクトマネジメント (PM) と情報マネジメントにかかわる話題を多面的に取り上げた．ここには，IS2010やJ07-ISのモデルカリキュラム，プロジェクトの概念，PMの概念，国際的なPMの標準化活動などが含まれている．これらの話題は，情報技術の進化や社会的な環境の変化に関係するものであり，教育の実践にも深く影響を及ぼす内容である．このため，我々は継続的にこの話題に注目することが必要であろう．

演習問題

設問1 PM組織やマネジメントの観点によって，プロジェクトの概念がなぜ違うのかについて整理し，具体的な事例を挙げて説明せよ．（ヒント：複数のPM活動に関して異なるPM組織の概念に注目して，それらの違いや共通点を比較するとよい.）

設問2 身近で体験できるイベントを取り上げ，計画のプロセスを実施して，どのようなマネジメントが関係するのを説明せよ．（ヒント：目的の異なる複数プロジェクトを計画・実行・コントロールすることによって，プロセスの違いを比較するとよい.）

設問3 情報システム開発に関するプロジェクトの特徴を取り上げ，プロジェクト管理の必要性について説明せよ．（ヒント：情報システム構築の中長期計画の意味を説明し，具体的な事例を取り上げて計画書を作成し，評価するとよい.）

設問4 日本発のプロジェクトマネジメント組織（PMAJ）が述べているP2Mの特徴について説明せよ．（ヒント：プロジェクトマネジメントとプログラムマネジメントの違い，および両者の関係に注目するとよい.）

参考文献

[1] 神沼靖子監修，日本プロジェクトマネジメント協会編：プロジェクトの概念（プロジェクトマネジメントの知恵に学ぶ），近代科学社，2013
[2] ACM and AIS : IS2010 Curriculum Guidelines for Undergraduate Degree Programs

in Information Systems, 2010

[3] J07-IS カリキュラム：
http://open.shonan.bunkyo.ac.jp/˜miyagawa/is/isecom/material/j07-is/ (2016.7.25 確認)

[4] 独立行政法人情報処理推進機構ソフトウェア・エンジニアリング・センター編：共通フレーム 2007 第2版，オーム社，2007

[5] 独立行政法人情報処理推進機構技術本部ソフトウェア高信頼化センター編：共通フレーム 2013，独立行政法人情報処理推進機構 (IPA)，2013

[6] 日本プロジェクトマネジメント協会編著：P2M プログラム＆プロジェクトマネジメント標準ガイドブック（改訂3版），日本能率協会マネジメントセンター，2014

[7] 鈴木安而：最新 PMBOK 第5版の基本，秀和システム，2013

[8] 神沼靖子・浦昭二共編：情報社会を理解するためのキーワード3，項番（6.10，6.19，6.28 など），培風館，2003

[9] 浦昭二ほか：情報システム学へのいざない改訂版，倍風館，2008

[10] APM：APM Body of Knowledge Definitions, APM, 2012
Web サイト (apm.org.uk) を参照．2016.7.25 確認

[11] 清水基夫：実践プロジェクト＆プログラムマネジメント，日本能率協会マネジメントセンター，2010

[12] 日本プロジェクトマネジメント協会編，PMAJ IT-SIG 著：IT 分野のための P2M プロジェクト＆プログラムマネジメントハンドブック，日本能率協会マネジメントセンター，2012

[13] ISO201500PMBOK ガイド
https://www.pmi-japan.org/ （2016.7.25 確認）

第7章
情報システム開発に関係する情報の管理

□ 学習のポイント

情報システムを開発する上での“情報”の役割やその利用方法，管理方法を学ぶ．さまざまな情報システムがあるが，ここでは，受発注業務を通してこれらを理解する．また，ものづくりでの生産管理の方法・技術・実践や情報システムの中で“情報”がどのように収集・利用されているかのメカニズムについて理解する．

□ キーワード

情報システムの管理，受注のマネジメント，ものづくりのマネジメント，生産管理，情報の収集・蓄積・検索・分析・加工・提供の実務（業務）における情報の管理

7.1 はじめに

情報システムや情報の管理に関して，その背景にある多面的な話題を取り上げる．ここでは，企業や業務や政策やシステムや技術などに関係するさまざまな観点から捉える．

7.2 情報システムの管理

この節では，情報システムにおける情報の管理とは何かについて多面的に述べる．

経営資源の“人，もの，金”に，第四の資源である“情報”が加わったことで，いわゆる情報戦略が必要となった．そして，“情報資源”と“情報”と“情報システム”の管理の重要性がさらに高まったのである．

7.2.1 情報システム戦略のプロセス（PDCA サイクル）

企業では経営戦略を実現するために，“情報技術を活用した情報システムを戦略的に活用する”ための情報システムを策定する．それらはつまり，“経営戦略と情報戦略は整合性がとれたものである必要がある”ということを意味している．

そして，収益に大きな影響を与える重要な情報をいかに早く手に入れるかが重視され，経済

情報が複雑に絡み合っていることからも情報分析が必要となったのである.

企業経営に成功するためには企業の目的や目標を設定し，それを実現するために必要な施策を考える必要があろう．具体的には，企業の発展・拡大に向けて取引先との関係を強化したり，商圏を拡大したり，新規事業の創出を考えたり，異業種にも進出したいなどといった戦略も考えることができる．さらに，企業の経営戦略では，製造業，流通業，金融業，輸送業などといった業種の違いを視野に入れて，それぞれのビジネス目的に適った戦略を実施することになるであろう.

情報システムにおける戦略のプロセスでは，PDCA サイクル (plan-do-check-act cycle)[1] を使って，業務の活動を表現できる．PDCA サイクルとは，事業活動における生産管理や品質管理などの管理業務を円滑に進めるための一手法である．たとえば，Plan（計画）→ Do（実行）→ Check（評価）→ Act（改善）の 4 段階を繰り返すことによって，業務を継続的に改善することが可能である．また，各段階での活動は次のように整理できる.

① Plan（計画）では，従来の実績や将来の予測などをもとにして業務計画を作成する.
② Do（実施・実行）では，計画に沿って業務を行う.
③ Check（点検・評価）では，業務の実施が計画に沿っているかどうかを確認する.
④ Act（処置・改善）では，実施が計画に沿っていない部分を調べて処置をする.

こうして順次，この 4 段階を実施して一周し，最後の Act を次の PDCA サイクルの Plan につなげる．螺旋を描くように一周ごとにスパイラルアップをすると，継続的に業務を改善することができる.

具体的な戦略の実施プロセスは，次のように整理できる.

(1) 経営戦略の確認
　経営理念・経営方針を理解する.
　中期・長期目標を理解する.
　経営戦略を理解する.
　ビジネスモデルを理解する.
　ビジネスプロセスを理解する.
(2) 業務環境の調査，分析
　現行業務や現行システムと経営戦略のギャップを明確にする.
　上記ギャップに対して業務改革案・業務改善案を検討する.
(3) 業務，情報システム，情報技術の調査，分析を行う.
　業務改革案・業務改善案の中からシステム化すべきものを抽出する.
　新しい業務フローを作成し，現行の業務フローと比較する.
　システム化によって業務と情報システムがどのように変化するのかを把握する.

---

[1] PDCA サイクルの手法は，あらゆるプロセスに適用できると ISO9001，ISO14001 などで述べている．たとえば，顧客要求事項を満たすことで，顧客満足を向上させるために品質マネジメントシステムを構築し，実施した過程でその有効性を改善することなどを学ぶことができる.

(4) 基本戦略の策定

システム化要件を導出する.

システム化要件に優先順位をつける.

優先順位付けは，外部環境への適応度，中期・長期目標達成への貢献度，費用対効果に基づいて行う.

(5) 業務の新イメージ作成

(6) 対象の選定と投資目標の策定

システム化要件に対して必要となる資源やコスト，リスクなどを調査する.

システム化要件を優先順位・資源・コスト・リスクなどに基づいて取捨選択し，投資対象を選定する.

(7) 情報システム戦略案の策定

システム化の目標を設定する.

(8) 情報システム戦略の承認

情報戦略を文書化し，最高責任者の承認を得る.

このようなプロセスを通して，情報は管理される.

7.2.2 情報システムの全体最適化

企業において，経営戦略に対する組織全体の業務と情報システムを統一的な手法でモデル化し，業務とシステムを同時に改善するものがEA（Enterprise Architecture：エンタープライズアーキテクチャ）である [1,2].

EAでは，経営や業務と情報システムの整合性を重視している．従来，多くの情報システムは，業務別に構築されているので，企業全体としての連携ができていなかったり，重複処理が多数あったりなど無駄の多いシステムになっている．全社的な観点から，情報システムを構築するには，情報化計画の段階から体系化や標準化を進めておく必要がある.

理想的な業務体制や情報システムを一挙に実現するのは困難である．EAでは，As-Isモデル（現行モデル）からTo-Beモデル（理想モデル，あるべき姿）をもとに情報システムを段階的に改善していくアプローチをとると，次のように“政策・業務体系，データ体系，適用処理体系，技術体系”の四つの体系で分析や具体的な改善モデルを策定することができる（図7.1).

① 政策・業務体系 (BA: Business Architecture)

政策・業務の内容，実施主体，業務フローなどについて，共通化・合理化など実現すべき事柄を体系的に示したもの.

② データ体系 (DA: Data Architecture)

各業務・システムにおいて利用される情報（システム上のデータ）の内容，各情報（データ）間の関連性を体系的に示したもの.

③ 適用処理体系 (AA: Application Architecture)

業務処理に最適な情報システムの形態（集中型か分散型か，汎用パッケージソフトを活用

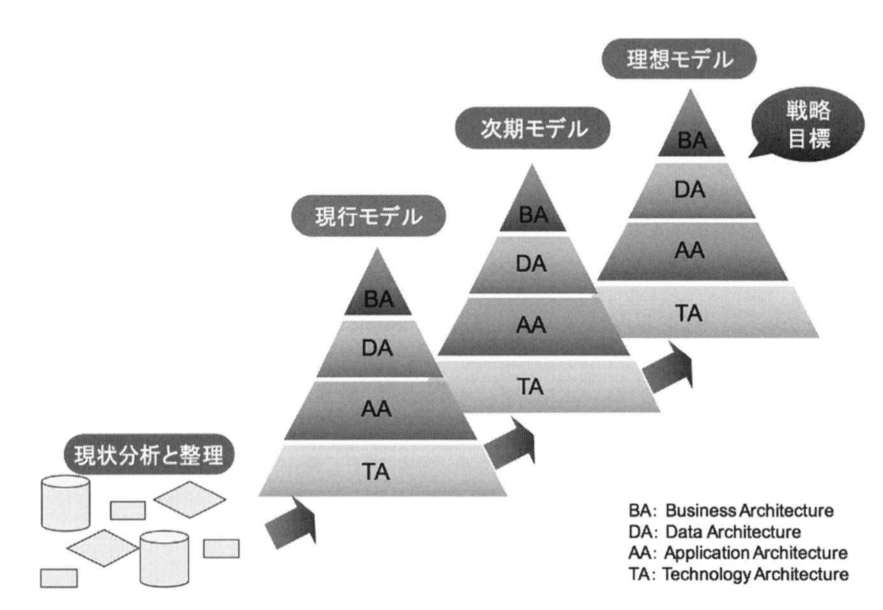

図 **7.1** EA（エンタープライズアーキテクチャ）

するか個別に開発するかなど）を体系的に示したもの.

④ 技術体系 (TA: Technology Architecture)

実際にシステムを構築する際に利用する諸々の技術的構成要素（ハード，ソフト，ネットワークなど）を体系的に示したもの.

一挙にあるべき姿を実現するのは困難なため，現状とあるべき目標とを比較しながら，あるべき姿に至るまでの移行計画を立てて，次期モデルのシステム開発に当たっての共通のルールや標準を策定することが必要である.

7.2.3 情報システムの全体最適化計画と戦略の実行

ここではまず，全体最適化とは何かについて理解する．そして，全体最適化方針に基づいて，情報システム全体のあるべき姿を明確にする.

(1) 全体最適化の考え方

まず，"部分最適" と "全体最適" の考え方の違いに少しだけ触れておきたい．たとえば，A 社の経営を守って全体最適化をするという例で説明することにしよう.

部分最適 [2] (sub optimization) の観点では，企業組織の中で，機能の最適化を図ることを意味する．たとえば，A 社の業務において，材料調達，製品生産，物流，販売などのプロセスがあったとすると，プロセスごとに生産性をあげるという考え方が "部分最適" である．この場合，A 社を構成する各部署がバラバラな形で最適化されて行くことになる.

これに対して全体最適 (total optimization) の観点では，組織全体としての最適化を図るこ

[2] 局所最適ともいう.

とを意味する．A 社の全体最適化のプロセスでは，各部署が歩調をあわせて同じ方向に最適化されることになる．全体最適化を図れば業務の流れが社内組織全体として管理されるため，たとえば“過剰な在庫”や“機会の喪失”といった問題を減らすことができる．

(2) 全体最適化計画の策定手順例

システム管理基準での全体最適化計画策定は，次のような手順で示すことができる．

① 経営環境の理解
② 業務モデルの作成
③ 情報システム体系の策定
④ インタビュー（情報収集）
⑤ 情報システム開発課題の整理
⑥ 中長期計画の策定と文書化

(3) 戦略の実施例

続いて，情報システムの全体最適化計画が決定したあとで，戦略を実施するプロセスとして次のような例を示すことができる．

① 推進体制の決定
② システム化計画の立案
③ プロジェクトマネジメントオフィス (PMO: Project Management Office)
④ フレームワーク（COBIT: Control Objectives for Information and Related Technology，ITIL: Information Technology Infrastructure Library など）
⑤ 品質統制（品質統制フレームワーク）
⑥ 情報システム戦略実行マネジメント

7.3 企業における情報活用の流れ

この節では，企業における情報活用でのサイクルの手順と具体的な事例に注目する．情報活用サイクルの手順は次のように示すことができる（図 7.2 参照）．

(1) 情報の収集・蓄積
(2) 情報の検索
(3) 情報の分析・予測
(4) 新たな価値創造とフィードバック

この手順では，大量のデータを効率的に収集し，さまざまな種類の情報を蓄積し一元管理する．次に，蓄積された情報を簡単に参照したり，検索したりすることによってデータを可視化する．そして，それらの情報をさまざまな切り口で分析したり，予測したり，別のアプリケーションから簡単に活用できるようにする．これらのサイクルを回すことで，新たな価値を創造し，ビジネスの環境変化への対応が可能になる．

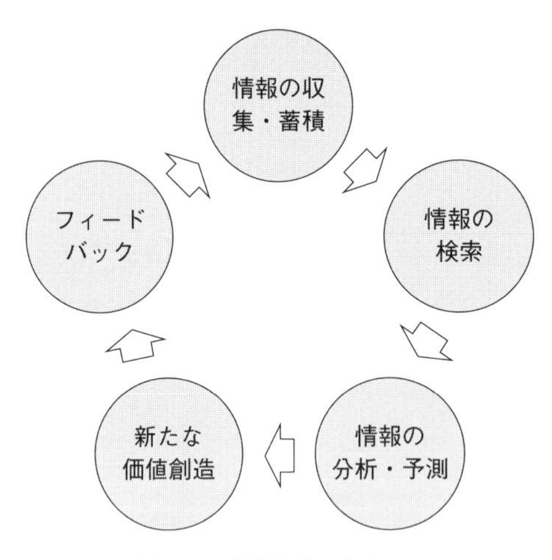

図 7.2　情報活用のサイクル

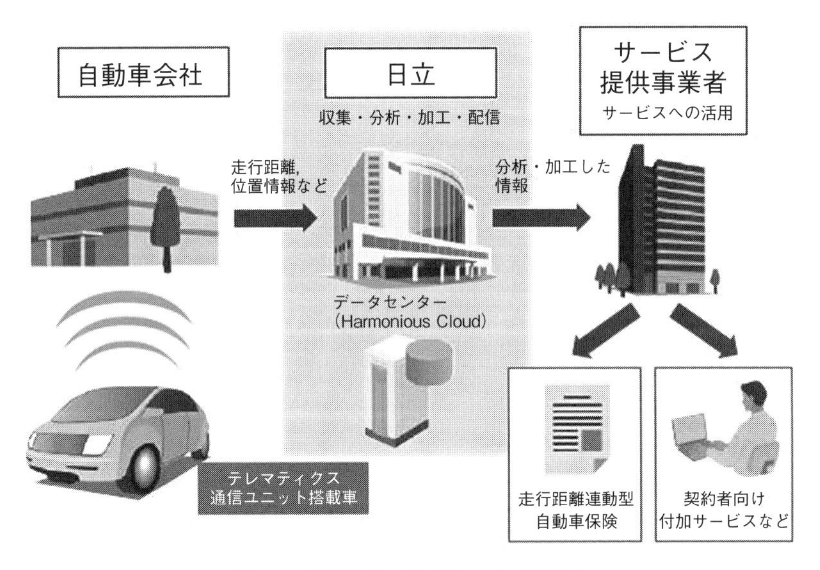

図 7.3　情報活用の例（サービス事業者）

この情報活用の例として，自動車のテレマティクスデータを利用したサービスがある（図 7.3 参照）[3)]．これは自動車会社が車の販売時に利用者の同意を得たうえで，走行の履歴や位置情報，車両情報などのテレマティクスデータを車に蓄積し，これをデータセンタに収集，分析・加工して損害保険会社に配信し，損害会社は走行距離に応じた自動車保険料を適用するサービスである．

7.3.1　受発注のマネジメント

企業で利用される情報システムは経営戦略に基いて企業活動を支援し，企業の成長に有用で

3) http://hitachihyoron.com/pdf/2013/10/2013_10_2.pdf

あり，企業を継続するために不可欠である．この情報システムの目的はさまざまな情報を活用して経営や業務の効率化や改善を図ることである．経営や業務の効率化ではさまざまな構成要素や情報を効率的に管理する必要がある．

企業は顧客の欲する製品やサービスを提供し，その対価を得ることで成り立っている．企業は効率良く，製品やサービスを提供するように努めていかなければならない．顧客の欲する製品やサービスを提供するには，提供する人や物が必要である．また，その間には顧客が何を欲したのか，そのために必要な物をどこからどうするか，などの情報保持も必要である．

この節では，このような背景の下で，受発注のマネジメントについて考える．

7.3.2 PC 販売会社の業務の流れ

PC 販売会社を例に，企業の仕組みや情報マネジメントの流れについて説明する（図 7.4 参照）[4]．ここでは，図 7.4 に沿って，見積，受注，注文，入荷・検収，製造・出荷・請求の流れに注目する．

(1) 見積

“①-1 在庫確認”で見積依頼書と在庫台帳から不足している部品を洗い出す．部品が不足している場合は，“①-2 見積依頼”で見積依頼書を作成して仕入先に送付する．仕入先から返ってきた見積書の金額をもとに，得意先に送る見積書を作成する．

(2) 受注

得意先から送られてきた注文書をもとに，受注伝票を作成する．受注伝票とは，注文書に構成部品の情報（メモリの個数，HDD の容量など）を加えて管理し，運用しやすい形式に書き換えたものである．注文書と受注伝票は所定の伝票入れなどで保管する．

受注伝票の作成以外にも受注台帳への記入が必要である．受注台帳には，「いつ」，「誰が」，「○○○○円買った」という情報と受注伝票の番号を記入する．集計は受注台帳から必要な情報を集めて計算する必要がある．

(3) 注文

受注伝票，在庫台帳から欠品している部品と必要な数量を探して，注文伝票を作成する．作成した注文伝票をもとに，注文書を作成して仕入先に送付する．“② 受注”と同じように，発注伝票を作成したら発注台帳への記入が必要である．

(4) 入荷，検収

納品された部品自体が正しいか（HDD 500GB を注文したのに 200GB が届いた，など），個数は正しいか（10 個注文したのに 9 個しか届いていない，など），品質は良いか（パッケージや部品に汚損，破損が見つかった，など）について発注伝票と照し合せて検査をし，問題がなければ入荷が完了する．入荷が完了したら在庫台帳，仕入台帳に記入をして納品／請求書を保管する．

(5) 製造，出荷，請求

[4] http://www.ipa.go.jp/files/000018649.pdf

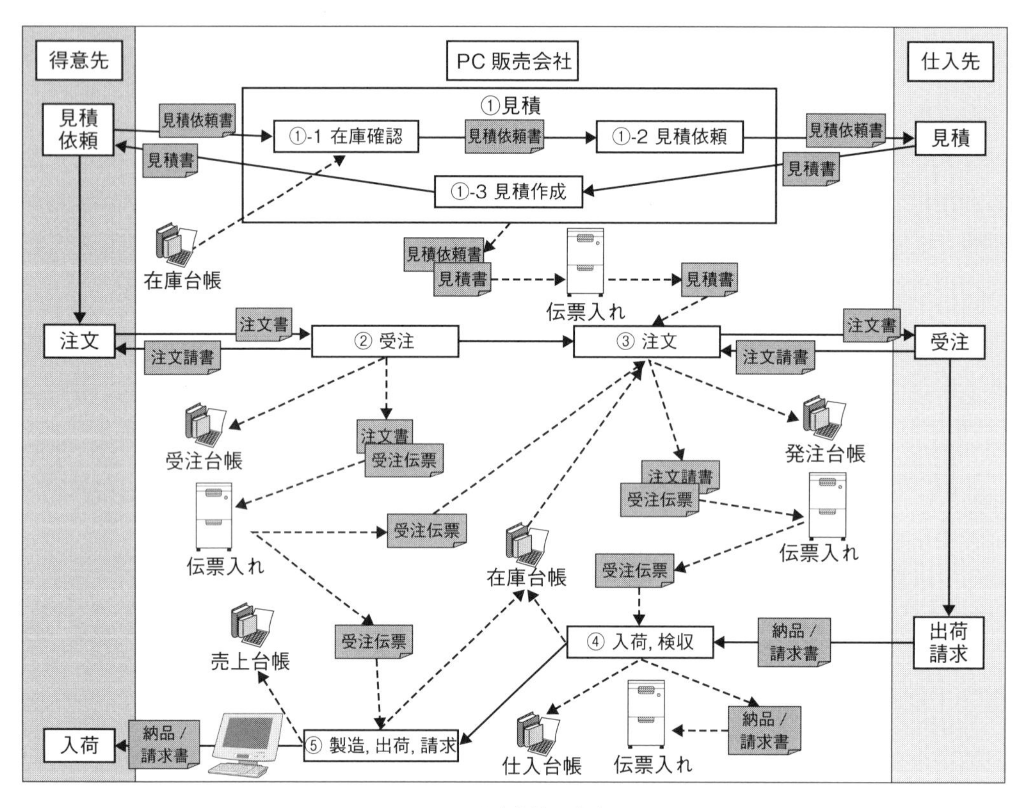

図 7.4 PC 販売会社の業務の流れ

部品が揃ったら製造計画に基づいて製造（PC の組み立て）を行い，使用した部品は在庫台帳に記入する．製造した商品の動作テスト後，梱包して出荷する．このとき納品／請求書を作成して商品とともに得意先に送付する．出荷が完了した時点で売上台帳に記入する．

7.3.3 デル・モデル [3]

コンピュータメーカーのデル社は，デル社の Web サイトを訪れた顧客がパソコンの CPU，メモリ，ハードディスクなどを好みに合わせて選択し，注文することができる．デル社では，顧客からの注文を受けてからパソコンを組み立てて顧客に納入する．この注文を受けてから商品を生産するという“受注生産方式”を BTO (Built To Order) と呼ぶ．BTO では商品を一から生産するのではなく，あらかじめ用意されたパーツを顧客の要求に合わせて組み立てて出荷する方式が一般的である．さらに，デル社では物流業者との連携により，工場から顧客への直接配送を実施している．この販売・生産・配送方式はデル・モデルと呼ばれている．デル・モデルのしかけを図 7.5 に示す．近年は，大手のパソコンメーカーのほとんどが何らかの形で BTO の方式を採用している．

BTO のメリットは在庫の削減にある．たとえば，パソコンの場合，従来の完成品を販売する

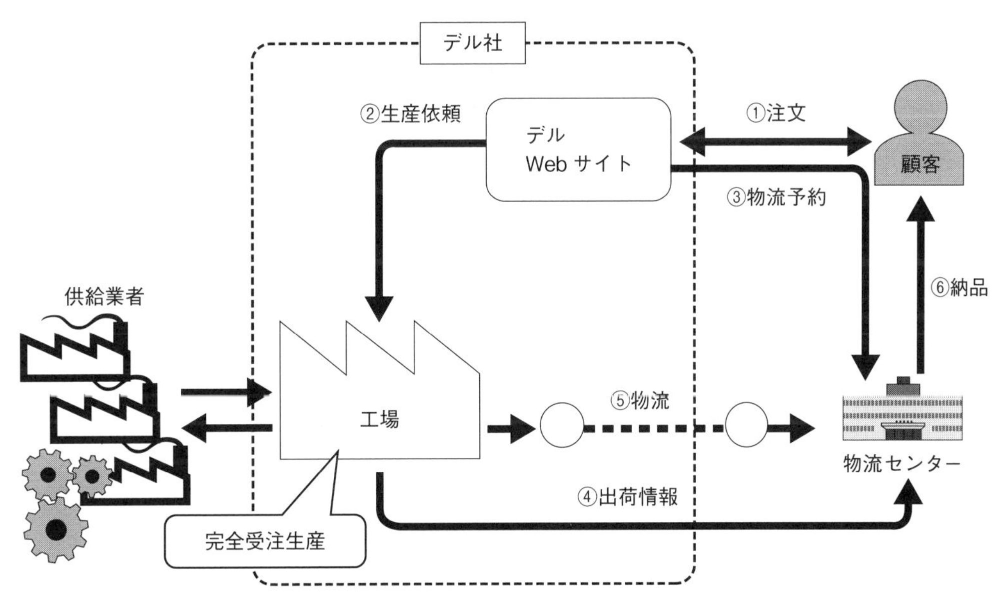

図 7.5 デル・モデル

方式では，メモリ，ハードディスク，色，サイズなどの組合せを変えたモデルを何種類もあらかじめ製造しておく必要がある．このため，多くのパソコンの在庫を抱え，倉庫代など多額の管理費用がかかっていた．また，予想と売れ行きに差が生じて，余分な在庫を抱えたり，不足したりする可能性が高かった．BTO では注文が入ってからの製造のため，余分な在庫を抱えることがなく，顧客からの細かい要求にも柔軟に応じることができる．

このような方式では，在庫削減やスムーズな物流の実現のため，在庫管理，物流管理が重視される．

7.4 ものづくりのマネジメント

ここで対象にする“もの”は自然界に存在する物質ではなく，生産の対象物である．有形のもの（ハードウェア）や，無形のもの（ソフトウェア）がある．単一で活用されるものがあり，組み合わせて使われるものがある．

“ものづくり”には，何らかの方法や手段が使われ，考え方や知識や技術が必要となり，道具や設備も必要となる．生産されたものは価値評価の対象である．評価は人によって違い，時空間によっても変わる．価値は相対的に決まる評価に過ぎない．

この節では，このような背景の下で，ものづくりのマネジメントについて考える．

7.4.1 ものづくりの情報システム

ものづくりの業務での代表的な情報システムとして，ERP（Enterprise Resource Planning：企業資源計画）と SCM（Supply Chain Management：サプライチェーンマネジメント）が

図 7.6 SCM の一連のプロセス

ある．それぞれの情報システムでの情報マネジメントについて以下に説明する．

(1) ERP

ERP は経営資源の有効活用・最適配分するしかけである．企業における経営管理，生産管理，在庫管理，人事管理などの主要な業務に対して，それぞれの経営資源を密接に関係づけながら効率的に運用することを目的にしている．ERP システムを導入し，各部門で個別に構築されていたシステムを統合することにより，人，物，金などの情報を一元管理し，相互に利用できるようになるので経営の効率化につながる．

ERP システムには，次のような機能が搭載されている．

① 会計システム（財務会計，管理会計，固定資産管理，原価管理など）
② 生産システム（生産管理，在庫管理，購買管理，プロジェクト管理など）
③ 販売システム（販売管理，顧客管理，営業支援，請求管理など）
④ 人事システム（勤怠管理，人事考課，教育管理，給与計算など）

(2) SCM

SCM は原材料の調達から製造，流通，販売にいたるまでの一連のプロセスを総合的に管理する情報システムである（図 7.6）．生産計画，調達計画を柔軟に変更できることにより，部品や製品の在庫の削減，品切れの防止，注文から配達までの時間（ターンアラウンドタイム）の短縮，売掛から回収までの期間短縮などの効果が期待できる．

SCM は一企業，企業グループにとどまらず，必要な情報を公開し，他企業との連携を強めることで，さらなる効率化とコスト削減を図ることができる．

7.5 生産管理の方法・技術・実践

生産管理システムは製造業の経営戦略に従って，生産管理を系統的に行うために，生産に伴う現品，情報，原価（価値）の流れを統合的，かつ，総合的に管理するシステムである．生産管理システムの全体像は図 7.7 のようになる．生産管理では「品目マスター」や「取引先マスター」などのマスター情報を設定する．このマスター情報を活用しながら，受注や販売計画をもとに生産計画を立てて，必要な部品や材料を手配して製品を完成させる．生産過程では計画通りに生産が進むように工程管理や品質管理を行う．生産管理システムは次のような目的を持っている．

① 在庫の低減

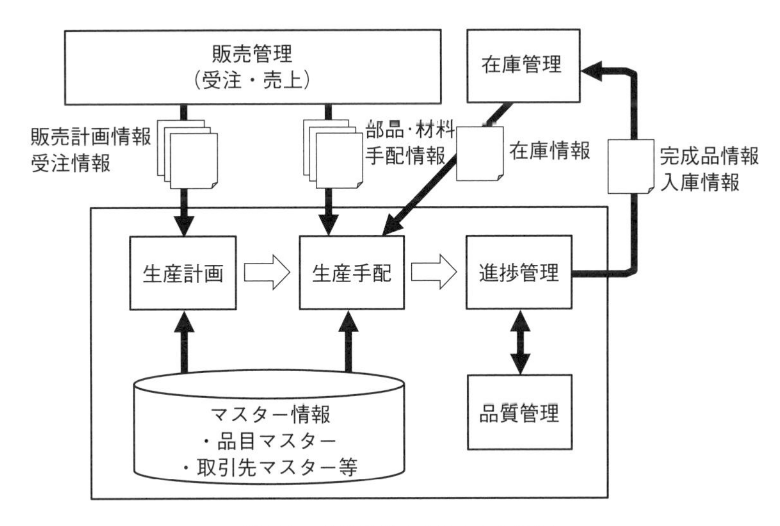

図 **7.7** 生産管理システムの全体像

② 納期遅れの防止
③ 生産能力の有効活用
④ 生産計画のリードタイム（サイクルタイム）の低減
⑤ 余剰在庫の低減
⑥ 管理費用やミスの低減

7.5.1 生産計画

生産計画とは，製造原価が最小になるように，何を，どれだけ，いつどれだけの人数で，どのような生産設備を用いて生産するかを決めることである．主に次のことを決める．

① 生産すべき製品の種類，数量，時期を決定する
② 製品に必要な，原材料，部品の決定と指示をする
③ 製造に投入してから，出荷までの日程を決定する

生産形態，生産方式，企業によって，生産計画のやり方は異なる．パソコンや冷蔵庫などを一つずつ組み立てて生産する個別生産の生産計画の流れを取り上げる．

① 個別生産の生産計画
販売計画をもとにして，完成品の在庫を引いて生産する計画を生産計画という．ここでは，中日程計画が作成される．

② MRP（資材所要量計画）
MRP（Material Requirement Planning：資材所要量計画）では，生産計画に基づいて，生産に必要となる部品などの手配計画を作成する一連の処理である．受注状況は日々更新され，受注状況に合わせて生産計画が変更される．MRP は受注状況の変化に応じて実行される．

7.5.2　進捗管理と品質管理

生産計画に基づいて生産が開始されると納期を守るための工程管理（進捗管理）が必要になる．ここでは，生産過程における PDCA サイクルの C（チェック）と A（アクト）を実施しながら進捗管理を実施する．作業の進捗を把握するために，作業予定に対応して作業の状況（開始・終了）や日報を入力し，生産情報を集約して「見える化」を図る．

(1)　QC 七つ道具と新 QC 七つ道具

製造現場で主として数値データの解析に使われている“QC 七つ道具”と，営業・企画・設計現場などで言語や文字の情報を分析のために使われている“新 QC 七つ道具”がある．

“QC 七つ道具”の種類と特徴は次のように整理できる．

① グラフ／管理図

「グラフ」には棒グラフ，折れ線グラフ，円グラフやレーダーチャートなどがあり，データの比較によって全体像がわかりやすくなる．「管理図」では工程が安定しているのかを見ることができ，自然なばらつきと異常原因のばらつきとを区別して管理することができる．

② パレート図

現象別や要因別に分類して多い順に並べた図である．これにより不良や重要な問題点を見つけ出すことができる．

③ チェックシート

情報を得るための記録用紙のことであり，データを効率的に収集して整理するために活用される手法である．日常用のチェックシートは作業や業務がもれなく実施できているかをチェックすることができる．調査用のチェックシートは問題の状況や現状や原因を把握するために記録するものである．

④ ヒストグラム

データをいくつかの区間に分けて集め，その度数（数）を棒グラフで表したものである．データのばらつきを把握することができる．

⑤ 散布図

二つのデータの間の関係を示すことで，特性の関係（相関関係）の有無を知ることができる．

⑥ 層別

条件や素性が類似するデータをグループ別に分けることにより，問題点を把握する方法である．

⑦ 特性要因図

問題になっている結果（特性）の関係を図にしたものであり，問題と原因の因果関係を整理することができる．図の形から「魚の骨」（フィッシュボーンチャート）とも呼ばれる．

また，“新 QC 七つ道具”の種類と特徴は次のように整理できる．

① 親和図法

言語データなどで表現されている混沌とした問題について，その構造がどうなっているのかを明らかにするための図法である．

② 連関図法

PDCA サイクルの Plan の段階で問題点とその原因を抽出し，因果関係を矢印で結んで要点を絞り込む手法である．

③ 系統図法

目的を設定し，それを達成する最適な手段を系統的に展開する図法である．

④ マトリックス図法

複数の要素を二次元で配置し，行と列の要素の交点に注目して，ニーズや改善点など明確にする手法である．

⑤ マトリックスデータ解析法

大量データを表に整理して情報に基づいて計算処理し，散布状態をグラフなどで表現する手法である．

⑥ アローダイアグラム

一つの作業の始点と終点を一本の矢印で表現して，日程計画とその進度を管理する手法である．

⑦ PDPC (Process Decision Program Chart) 法

先を予測して最適ルートを求めるなど，プロセス決定計画をフロー図で表現する手法である．

(2) 品質の管理

情報システムの開発など“ものづくり”における品質管理では製品の品質にかかわる情報を管理し，総合的な品質向上や不具合発生の防止，ISO に準拠するトレーサビリティの管理などを行う．

ものづくりにおける生産計画では要求される品質に対応する必要がある．このため，調査・設計・生産・販売のプロセスを通して経済的かつ効果的に品質を管理する．特に顧客に対しては，安心かつ満足して使用してもらえることを目指している．

そこで，品質マネジメントでは経営方針・計画，および契約に基づいて，あらかじめ定められた品質の計画・保証・監査を実施し，さらに品質改善を繰り返す．ここで，品質とは“備わっている特性の集まりが要求事項を満たすこと”を意味する．そして，情報システムの品質は品質特性によって評価される．ソフトウェア品質の評価に関する国際規格である ISO9616-1[5]（国内は JIS X 0129-1[6]）では，機能性，信頼性，使用性，効率性，保守性，移植性の観点で品質特性を体系的にまとめている．たとえば，銀行の情報システムではトラブルなどで業務がストップすると多大な損害が発生するため，信頼性が極めて重要である．

---

[5] ISO/IEC 9126-1:2001, Software engineering - Product quality - Part 1:Quality model

[6] JIS X 0129-1(ISO/IEC9126) http://kikakurui.com/x0/X0129-1-2003-01.html

経営者は達成目標である品質を経営の方針として設定する．経営方針の策定では，“顧客のニーズを明確に理解すること”，“製品の目標品質とプロジェクト管理手順の品質を設定すること”，“設定された製品の品質と手順の品質を達成するための環境を整えること”，“継続的な改善を実施すること”などが重視される．これらの経営方針に照らして品質方針が設定されるのである．

品質マネジメントのプロセスでは，品質計画，品質保証，品質管理がコアな課題である．品質計画では，契約に基づいて適切な品質水準を設定し，満足する方法を決定する．ここで重要なのは，“検査で品質を達成するのではなく，品質計画段階で達成を目指す”ということである．品質保証は，顧客が要求する品質を保証する一連の活動である．そして品質管理では，定められた品質基準に適合しているか否かを検査し，不満足な結果が得られた場合には，その原因を調査して取り除く手段を講じることになる．

(3) 進捗の管理

スケジュールの遅れは，コストや品質にも多大な影響を及ぼす．新しい製品を造るというプロジェクトでは，目標の成果物を決められた予算と工期の中で完成させなければならない．期限内に終わらせるために工期の管理（進捗管理）が重要である．工期の管理では，時間軸上で最も効率的な業務手順を計画して，進捗をコントロールする．この際，計画変更を起こす要因を予見・管理する．進捗管理の実施では，実情が計画とどの程度乖離しているか，その変動要因は何かを把握する．

たとえば，スケジュール遅れの対策として更なる人的資源を投入すると，予算超過の原因となる．計画スケジュールを遅らせないためには，メンバー全員がスケジュールを把握し，責任をもって担当分の作業を計画通りに完了し，後工程につなげることが重要である．

作業計画では，資源の割り当て，所要時間の見積もりを行う．以上のように作業工程を可視化しておけば，スケジュールの管理が容易になる．代表的な手法として，プロジェクトスケジュールを表示するガントチャート表示（図 7.8），プロジェクト開始日，構想フェーズ完了日などの重要な道標を示すマイルストーン管理図（図 7.9）がある．ネットワーク図の一つであるクリティカルパスメッソド (CPM: Critical Path Method) もある（図 7.10）．

7.6 本章のまとめ

本章では，情報システムを開発するうえでの“情報”の役割やその利用方法，管理方法にかかわる話題を多面的に取り上げた．ものづくりでの生産管理の方法・技術・実践や情報システムの中で“情報”がどのように収集・利用されているかのメカニズムなども具体的な業務を通して示した．なお，今日ではアジャイル開発や人工知能を利用した品質予想などの新しい話題が注目されていることから，開発の効率や品質の向上はますます期待できるであろう．

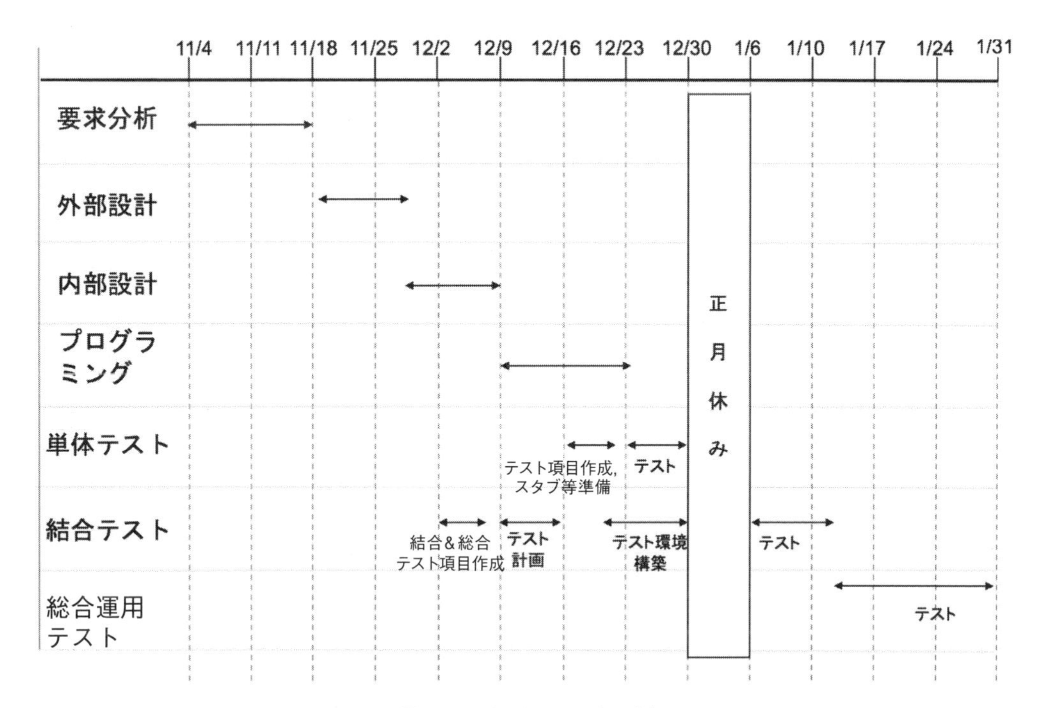

図 7.8 ガントチャートの例

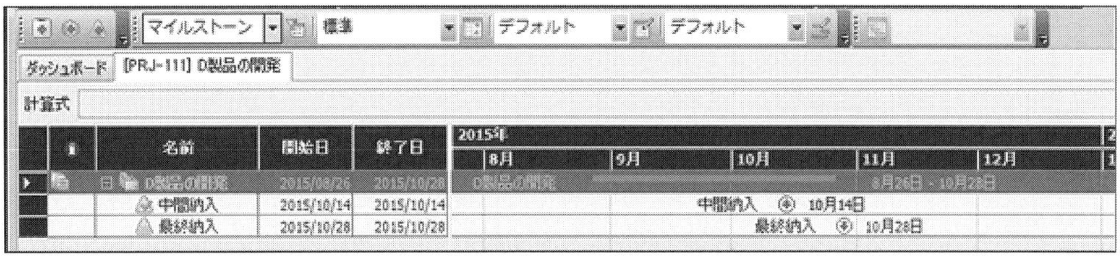

マイルストーン 標準 デフォルト デフォルト

ダッシュボード [PRJ-111] D製品の開発

計算式

名前	開始日	終了日	2015年
D製品の開発	2015/08/26	2015/10/28	D製品の開発 8月26日 - 10月28日
中間納入	2015/10/14	2015/10/14	中間納入 10月14日
最終納入	2015/10/28	2015/10/28	最終納入 10月28日

図 7.9 マイルストーン管理図の例

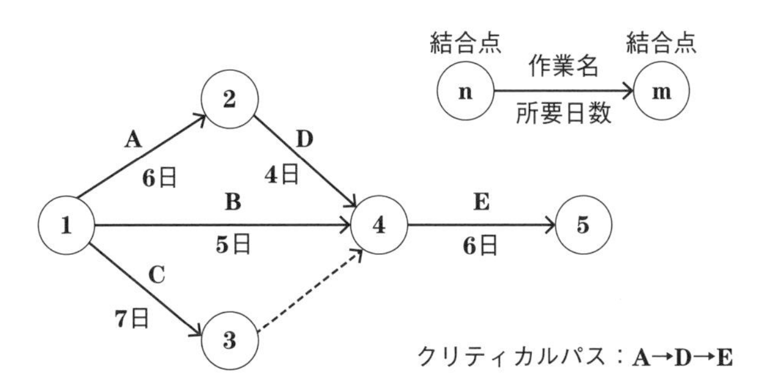

図 7.10 クリティカルパスメソッド

演習問題

設問 1　旅行業の予約システムを開発したい．新たな経営戦略を策定し，具体的な受発注に関する仕様を明記して，情報マネジメントで注意すべきことについて説明しよう．（ヒント：既存の旅行業者のサービスがどうなっているのかを調査し，全体最適となるような改善案を提案することを考えるとよい．また，旅行業者の立場のみでなく，個人や団体の顧客の立場にも注目して，具体的な要求事項などをまとめるとよい．）

設問 2　企業での情報活用の例として CRM (Customer Relation Management) がある．CRM ではどのような情報をどのような部署でどのように活用するかを具体的な例で示そう．（ヒント：顧客と接点のある部署を想定して，どのような情報がどのように活用されるかを調べるとよい．）

設問 3　ERP と対比されるシステムに基幹システムがある．基幹システムは企業のさまざまな主要業務を支えるシステムである．基幹システムと ERP との違いを比較して，ERP のメリットを示そう．（ヒント：基幹システムはそれぞれ独立したシステムとして構築される．ERP は企業がもつさまざまな情報を一元化して管理するしかけである．この違いに着目して ERP のメリットを考えてみるとよい．）

設問 4　ある商品 A を想定して，売上がダウンした問題について QC 七つ道具のなかの一つ「特性要因図」を用いてその原因を分析せよ．（ヒント：売上ダウンを問題になっている結果（特性）として，売上ダウンの原因を人，環境，売り方，手段などの観点から考えるとよい．）

参考文献

[1] 南波幸雄：企業情報システムアーキテクチャ，翔泳社，2009

[2] 山本修一郎：現代エンタープライズ・アーキテクチャ概論 — ArchiMate 入門，デザインエッグ社，2016

[3] 田島悟：生産管理の基本としくみ，安曇出版，2010

第8章

組織活動と情報マネジメント

□ 学習のポイント

組織の考え方の推移や組織の一般的な概念，組織活動の中での“情報”の役割や利用方法，管理方法について学ぶ．具体的な例に基づいて組織の活動やそこで利用される情報やマネジメント，組織活動の中で扱われる個人情報について理解する．

□ キーワード

組織，組織活動，組織の形態，組織活動におけるマネジメント，組織の情報，個人の情報

8.1 はじめに

この章では，組織に関する考え方や組織の成り立ち，組織化や組織の形態，組織活動とマネジメントなどの話題を取り上げる．また，組織活動に関する具体的な事例として特定非営利活動法人や一般社団法人の組織に注目し，その特徴に言及する．さらに，複数組織が連携する組織の活動にも注目し，エンタープライズ・アーキテクチャの仕組みにも触れる．そして最後に，組織における情報と個人の情報を取り上げて新たなワークスタイルであるリモートワークの考え方を紹介する．

8.2 組織の活動と情報

この節では「組織」とは何か，組織の考え方の推移などに注目する．また，組織の活動と情報の共有に関する基本的な考え方についても扱う．

(1) 組織とは

広辞苑では，「組織」とは「社会を構成する各要素が結合して有機的な働きをする統一体」であると述べている．また，ISO9000 の 3.3.1 節では，品質マネジメント用語の定義として「組織」を「責任，権限及び相互関係が取り決められている人々及び施設の集まり」であると述べている．これは，品質マネジメントシステムに限定されたものではなく，広範囲での定義であ

ることを示唆しており，他の ISO 規格でも認めている．つまり，各要素を有機的に働くように結合させる手段として，責任，権限，相互関係を決めておく必要がある．

(2) 組織の成り立ち

組織は複数の人の集まりで構成される．また，何らかの共通するつながりで構成されている．この共通するつながりのベースになるのが，共通する志しや目的である．複数の人が集まり，共通の「目的」を達成するために行動する際には何らかの「規程」が必要になる．したがって，組織には目的と規程，目的を達成するための行動が必要である．効率的な行動をするための役割分担も重要である．

(3) 組織の考え方

組織の考え方は推移している．組織のモデルとされているタイプもいくつかに集約される．組織論における人間という観点からは，代表的な組織理論として「伝統的組織論」「人間関係論」「近代組織論」を取り上げることができる．

また，公式組織と非公式組織という観点もある．ISO9000 の 3.3.1 節の「組織の定義」の参考 2 には，「組織は，公的または私的のいずれでもあり得る」とも述べられている．公式集団は，ある一定の公に認められた方針，規則，ルールに基づいて作られたもので，公式組織あるいは単に組織と呼ばれる．これに対して非公式組織と呼ばれる非公式集団は公式組織の構成員内で自然発生的，自生的に認められたものである．必ずしも責任，権限，情報の共有，相互関係の秩序だった取り決めがあるわけではなく，組織の定義にも当てはまらない．

以上のように，組織の活動は何らかの定義に基づいて行われている．

8.3 組織化と組織の形態

ここでは，組織化と組織の形態など組織一般の基本的な概念について扱う．

8.3.1 組織化

バラバラだったり無秩序だったりする「もの」や「人」を一つの体系のもとにまとめることが「組織化」である．何らかの目的を達成するために集まった人々をある規程の下で構築された秩序ある人間関係が「組織」である [1]．この人間関係は情報のやり取りが根底にある．秩序ある人間関係の構築は，人と人との間での情報の伝達や処理の仕組みであるといえる．つまり，組織の形成は情報の伝達や処理の仕組み作りであり，情報システムそのものといえる．

組織では目的達成のためにさまざまな技能や専門的知識をもつ人材が必要であり，機能分担された組織構造が存在する．この組織構造は人員配置や情報の流通手段によっていくつかの形態に分けられる．

8.3.2 組織の形態の変化

典型的な組織の形態として図 8.1 に示すような，(a) 階層型（ピラミッド型とも呼ばれる），

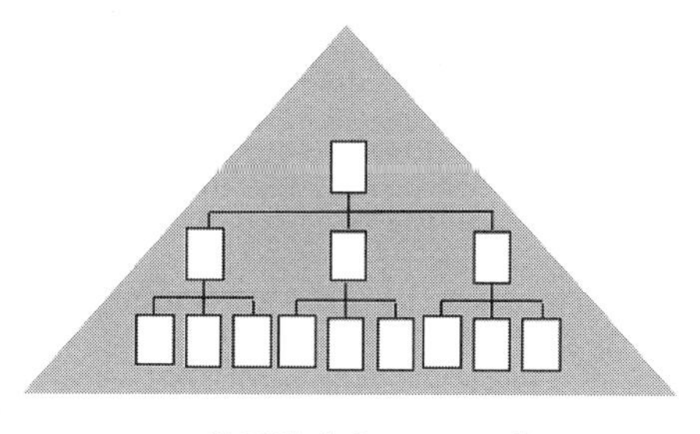

(a) 階層型（ピラミッド型）

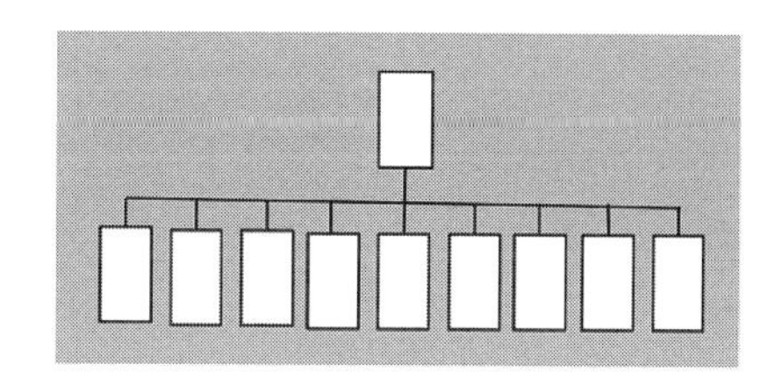

(b) フラット型

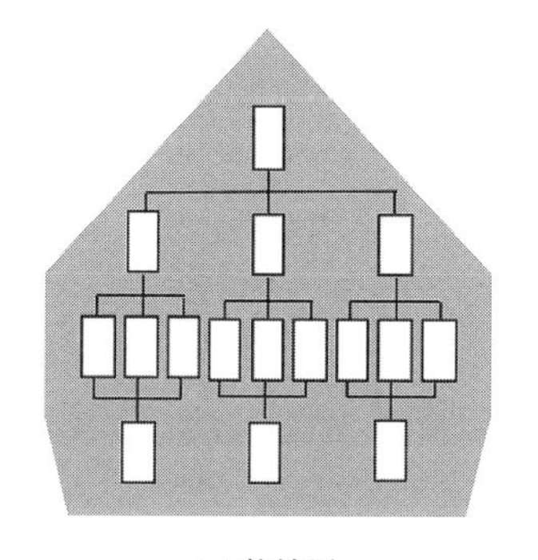

(c) 釣鐘型

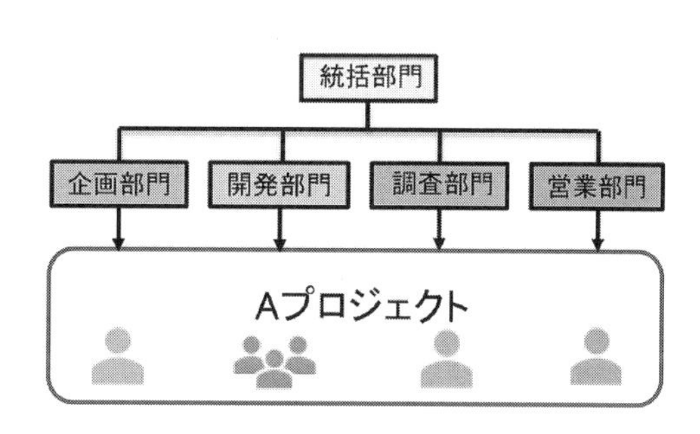

(d) 文鎮型

図 8.1　組織の形態の例

表 8.1　組織の形態（例）

階層型（ピラミッド型）	伝統的な組織構造．階層の上に行くほど少数になる構造であり，強固な指揮命令系統をもっている．明確な目標があり，その変化が少ない場合に向いている．階層の上下での情報のやり取りに時間を要して柔軟な対応が難しい構造である．
フラット型	階層が浅く，下位層の自律的なコミュニケーションや判断が容易なため，変化の激しい環境に向いている．
釣鐘型	階層型の構造の組織が新入社員の採用を抑えると比率的に中間管理層の比率が高まり釣鐘型の構造になる．
文鎮型	経営層以外をすべて同列の担当者レベルにして必要に応じてプロジェクトを組む体制が文鎮型の構造である．

(b) フラット型，(c) 釣鐘型，(d) 文鎮型がある．

社会環境が激しく変化するのに従い，「(a) 階層型」から「(b) フラット型」が主流になってきた．経済状況が悪化すると「(c) 釣鐘型」になる．さらに，「(b) フラット型」から進化した「(d) 文鎮型」がある．各組織形態の内容を表 8.1 に示す．

8.4 組織の活動とマネジメント

この節では，組織活動におけるマネジメントについて説明する．組織が十分な成果をあげるために，マネジメントによって組織を機能させる．

8.4.1 非営利組織と営利組織

組織の目的はさまざまである．たとえば，私企業のように営利を目的とする組織と，地方自治体や学会，コンソーシアムのように営利を目的としない組織がある．企業に代表される営利を目的とする組織は目的や規程，役割分担もしっかりしている．非営利の組織は利益以外の何らかの目的の下に組織が成立する．営利組織との違いは規程や行動などは自由度が高いが，達成すべき目的がはっきりしていることである．非営利組織には学術団体や大学，有識者会議などがあり，それぞれの目的を持っている．

組織はその目標達成のためにどのように参加するか，構成員どうしがどのように関わり合うかという構造がデザインされている．たとえば，それぞれの組織には組織図や教務関連図という構造のデザインが存在する．企業に代表される営利組織は明確な目的があり，その目的を効率的に達成するためのしっかりした組織構造をもっている．

非営利組織はその性格によりさまざまな運用形式も存在する．たとえば，社会的支援活動団体や学校，病院，職業訓練施設，介護施設などの運営団体がある．これらは活動の場所として建物があるが，建物をもっていない組織もある．一般的に学校は特定の場所で講義を実施しているが，インターネットを介したオンライン授業だけを提供する学校もあり，これらの組織は場所や時間の制約を受けない．オリンピック誘致などの有識者会議は時期の制限があり，期間限定のプロジェクト的な組織になる．

8.4.2 営利組織におけるマネジメント

営利組織である企業に注目すると，製造・物流（自動車産業，半導体製造産業，家電商品製造産業，食品生産・品質管理，繊維・縫製産業生産管理，化粧品産業生産管理，医薬品工業品質管理，石油化学生産・物流管理，鉄工業・製鉄総合管理，電気産業など），購買・発注管理，アパレル物流，建設業調達・物流，ビル管理，通信販売，タクシー管理，銀行業，小売業（百貨店，スーパーマーケット，コンビニ，個人商店など），あるいは流通業（宅配便）などがあり，その規模や扱う製品などが営利の対象となる [2]．したがって，組織を形成する目的も多様である．

これらの企業に共通するマネジメントの対象として，組織全体に関する財務管理，業務系システムと情報系システムの運用管理などがある．

プロジェクトマネジメントシステム (Project Management System: PMS) に関するプロジェクトマネジメントの考え方は，非営利組織の PMI (Project Management Institute) によって体系化されており，コンピュータソフト開発に限らず，工場建設，大型ビル建設，造船，研究分野などで広く採用されている．PMS はプロジェクト参加メンバー全員が管理の対象となり，そこでは納得のいく手法が求められ，管理の精度もプロジェクト成功への大きな要素となっている．

PMI による PMS の機能として，統合，スコープ，タイム（進捗管理，変更管理など），コスト，品質，組織，コミュニケーション，リスク，調達があるが，特に重視されているのは，タイムマネジメント（進捗管理，変更管理），コストマネジメント，品質マネジメント，コミュニケーションマネジメントである.

さらに，ナレッジマネジメントとして，企業の知識を蓄積し効果的に活用する情報システム支援が重視されている．それは知識の資産・蓄積・体系・組織・検索・流通・共有などの考え方をベースにして形成された．ここで，ナレッジマネジメントとは，組織の目的・目標を達成するために価値を創造する知識を発見・理解・共有・活用する体系的なアプローチである．つまり，適切な時期に知識をスムーズに活用するために顧客価値を創造することによって企業業績の向上につなげようという仕組みである.

8.4.3 非営利組織におけるマネジメント

官公庁・公共サービスシステムとしてマネジメントの対象となるのが，行政情報サービスの機能である．たとえば，道路交通システム，高速道路の交通管制，気象情報サービス，地震活動監視，津波予報，上水道総合管理，電力設備管理，車両運行管理，JR などの保線設備管理，土木構造物管理，建設・機械設備管理，信号通信設備管理などがある.

8.5 組織活動の具体例

具体的な事例として，ベンチャービジネス，インフラシステム（ガス，上下水道，送電・配電など），住民サービスシステム（鉄道・航空・道路などの交通サービス，気象情報，地震予知，津波予報など），警察などの行政活動（情報提供，緊急防災情報の伝達），研究活動組織（学会，研究所，研究センター）などにおける組織活動がある．ここでは，いくつかの組織の活動を取り上げてマネジメントを説明する.

8.5.1 特定非営利活動法人の組織例

【事例 1】

プロジェクトマネジメントに関する資格の認定やプロジェクトマネジメントに関する知識の普及を行う組織の例として，日本プロジェクトマネジメント協会 (PMAJ) [3,4] の活動を取り上げる.

(1) 目的と設立の経緯

日本プロジェクトマネジメント協会の活動目的は定款の第 3 条に定められている．経済産業省主導で 2005 年に複数の組織を統合して設立された特定非営利活動法人である.

第 3 条には，この法人は，プロジェクトマネジメント (Project Management: PM) の知識と実践能力の獲得と研鑽に熱意と意欲をもつ不特定多数のものに対して，PM 資格の認定，講習の実施，PM の知識の普及に関する事業などを行うことにより，PM 実践家の育成と企業，団体および自治体などの経営活動における PM の普及を図り，産業の国際競争力の強化および活力ある経済社会の発展など，広く公益の増進に寄与することを目的とすることが示されている．(設立の経緯は 6.6.2 項を参照.)

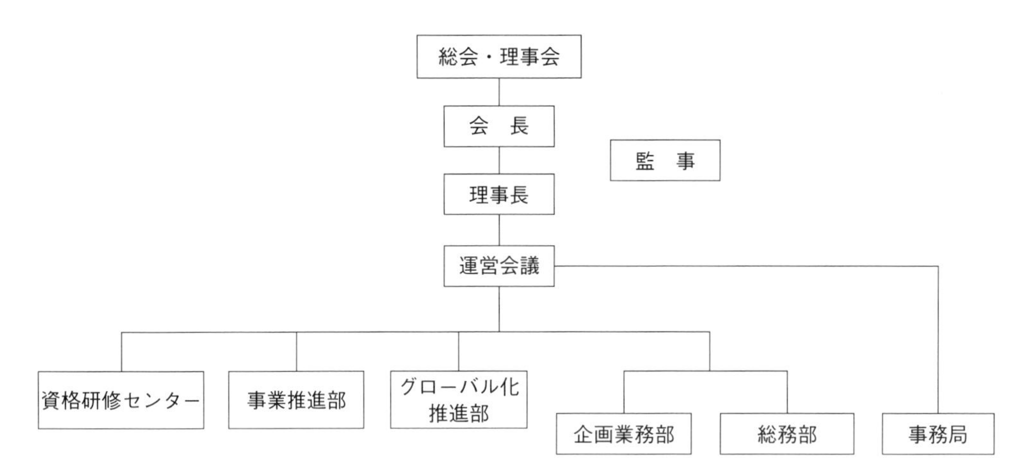

図 **8.2** 特定非営利活動法人 日本プロジェクトマネジメント協会の組織図

(2) 定款

PMAJ の規程として 10 章からなる定款を定めている．ここでは，PMAJ の組織としての目的，会員規則，組織構成，活動のプロセスや情報の取り扱いなどを定め，本組織が円滑かつ効率的に運営できるしかけを形式化している．定款では「第 1 章 総則」「第 2 章 会員」「第 3 章 役員」「第 4 章 会議」「第 5 章 資産」「第 6 章 会計」「第 7 章 定款の変更，解散および合併」「第 8 章 広告の方法」「第 9 章 事務局」「第 10 章 雑則」などを扱っている．

(3) 組織構造と運営

PMAJ の組織構造は図 8.2 の組織図に示す通り，フラット型の組織である．組織の最上位に総会・理事会があり，続いて会長，理事長，運営会議と階層化され，主な活動を担う機能として資格認定センター，事業推進部，グローバル化推進部，企画業務部，総務部，そして事務局がある．（ホームページ参照：2017.2.7）

本組織は産学官に広く門戸を開放して会員（正会員，賛助会員，特別会員）が自主的に運営することを特徴としており，このフラット型の組織構造が適しているといえる．

(4) 情報マネジメント

日本プロジェクトマネジメント協会 (Project Management Association of Japan: PMAJ) が，プロジェクト遂行において重要視していることは「情報資源」と「情報マネジメント」である．

そもそも PMAJ がプロジェクトマネジメントにかかわることになったのは，1999 年に通商産業省（現在の経済産業省）がエンジニアリング振興協会 (Engineering Advancement Association of Japan: ENAA) に，日本発信型のプロジェクトマネジメントの体系化を委託したことによる．ENAA はさらに 2005 年にプロジェクトマネジメント資格認定センターと組織統合し，PMAJ として今日に至っている．

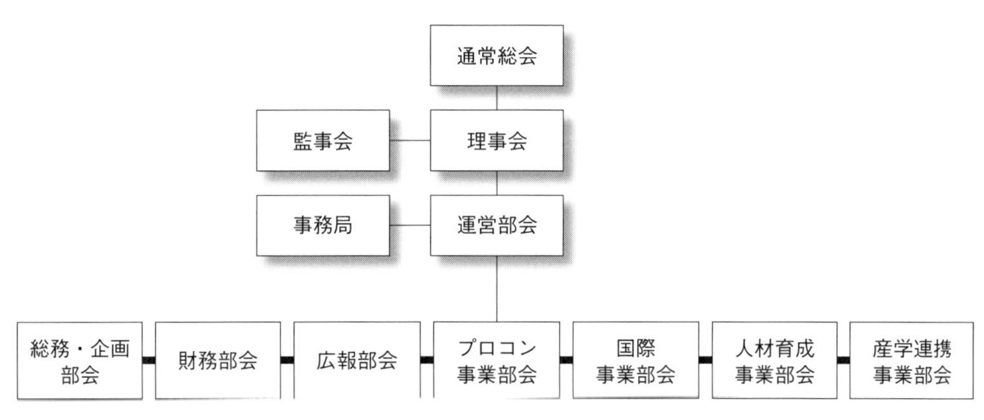

図 **8.3** NAPROCK の組織図

【事例 2】

(1) NAPROCK の設立と目的

特定非営利活動法人である高専プロコン交流育成協会 (NAPROCK) は,「健全で活力に満ちた高度情報社会の発展に寄与すること」と「活発な IT の活用を視野に入れた産業界と教育界の連携による交流・育成事業の実施」を目的として 2008 年に発足し現在に至っている.

(2) NAPROCK の活動

NAPROCK は, 全国の高等専門学校 (高専) に在籍し, 高度 IT 技術者を目指す学生を対象として, 独創性や創造性を活かしたソフトウェアシステムの開発を競う "高専プログラミングコンテスト (プロコン)" を運営する組織である. 定款の目的には, 高専と産業界が連携して複合的な情報処理開発に関する就業前の共同教育, 高専プロコンでの関係者の相互交流, 高度 IT 人材育成のネットワーク構築などに寄与することを示している.

第 4 条では, 目的を達成するために「学術, 文化, 芸術, スポーツの振興を図る活動」,「国際協力活動」,「情報化社会の発展を図る活動」,「科学技術の振興を図る活動」,「職業能力の開発や雇用機会の拡充を支援する活動」を行うことを明記し, 第 5 条にも「高専プロコンの運営事業」,「高専プロコン関連の国際コンテスト支援事業」,「高専と情報産業界の連携による共同教育事業」,「高専プロコン関係者の交流促進事業」,「高度 IT 人材ネットワークの構築事業」,「ものづくり教育の普及啓発事業」などを明示している. 組織を支えるのは, 学校会員・企業会員・個人会員などであり, 希望者は誰でも申し込めるようになっている. この組織の事例を図 8.3 に示す. (ホームページ参照 : 2017.2.7)

8.5.2 一般社団法人の組織例

【事例】

個人の研究活動や研究成果の共有において, 情報マネジメントが重視される組織の例として一般社団法人を取り上げる. 学会など研究活動を支援する組織の多くは一般社団法人として登録されており，定款・細則・規定を明記しているが，学会によって内容も組織図の書き方もそれぞれ違う．ただし，いずれも倫理綱領は重視している．

そこで，書き方の違いの参考にするために電子情報通信学会，電気学会，および情報処理学会の組織図を図8.4，図8.5，図8.6に例示する．（ホームページ参照：2017.2.7）

8.5.3 複数組織が連携する組織活動の事例

組織活動が一組織で閉じることはほとんどない．ベンチャービジネスであっても，インフラシステムであっても，サービスシステムであっても，あるいは行政活動であっても他の組織との情報のやり取りは不可欠であり，何らかの業務連携が存在する．そこで，情報システムの観点から，業務の効率化・迅速化や技術革新の変化への柔軟かつ戦略的な対応を図る枠組みに言及したい．

(1) エンタープライズアーキテクチャ

ここではエンタープライズアーキテクチャ (Enterprise Architecture: EA) の枠組みと組織の業務・システムの最適化計画の機能に注目しよう．そもそもエンタープライズとは，特定任務と業務範囲を共有する単一組織を意味しているが，その業務範囲は複数の連携組織にまたがる場合もある．

EAの概念の原点には，ザックマン (John A. Zachman) が情報システムの設計・開発に必要なデータ・機能・技術などの枠組みとして提案（1987年）したマトリクスがある [6]．この枠組みはさらに，ビジネス戦略に必要な情報システムとして「視点×要素」のマトリクスで表示した「ザックマン・フレームワーク」となった（1992年）．視点には「スコープ（状況），ビジネスモデル（概念），システム（論理層），技術モデル（物理層），詳細表現」の5項目を示し，要素には「データ (What)，機能 (How)，位置 (Where)，人 (Who)，時間 (When)，動機 (Why)」の6項目 (5W1H) を示している（図8.7参照）．

(2) 業務・システム最適化計画の事例

日本における業務・システム最適化計画は政府全体の電子政府化に伴う行政サービスの実現であり，目的や手法は米国の方法を参考にしている．それらは，組織の業務やシステム全体を「共通言語」による統一的な手法で記述し，業務・システムに関する組織全体での改善活動を目指したものである．また，予算・決算などの全省庁に関するネットワーク整備，府省共通システムの整備などでの成果も示されている．

他方，大企業におけるシステム最適化計画は，複数部門が連携したり，系列会社を巻き込んだ複数組織が連携したりして同様な手法でビジネスの改革が行われている．さらにまた，沿岸警備・山岳遭難救助・自然災害に伴う捜索諸活動，消防組織や警察組織における訓練も含めた諸活動がここに関係している．

いずれも，巨大組織特有の継続的な業務改革が求められているケースである．

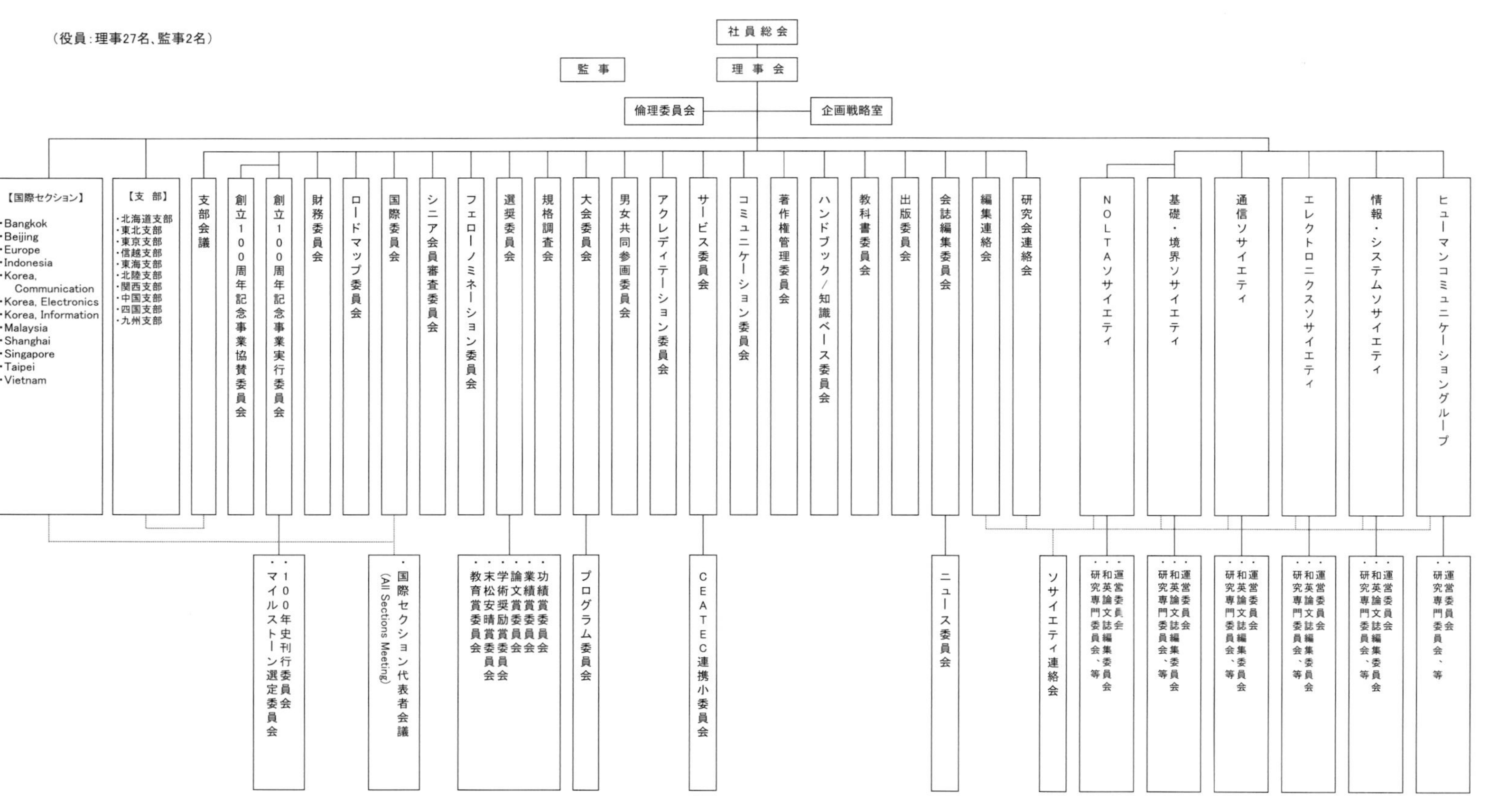

図 8.4　電子情報通信学会の組織図

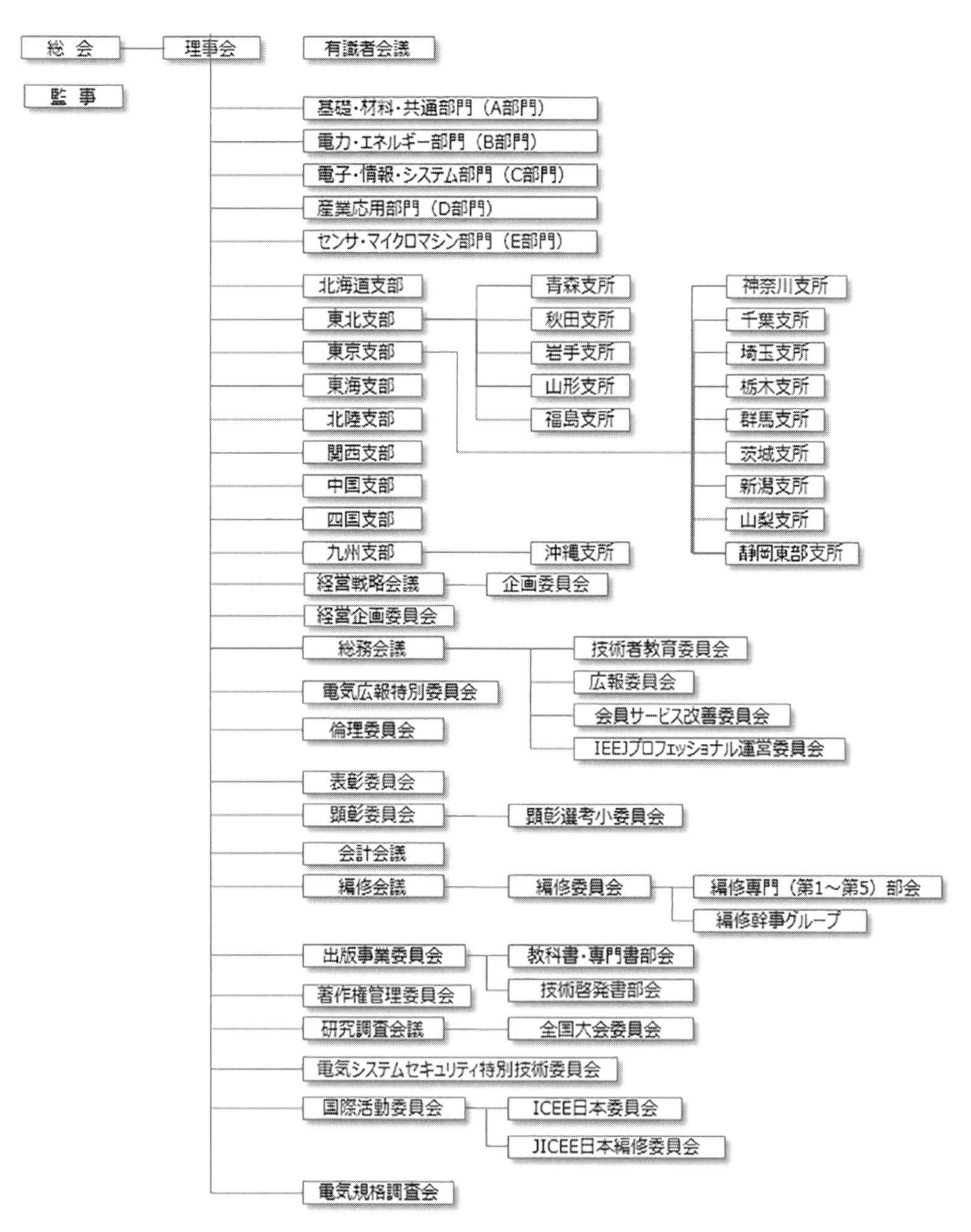

図 8.5 電気学会の組織図

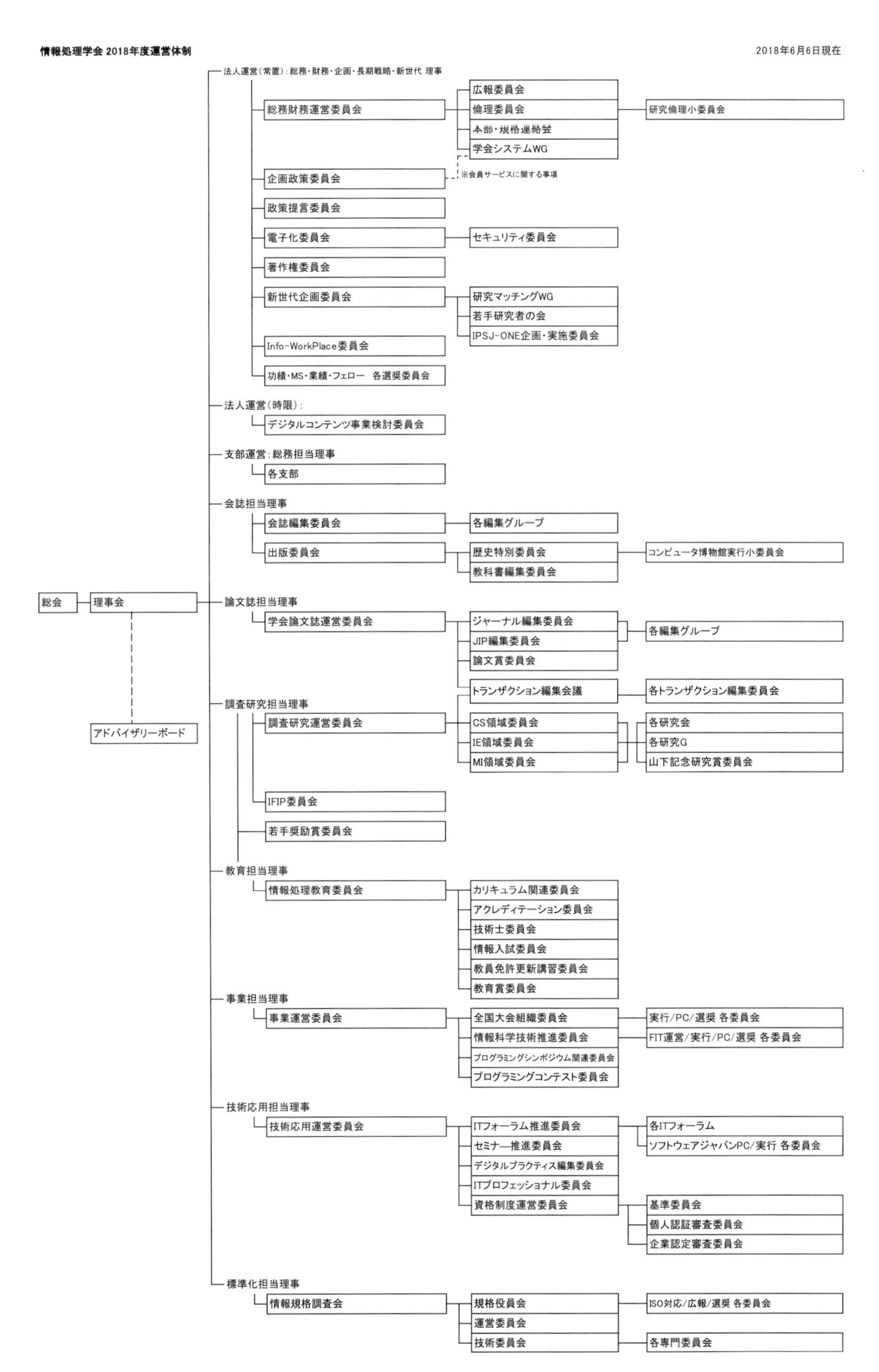

図 8.6 情報処理学会の組織図

		局面					
		What データ	How 機能	Where ネットワーク	Who 組織・人	When 時間	Why 動機
視点	スコープ	ビジネスにとって重要な実体のリスト	ビジネスプロセスのリスト	ビジネス拠点のリスト	ビジネスで重要な組織のリスト	ビジネスで意味のあるイベントのリスト	事業目標戦略のリスト
	概念モデル						
	論理モデル						
	技術モデル			ここに 具体的な内容を記す			
	構成要素						
	システムの機能						

図 **8.7** ザックマンのフレームワーク（文献 [6] を参照して略記）

(3) 組織間の連携

組織どうしが連携する拠点では，人間どうしの相互連携，物流に関する相互連携，輸送に関する取り決めや経費に関する取り決めなど運用面での機能構築も必要になろう．さらに発生しうる諸問題に対応するために，統合的なロジスティクス支援システムが必要になり，その設計・開発・運用・評価などを継続的に改善する活動が繰り返される．

8.6 組織における情報と個人の情報

組織における情報には組織が管理する情報と，個人が管理する組織内の情報とがある．さらに，個人が所有する情報もあり，そこでは組織内で共有する情報，他組織と共有する情報なども扱う．

8.6.1 組織と個人

組織は目的を達成するためにデザインされ運営されている．目的に応じて組織のデザインや規定が異なってくる．組織内では人間関係を維持したり，新たな関係を形成したりするための見直しやフィードバックのしかけも含まれている．これらは継続的なプロセスとして組織の中で運用され，情報システムとして組み込まれる必要がある．

情報システムには情報の伝達や情報の処理のやり方などが規定され，組織の個々人の活動に反映される．そこでは，扱うことができる情報量や情報の内容によって格差が生まれ，それが行動の違いや権力の差につがなる．これらは構成員のコミュニケーションに変化を及ぼし組織全体の行動に影響を与える．組織での個々人の役割や成果のフィードバックとしての昇給や昇格が個々人のモラール[1]に影響を与える．

8.6.2 新たなワークスタイルの組織

ネットワーク技術が向上し，パソコンやスマホを利用する人々が急増し，それが情報社会の進展に大きく貢献した．このような時代背景において新たな企業組織が出現したのである．

ここでは，ソフトウェア開発を主たる事業とする（株）ソニックガーデン社長（倉貫義人）が唱えるリモート組織に関するキーワードを列挙する [5] ことで，新しい組織の概要に替えることにしよう．

- 通勤しないでも働けるワークスタイル“リモートワーク”を考える．
- リモートチームを取り入れることで「会社に所属することで得られる安定した仕事を手にできる」「助け合える仲間が存在する」「好きな場所で働ける自由を得る」ことが可能となる．
- 全国各地に在宅勤務者（通勤時間はゼロ）がいる．
- ビジネスモデルは納品のない受託開発である．
- ナレッジワーカーの仕事はリモートワークと相性がよい．
- リモートワークでは“働いているフリ”はできないからチームの生産性が高まる．
- 自分で仕事のオン／オフをコントロールできる．
- 物理出社（実際のオフィスに出社すること）と論理出社（リモートチームプレイスに入ること）がある．
- リモートチームプレイスには開始と終了があり，メンバーの時間を揃える．
- 顧客とは時間差コミュニケーションを実現する．
- リモート会議では用途に応じてツールを使い分ける．
- チームメンバーの信頼はともに仕事をすることで築かれる．
- リモートチームのための三つの原則として「仕事中の雑談を推奨する」「だいたい同じ時間に働くことを前提とする」「社員全員がリモートワークをしていることが前提である」がある．
- 社会人１年目の新入社員の場合には，オフィスへの定時出社・定時退社の訓練を数年間経験した後でリモートワークが可能となる．

以上によって，リモートワークを実現できることを示している．

8.7 本章のまとめ

本章では，組織に関する考え方や組織の成り立ち，組織化や組織の形態，組織活動とマネジメ

[1] モラールとは「職務を遂行するうえでの意欲のこと」をいう．

ントなどに注目して，その特徴をまとめた．また，特定非営利活動法人や一般社団法人の組織，あるいは複数組織が連携する組織などの活動に注目して，組織図を例示している．一方，現実社会ではネットワーク技術の進化に伴って組織の形態が変化するため，継続的に新たなワークスタイルに注目し続けることが必要となろう．

演習問題

設問1 異なる組織を複数選んで組織の形態や組織の活動を比較せよ．（ヒント：たとえば，営利組織と非営利組織など目的の異なる複数の組織について調査してまとめるとよい．）

設問2 業務システム最適化計画について，省庁ごとの業務システムと大企業の業務システムの最適化計画や成果について比較せよ．（ヒント：各省庁と大企業での業務システム最適化計画や成果について調査して，それぞれの組織の特徴を意識してまとめるとよい．）

設問3 業務システム最適化計画について，全省庁を横断した共通システムの最適化計画や進め方と大企業のグループ企業全体での業務システムの最適化計画や進め方を比較せよ．（ヒント：全省庁を横断した共通システムの最適化計画や進め方と大企業グループでのビジネス改革とその進め方を調査してまとめるとよい．）

設問4 新しいワークスタイルであるリモートワークについて，複数の企業の具体例と比較せよ．（ヒント：解は一つではない．リモートワークと選んだ企業の特徴とを比較するとよい．）

設問5 新しいワークスタイルであるリモートワークで組織として留意すべき点を挙げよ．（ヒント：解は一つではない．リモートワークではオフィス外で仕事をすることに着目して課題を抽出するとよい．）

参考文献

[1] 加藤秀俊：人間関係（理解と誤解），中公新書，1966
[2] 情報システムと情報技術事典編集委員会編（代表：浦昭二，岡本行二）：情報システムの実際（1，2，3，4），培風館，2003
[3] 神沼靖子監修，日本プロジェクトマネジメント協会編：プロジェクトの概念－プロジェクトマネジメントの知恵に学ぶ－，近代科学社，2013
[4] 日本プロジェクトマネジメント協会 http://www.pmaj.or.jp/
[5] 倉貫義人：リモートチームでうまくいく－マネジメントの“常識”を変える新しいワークスタイル－，日本実業出版社，2015
[6] 南波幸雄：企業情報システムアーキテクチャ，翔泳社，2009

第9章
企業におけるビジネス活動と情報マネジメント

□ 学習のポイント

ビジネスを継続的に発展させて成功に導くためには人，物，金に加え，第四の経営資源として“情報”を効果的に活用する必要がある．ビジネスを継続的に発展させて成功に導くために，経営戦略を効果的に管理・運用する情報マネジメントを学ぶ．

□ キーワード

経営情報の管理，意思決定，業務分析手法，流通管理の仕組み，ビジネス情報のマネジメント（経営管理，流通管理，人間資源管理），取引のための情報管理の技術

9.1 はじめに

ビジネス活動に注目しながら，経営管理，企業情報システム，ビジネス情報システムなどの話題を取り上げる．また，応用例として情報システムの事例やシステム分析手法などを扱う．

9.2 企業活動

企業は社会で役立つ製品やサービスの提供からその対価として利益を得ることを目的として経済活動を行う組織体である．企業形態および組織形態，経営資源について説明する．

9.2.1 企業と経営資源

企業での経営資源は，一般に「人，もの，金」と言われ，近年では第四の資源として「情報」を加えて，「ヒト」，「モノ」，「カネ」，「情報」とすることが多い．経営目標を達成するためには，これらの経営資源を最適に配置させる経営管理が重要になる．

「ヒト」は，言うまでもなく企業を支える社員，いわゆる人材を指す．個々の社員に企業理念や企業目標を浸透させ，教育を行い，人材を強化していくことが大切である．「モノ」は，企業活動を行ううえで必要になる製品や商品，サービスを指す．たとえば，情報産業ではコンピュータやネットワークは製品，サービスといえる．「カネ」は，企業活動を行うために必要な資金で

ある．人材を確保したり，製品を作ったり，製品を販売するためにも資金は不可欠である．「情報」は，経営情報や顧客情報，市場調査の結果など，正確な意思決定を行うためなどに必要なさまざまなデータを指す．情報をいかに集めて，分析し，どう利用するかによって，競争力の維持，業務の効率化，コスト削減，生産性向上，付加価値の創造などさまざまなメリットが生まれる．

9.2.2 企業の形態

企業の形態は会社法で株式会社と持株会社に分けられる．

(1) 株式会社

出資者（株主）は出資をする義務だけを負い，会社債権者に何の義務も負わない．

(2) 持株会社

出資者（社員）の責任が何かによって次の3種類に分けられる．

合名会社	社員がすべて無限責任社員[1]からなる会社
合資会社	無限責任社員と有限責任社員[2]からなる会社
合同会社	出資の範囲内に責任が限定される物的会社の安全性と，人的会社において認められる内部規律の高い自由度を併せ持つ会社

9.2.3 企業の組織形態

企業組織は複数の従業員が仕事を分担しあって企業の目的を実現している．つまり，仕事（業務）を分業化することで業務の専門性を高めたり，効率化したりすることができる．企業の組織形態として次のような例を挙げることができる．

① 職能別組織

職務の機能による分化で作られる経営組織である．一般的な企業組織は図9.1に示すような仕事の種類によって分業されている．これを職能別組織と呼び，ライン部門とスタッフ部門からなる．ライン部門は企業組織本来の業務目的を直接的に遂行して，収益に直接関係する部門であることから，直接部門とも呼ばれる．ライン部門の業務は企業の業種により異なり，製造業の場合は製造業務，流通業ならば販売業務，金融業なら融資業務となる．スタッフ部門はライン部門の仕事を支援する部門であり，主に業務活動の管理を担当する．人事部，経理部，情報システム部などである．

② 事業部制組織

複数の事業部および本社スタッフ組織によって構成される経営組織である．たとえば，取り扱う製品や担当する地域ごとに分化させ，事業部ごとに会社として必要なスタッフの全部または一部を有した組織がある（図9.2）．事業部ごとに業績を求められる独立採

---

[1] 会社財産をもって会社債務を弁済できない場合に，自己の全財産をもって責任を負う社員．
[2] 会社の債務について，その出資額の限度内で連帯責任を負う社員．

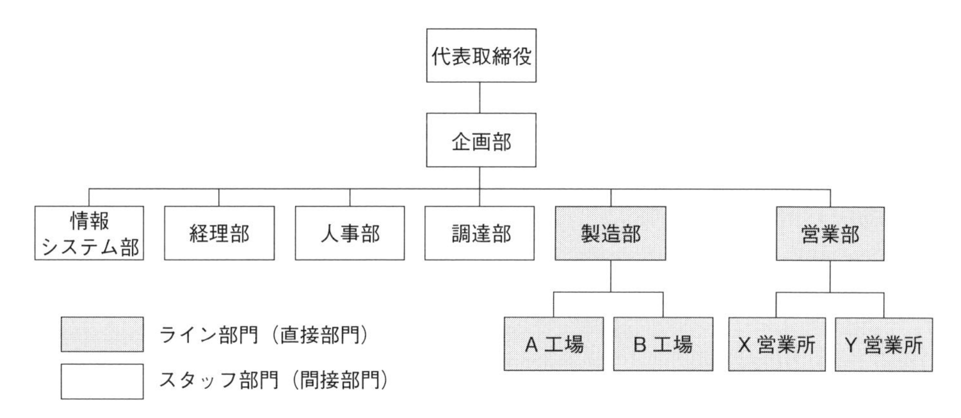

図 **9.1** 職能別組織

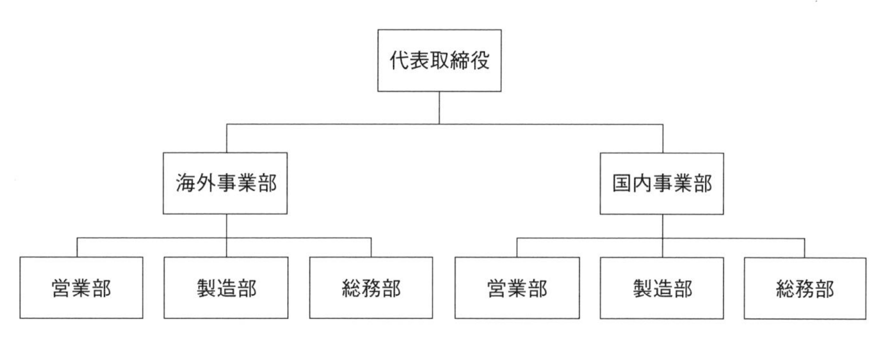

図 **9.2** 事業部制組織

算制が採用されていることも多い．

③ カンパニー制組織

部門ごとをあたかも独立した一つの会社であるかのように分化させ事業を運営する組織形態がある（図 9.3）．事業部制組織よりもさらに部門ごとの独立性が強い．

④ マトリックス組織

業務担当者が複数の異なる管理者の指示命令の下で作業する組織形態がある．巨大企業やグローバル企業によく見られるマトリックス組織である（図 9.4）．部門間の隔たりをなくすことができる反面，指揮命令系統が混乱しやすくなる．

⑤ プロジェクト制組織

プロジェクト制組織は，本来の業務とは別にある特定の目的を達成するために人材によって編成された組織である（図 9.5）．あくまで臨時的な集まりであり，目的の達成後は解散することになる．

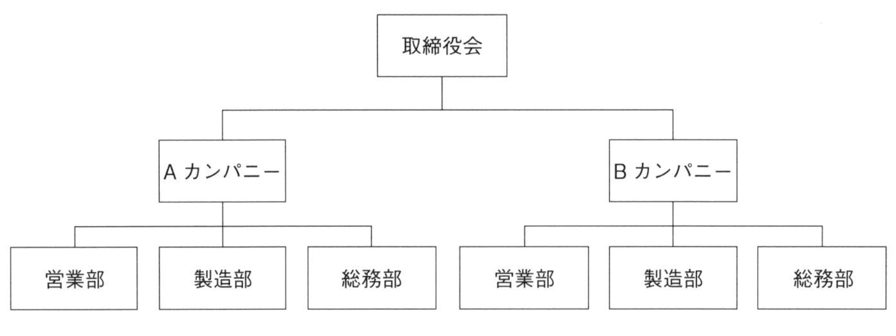

図 **9.3** カンパニー制組織

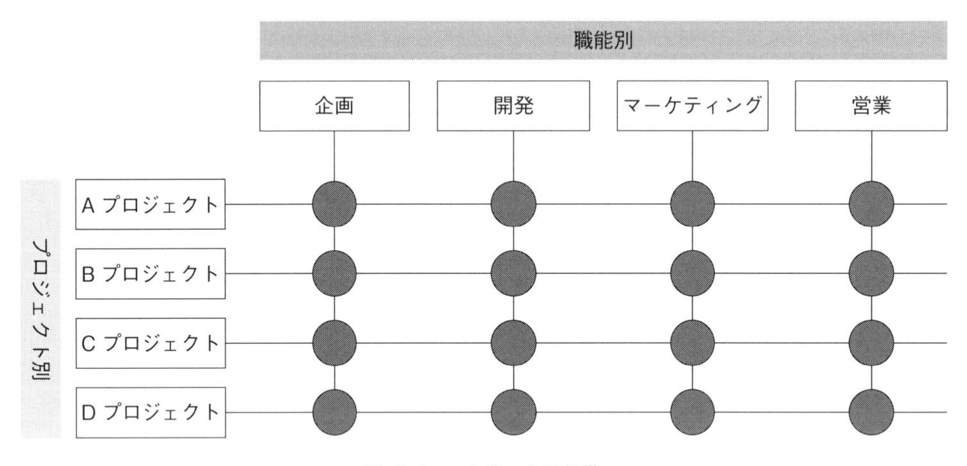

図 **9.4** マトリックス組織

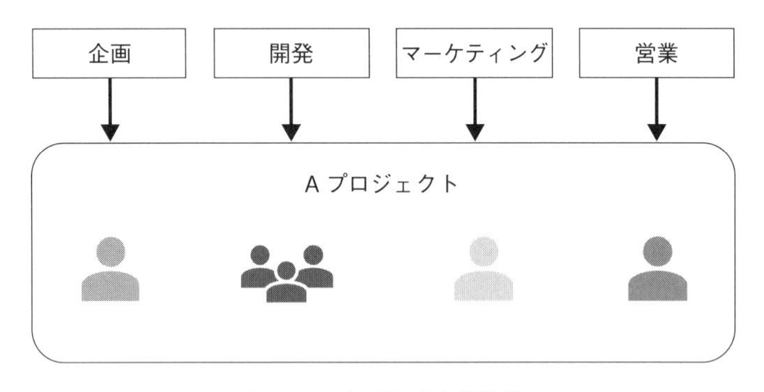

図 **9.5** プロジェクト制組織

9.3 経営戦略のマネジメント

環境変化に対応して企業を継続的に発展させていくためには，経営理念（企業理念）に基づいて企業の経営目標を達成するための経営戦略が必要である．この経営戦略を実現するには，収益性を高め，市場での自社の継続的な優位性を導くことが重要になる．

内部環境分析 （経営資源）	強み (Strength)	競争相手と比較した相対的な自社の強み （商品開発力が強い）
	弱み (Weakness)	競争相手と比較した相対的な自社の弱み （生産コストが高い）
外部環境分析 （経営を取り巻く環境）	機会 (Opportunity)	旨く活用すれば業績が拡大する外部環境の変化（消費者の健康志向）
	脅威 (Threat)	そのまま放置すると業績が悪化する外部環境の変化（安値競争の激化）

図 **9.6** SWOT 分析

(1) 経営戦略の手法

経営戦略として何をどのように実施すればいいのかという手法として，次のようなものがある．

① コアコンピタンス

他社には真似のできない優越した自社独自のノウハウや技術などの強みをいう．この自社の強みを活かして，経営戦略につなげていく手法がコアコンピタンス経営である．

② ベストプラクティス

業務を行ううえで最も効果的，効率的な実践的手法や活動方法，またはそのノウハウをいう．

③ ベンチマーキング

先進企業や競合企業の製品やサービスの成功事例，あるいは優れている業務プロセス，業務推進の方法（ベストプラクティス）を自社と比較分析し，その指標（ベンチマーク）を自社に適応させた形で導入する経営手法のことをいう．

(2) 経営環境の分析手法

企業を取り巻く経営環境は常に変化している．自社の経営環境の分析には次のような手法を利用する．

① SWOT 分析 [1]

自社の強みと弱みを分析する手法である．自社の現状を強み，弱み，機会，脅威という四つの要素に分けて整理し，自社を取り巻く経営環境を分析する（図 9.6）．

② ポートフォリオ分析 [1]

経営資源の配分を分析する手法である．縦軸に市場成長率，横軸に市場占有率（シェア）をとり，自社の製品やサービスを四つの観点（ローリスク・ハイリターン，ハイリスク・ハイリターン，ローリスク・ローリターン，ハイリスク・ローリターン）で分類して，資源配分を検討する（図 9.7）．

(3) 事業戦略

企業では，それぞれ組織で業務を遂行し，市場で競争している．つまり戦略を立てて競争す

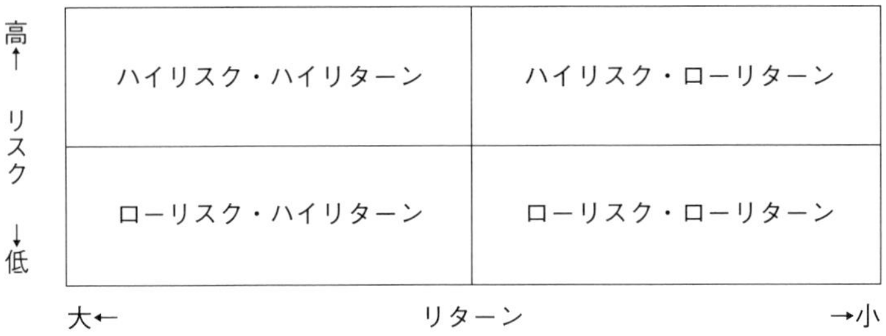

高↑ リスク ↓低	大← リターン →小	
	ハイリスク・ハイリターン	ハイリスク・ローリターン
	ローリスク・ハイリターン	ローリスク・ローリターン

図 **9.7**　ポートフォリオ分析

るのであるが，競争するか否かは個々の事業で異なる．また，戦略の立て方も多様である．このように，経営方針に基づいて事業の戦略を立てることを事業戦略という．

主たる戦略として次のような考え方が使われている．

① 差別化戦略：　特定の商品やサービスにおける市場を同質とみなして競合する他社の商品・サービスと比較し，機能等に差異を設けることで競争を優位にしようとする戦略である．

② コストリーダシップ戦略：　マイケル・ポーター [2] によって提唱された戦略の一つである．経営に際して，価格を安くするなどしてコスト面で他社との競争を優位にする戦略である．

③ ニッチ戦略：　競合する他社が取り組んでいない市場で，商品やサービスを展開するという戦略である．ここで，ニッチとはマーケットの隙間を意味する．したがって，この戦略の規模は小さいものになる．

④ ブランド戦略：　商標をブランド宣伝で売り込み，他社の製品と差別化する．つまりブランドのイメージで競争優位にする戦略である．

⑤ コトラーの競争戦略：　コトラーが提案した競争戦略 [3] で，質的経営資源と量的経営資源の“多い／少ない”を組み合わせて企業を類型化している．戦略目標は，リーダー（経営資源が質的にも量的にも多い大企業），チャレンジャー（経営資源は量的には多いが質的にはリーダーより少ない大企業），フォロワー（経営資源が量的にも質的にも少ない企業），ニッチャー（経営資源は，量的には少ないが，質的には高くニッチ市場を狙う企業）の四つに分けられている．

9.4 企業情報システムの構成

企業が事業活動をするために必要な情報システムが企業情報システムである．企業情報システムは企業を維持し，成長するために必要不可欠な情報システムである．企業での事業活動は多岐にわたり，さまざまな業種の企業がある．

たとえば，製造業，流通業，金融業，サービス業などの業種があり，業種の中はさらに詳細に分類された企業がある．これらの多岐にわたる業種と企業があり，企業ごとに業務内容やや

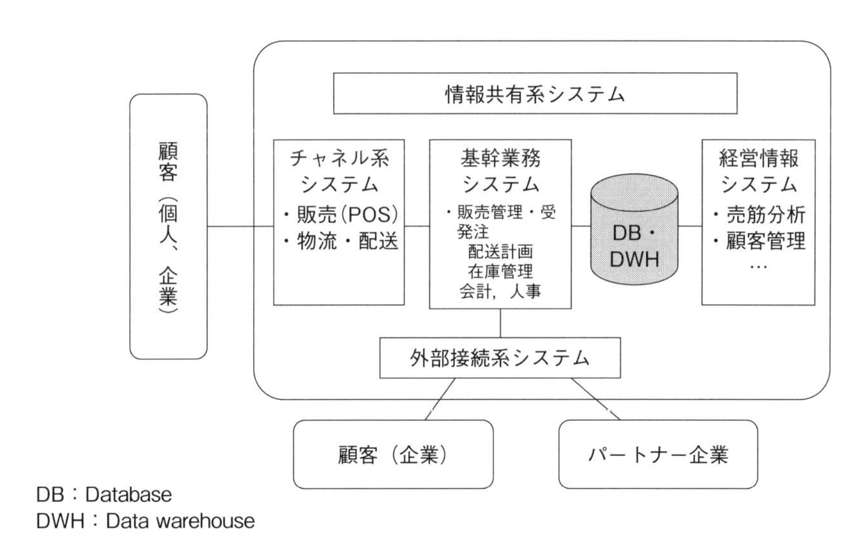

図 9.8　流通業の情報システムのシステム構成

り方が異なるので，企業情報システムのバリエーションも企業数だけ存在する．

企業の目的は，顧客に製品やサービスなどの価値（機能性・利便性・満足度など）を提供して，その対価を得ることにより，他企業との競争に勝ち抜いたり自社の事業を維持・成長させたりすることである．各企業はこの目的意識が共通である．そこで，業種によらず共通に捉えることのできる企業情報システムの構成（機能と構造）に注目しよう．

たとえば，組織内で使われるコンピュータベースの情報システムといわれる経営情報システム (MIS: Management Information Systems)，企業がビジネスを遂行するために不可欠な主要業務を処理するために用いられる基幹業務システムがある．また，インターネット・バンキングに代表される顧客直接取引など多種多様なチャネル系システム，銀行業務の外部システムなどと接続して使われる外部接続系システムがある．

さらに，受発注者間での情報共有システムなど情報共有系システムがある．電子商取引を行う企業の場合には，Web を中心とした顧客とのコミュニケーションや販売活動を行う情報システムも必要である．

図 9.8 は，流通業の情報システムのシステム構成を示している．

9.5　企業経営情報のマネジメント

企業戦略を実現する情報システムは経営情報を活用するしかけである．経営情報は常に変化し続けるが，それは自主的な企業活動を促す原動力になる．現状のビジネスを活性化すると同時にイノベーションを引き起こし，新しいビジネスを創出する源泉になる．経営者は情報を効率的に蓄積・分析・活用・共有できる情報システムやデバイス（PC，スマートフォン，タブレットなど）によって，いつでもどこでも情報を把握のうえ，企業の経営活動に欠かせない価値を見出し，展開を図ることができる．このような活動の過程では，それぞれの場面で経営に必要な情報が管理される.

以下では，企業経営のさまざまな場面で必要な意思決定手法と業務の現状を分析する手法について説明する.

9.5.1 経営情報

経営の意思決定に役立つ情報を経営情報という．経営情報が備える特性として，関連性（意思決定にとって必要であること），完全性（意思決定に必要な最低限の情報が提供されていること），適切性（必要な情報が適切な意志決定者に伝達されていること），適時性（意思決定に必要な時間に情報が伝達されること），集約性（利用者が理解しやすいように集約されていること）がある.

経営情報は次の 3 種類の情報からなる.

(1) 決算に必要な情報

決算に必要な主たる情報として，次のような項目を挙げることができる.

① 財務会計情報
② 販売・仕入れ・在庫情報
③ 人事・労務情報
④ 会計情報

(2) 企業の成長（戦略）の方針決定に必要な情報

企業戦略の方針決定に必要な主な情報として，次の二つがある.

① 営業活動
② 顧客情報

(3) 外部環境情報

外部環境の情報としては大きく次の四つの観点を挙げることができる.

① 法令・行政情報
② 市場・業界情報
③ 海外情報
④ 技術情報

9.5.2 意思決定と業務分析手法

企業経営のさまざまな場面で意思決定や運用・管理の問題を定量的に評価し，数学的に解決するための手法を集めたものがオペレーションズリサーチ (OR) である．OR を業務に活用することで合理的な経営活動が実現できる．生産現場やサービスにおける問題を改善するための手法が IE（Industrial Engineering：生産工学）である．IE は，人間，材料，および設備が一体となって機能を発揮するマネジメント・システムの設計，改良，設置をすることである．IE を規定し，予測し，評価するために，数学，自然科学，人文科学中の特定の知識を利用するとともに，技術上の分析と総合についての原理と手法を併用する．

(1) オペレーションズリサーチ (OR) [4]

代表的な OR の手法には次のようなものがある．

① 在庫管理

定期発注方式，定量発注方式，EOQ（Economical Ordering Quantity：経済発注量）などがある．

② 線形計画法

LP 法 (Linear Programming) と呼ばれ，製品を作成するときや人員を配置するというような計画を立案する際に，人・物・金・時間・空間などの資源について必ず何らかの制約を受ける．このような制約条件の中で，目的とする最適な計画の解を見出すための手法が線形計画法である．たとえば，配分問題（少ない投資で最大限の利益を得るために，経営資源の配分を計画すること），輸送問題（製品を輸送する際のコストを最小限に抑えるために，輸送量を計画すること）などを挙げることができる．

③ 待ち行列

確率的手法により，サービスを受けるまでの待ち時間や待ち行列の長さを予測する．

④ 需要予測

過去～現在までの情報に基づいて将来を予測する．たとえば，時系列分析，回帰分析，相関分析がある．

(2) 日程計画

生産計画によって計画期間の中で行うべき仕事が決まると，仕事を機械や設備や作業者などに割り付けて，仕事の順序や開始・終了時刻を決定することになる．ここで必要な情報として，仕事の納期，必要な材料・部品の在庫や運搬にかかる時間，機械・設備の稼動可能時間，作業者の処理時間などがある．これらを視野に入れて日程計画を作成し，管理する．

① PERT/CPM [4]

大規模のプロジェクトを計画・管理する手法を総称して PERT/CPM という．日程が最短になるように計画・管理する．

② PERT (Program Evaluation and Review Technique)

軍部で開発した手法であり，日程の管理に目的を絞っている．また，時間を確率的に取り扱うという考え方に特徴がある．

③ CPM (Critical Path Method)

民間で開発した手法である．プロジェクトの総費用を考慮しながら，その日程を管理することに重点をおいている．

(3) IE 業務分析手法 [5]

人・原材料・設備などの経営資源を無駄なく合理的に活用して仕事をするために標準時間を決める方法がある．たとえば，作業の正味時間を知る PTS (Predetermined time standards)

や，稼動分析の手法であるワークサンプリング法がある．また，動作時間に注目した製品工程分析，作業者工程分析，連合作業分析，サンプリング分析などもある．

① ワークサンプリング法： 作業者の作業の構成や機械の稼働状況を把握する分析手法である．

② クラスタ分析： 多変量解析の手法であり，対象とする集団サンプルのいくつかのグループ（クラスタ）に分類する方法である．

③ デルファイ法： 直感に基づく主観的な予測法の一つであり，多数のパネラーに同一内容のアンケートを数回繰り返して，パネラーの意見を収れんさせる方法である．

④ モンテカルロ法： 乱数を用いてモデルの解を求める手法の総称である．

⑤ フィージビリティ・スタディ： 大規模・複雑であったり，技術的不確定性が高かったりする場合に開発計画の中で，事前に検証する方法である．

(4) KMS (Knowledge Management System：知識管理システム) [6]

KMS（ナレッジマネジメントシステム）とは，「同じような関心とニーズを持つ人々や組織で構成されるコミュニティの中で（あるいはそうしたコミュニティ間で），価値ある情報や専門知識，洞察などを生み出し，保管し，共有するためのサポート・システムである」と定義づけられている．企業の独自技術・知識を管理・活用するためのインフラとなる．

代表的なツールの例として，ドキュメント管理や，掲示板などのコミュニティ活動支援機能を併せ持つグループウェアを挙げることができる．

9.6 ビジネス情報のマネジメント

ビジネスではさまざまな情報を利用して業務の効率化や高度化を実施している．ここでは，販売の流通管理のしかけと人事資源の管理について説明する．

9.6.1 流通管理のしくみ

流通業のシステム例は図9.8に示した通りであるが，流通業でのチャネル系システムとして販売システム (POS: Point of Sale) や物流・配送システムや商品仕入れシステムがある．

(1) 店舗で使われる情報システム

店舗で使われる情報システムの代表的なものとして，POSシステム，決済システム，グリーンロジスティクスなどがある．

① POSシステム： 小売業やサービス業で，店頭のキャッシャーと一体の端末機で，販売時点の単品情報や顧客情報を収集して管理するシステムである．

② 決済システム： 販売代金の支払など経済取引におけるお金の受け払いや決済を円滑に行うために作られた仕組みである．

③ グリーンロジスティクス： 地球環境に優しい，環境負荷の少ない物流の仕組みとして

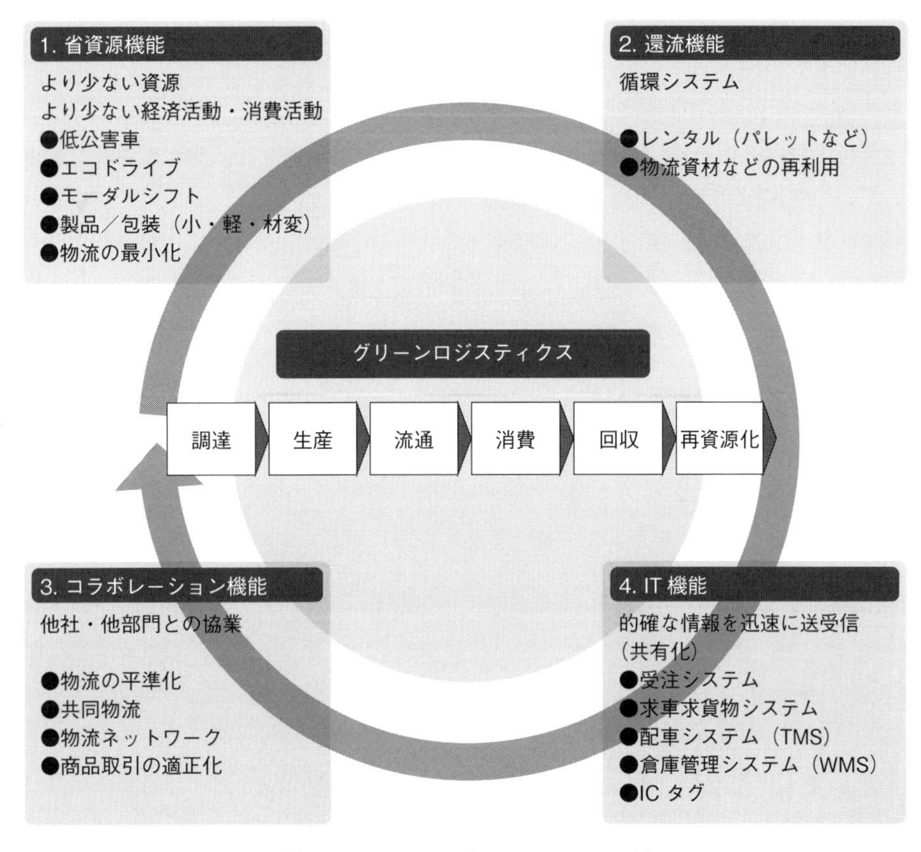

図 **9.9** グリーンロジスティクスフロー図

近年注目されている仕組みである．

グリーンロジスティクスのフローを図 9.9 に示す．

(2) 物流・配送

物流・配送に関係するシステムとして，インターネット販売，販売店システムなどの例がある．しかし，このようなシステムはビジネス戦略が絡むために，システムのノウハウを共有化するのは難しい．セールスマンどうしも競争相手であり，顧客にもそれぞれの対応をしなければならないからである．

(3) 売れ筋分析・顧客分析

応用例として ① から ⑤ を挙げることができる．

① CRM (Customer Relationship Management)

情報システムを応用して企業が顧客と長期的な関係を築く手法である．詳細な顧客データベースをもとに，商品の売買から保守サービス，問い合わせやクレームへの対応など，個々の顧客とのすべてのやり取りを一貫して管理することにより実現する．顧客のニーズにきめ細かく対応することで，顧客の利便性と満足度を高め，顧客を常連客として囲い込んで収益率の極大化を図ることを目的としている．

② SFA (Sales Force Automation)

IT 技術を用いて営業部隊の生産性向上，効率化を進めること．またそれを実現するための情報システムを指す．SFA には次のような機能がある．

③ コンタクト管理機能

「いつ」「どこで」「だれが」「どういう内容で」連絡を取ったり，訪問したりといった履歴を記録し，その後の顧客対応に活用する．

④ マーケティング機能

一元管理された顧客データベースを利用し，顧客リストを分析して見込み客や優良顧客を抽出する．

⑤ チームセリング機能

情報を共有することで，営業部門全体で顧客に対して戦略的な活動を行う．

(4) 企業間取引

企業間取引とは，メーカーと卸売業者間，卸売業者と小売業者間など関連する業者の間での商取引のことである．ビジネスとビジネスとの関係であることから，“Business to Business” ともいう．略して B2B などと呼ぶ．

B2B と対照的な商取引として，B2C（Business to Consumer：企業対消費者間の取引）や B2G（Business to Government：企業対政府間の取引）がある．

9.6.2 人事部門での情報管理

企業の人事部門で利用される代表的な情報システムは，「人事管理システム」である．人事は組織経営の基本である．企業では採用，評価，給与支払などの人事業務の効率化が大きな課題である．人事データは，従業員の経歴，スキル，能力，経験，給与支払履歴など多岐にわたる．これらの管理コストを削減するために人事管理システムの導入が行われるようになった．近年，HRM (Human Resource Management) システムや HCM (Human Capital Management) システムと呼ばれる人事管理のソリューションが出現している．これらのシステムの特徴は，従業員を採用時点からの人事考課だけでなく，育成計画までを一貫して管理していることである．

主たる機能と管理情報は，次の通りである．

(1) 主な機能

一般に，人事管理システムは次の四つの機能をもっている．

① 給与管理

勤務時間などのデータから，さまざまな控除や税を計算し，給与支払処理を行う．

② 勤務管理／入退管理／就業管理

IC カードなどの新しい技術を利用して，効率的に従業員の勤務時間情報を収集する．

組織の原価計算の基盤となる部分である.

③ 労務管理

各種教育, 資格取得, 福利厚生, 人事考課といった人事制度をシステム化したものである.

④ 人事情報管理

採用から退職までの個々の従業員／社員の情報を管理する.

(2) 主な管理情報

① 従業員の基礎情報

"社員番号, 社員名, 生年月日, 性別, 住所・連絡先, 学歴・職歴, 入社年月日, 退職年月日" などの情報が含まれている.

② 従業員のその他の情報

家族情報, 視覚情報, 移動履歴などがある.

9.7 本章のまとめ

本章では, ビジネスを継続的に発展させて成功に導くために, 第四の経営資源である "情報" を経営戦略として効果的に管理・運用する情報マネジメントの特徴をまとめた. さらに, ビジネス活動に注目しながら, 経営戦略を実現するための経営管理, 企業情報システム, ビジネス情報システムなどの話題を取り上げた. 応用例として, 情報システムの事例やシステム分析手法などを扱った. これからはグローバルな視点でのビジネス活動や情報マネジメントの重要性がますます高まってくるであろう.

演習問題

設問 1 自分が所属する (あるいは所属した) 学校を対象に SWOT 分析をして, 新しい経営の戦略を考えましょう. (ヒント：現状の SWOT 分析をするだけでなく, クロス SWOT 分析をして問題点を抽出したうえで戦略を立てるとよい. ライバル校を想定した相対的な強み, 弱みを考えて新しい経営の戦略を考えてもよい.)

設問 2 業務分析において, スケジュールを管理する手法を複数選んで比較せよ. さらに, 具体的なプロジェクト例を示して最短日程をどのように管理しているかを説明しよう. (ヒント：日程計画で取り上げた事例の特徴を比較するとよい.)

設問 3 ある業種の組織を想定して, 組織の全体および部署ごとにそれぞれ適した知識管理システム (KMS) を示せ. (ヒント：想定した組織の全体的な特性, 部署ごとの特性から価値がある情報は何か, それをどのように情報共有すると有効かを考えるとよい.)

設問4 さまざまな業種で顧客情報が活用されている．それぞれの業種で顧客情報がどのように収集されてどのように活用されているかをまとめよ．（ヒント：流通業での店舗ではPOSシステムなどで顧客データを集めることが多い．その他の業種や店舗以外での顧客とのやり取りや活用方法を考えるとよい．）

参考文献

[1] 経営戦略研究会：経営戦略の基本，日本実業出版社，2008
[2] ジョアン・マグレッタ：〔エッセンシャル版〕マイケル・ポーターの競争戦略，早川書房，2012
[3] フィリップ・コトラー：コトラーのマーケティング・コンセプト，東洋経済新聞社，2003
[4] 刀根薫：オペレーションズ・リサーチ読本，日本評論社，1991
[5] 田島悟：生産管理の基本としくみ，安曇出版，2010
[6] 神沼靖子編著：情報システム基礎，オーム社，2006

第10章 システム監査とサービスマネジメント

□ 学習のポイント

ITサービスマネジメントは，サービスの運用や保守などを顧客の要求を満たす「ITサービス」として捉え体系化し，これを効果的に提供するための統合されたプロセスアプローチであることを理解する．システム監査の目的，対象業務，実施手順を理解する．

□ キーワード

サービスマネジメント (ITSM)，プロセスアプローチ，PDCAサイクル，ギャップ分析，サービスマネジメントシステム (ITSMS)，ITIL，SLA，可用性，信頼性，顧客満足度，サービス時間，応答時間，サービスおよびプロセスのパフォーマンス，システム監査，システム監査報告書，内部統制，コンプライアンス，IT統制，COSO，ITガバナンス，CIO（最高情報責任者），コーポレートガバナンス

10.1 はじめに

この章では，ITサービスマネジメント，ITサービスマネジメントシステム，ITIL (Information Technology Infrastructure Library)，サービスレベル，システム監査，内部統制，ITガバナンスなどの話題を取り上げる．さらに，キーワードに列挙した用語の概念や考え方について事例で紹介する．

10.2 サービスマネジメント

サービスマネジメント (ITSM) では，顧客へのサービスの要求事項を満たし，サービスの設計，移行，提供および改善をするために，サービス提供者の活動および資源を指揮し管理する一連のITサービスを体系化している．このプロセスや認証についてはISO/JISに規定されている．その運用の維持管理ならびに継続的な改善を行うための仕組みをサービスマネジメントシステム (ITSMS) と呼び，サービスを提供する側の組織や事業経営までをまとめている．

一般的にITSMは表10.1に示す5階層で整理され体系化されている．ここでいう顧客とは，

表 10.1 ITSM の 5 階層

階層	概要
ISO/IEC20000 Part1 JIS Q 20000-1	ITSM の認証基準であり，IT サービスを提供する企業が満たすべき規格
ISO/IEC20000 Part2 JIS Q 20000-2	ITSM の実施基準であり，認証基準を満たすための参考例
BIP0005/PD0015	IT サービス管理の概要を記述したチェックリスト
ITIL	ITSM を実行するためのベストプラクティスを文書化したもの
個別マニュアルや手順書	企業や組織が個別に作成しているマニュアルや手順書

そのサービスを利用するすべての利用者である．

10.2.1 サービスマネジメントが必要になった背景

ここでは，歴史的な背景とその必要性についてまとめる．

(1) 歴史的な背景

1960 年代に国内の企業がこぞってメインフレームを社内に導入し，情報管理部門を独立させてから IT システムによるサービス提供者と顧客（サービス利用者）の関係が始まった．近年，それがなぜ注目を集めているのだろうか？

IT システムがメインフレームを中心にしたシステムの時代から今日のインターネット，クラウドコンピューティングという言葉に代表されるオープンシステムの時代に遷移したのは 1990 年代後半から 2010 年代にかけてである．つまり，メインフレームをベースにした IT システムでは，サービスを提供するインフラを低価格で構築し，必要なサービスを必要な顧客に提供することに限界がきたのである．そしてメインフレームは主要銀行の基幹システムやクローズドな科学技術計算などの特定の分野にしか残されていないのが現状である．

近年の IT サービスシステムはオープンシステムをベースとしており，顧客の存在もよりオープンな環境に広がったサービスへと飛躍的に進化したのである．しかし，この進化に伴って，オープンなネットワークでブラックボックス製品群を使い，高度なサービスを安定的に提供する運用管理や維持，継続的サービスの提供を行うことになり，それらを実現するための困難性やコストを飛躍的に肥大化させる結果になったと想像できる．セキュリティシステムに注目すれば，個別ネットワークシステムとオープンネットワークシステムでは後者に関するノウハウやコストが比べものにならないほど大きいのである．

このために IT サービスを体系化し，それにかかる費用対効果を最良とするための仕組みの重要性が 1990 年代から近年にかけて年を追うごとに重要になってきている．

(2) IT サービスの必要性

「各企業内部の情報管理部門が社内に IT サービスを提供するという形」から「独立した多くの IT サービス企業が社外の顧客にサービスを提供するという形」までのいずれにおいても，サービス提供者が顧客へサービスを安定的に提供し，事業環境の変化に応じた柔軟かつスピーディな追随を継続的に適正なコストで提供していくことが必要である．

ITサービスはそれぞれの開発時から顧客と開発者間での認識差をなくすことで，顧客にとっては使いやすく有意義で，社内においては事業貢献に結びついた，そして社外においては人気のあるサービスとなる．そして設計開発段階から保守フェーズにおける柔軟性や経済性を見越した設計が求められ，保守運用のフェーズでは常に顧客ニーズに基づくサービスの改善や拡張への対応が求められる．

したがって，顧客ニーズを常に把握し，投資効果のある形でサービスを維持管理していくことがますます重要となる．これらがサービスマネジメントを必要とする基本的な背景である．近年の情報化社会において必要とされるサービスの重要性や複雑度は増し，その内容も日々高度化するとともに，単一の企業ではなく複数の企業が複合的なサービスを提供するに至り，サービスマネジメントの必要性もますます増大している．

10.2.2 サービスマネジメントシステムの目的と考え方

従来ITシステムの運用管理業務はシステム管理と呼ばれてきた．近年その重要性が増すとともに，サービスマネジメントと呼ばれるようになっている．その目的はITによって提供されるサービスに対する顧客（利用者）のニーズを的確に把握し，費用や価格（コスト）を支払う側が満足するサービスを継続的にかつ環境変化に則して確実に提供することである．

この目的を達成するためには，サービス提供者の業務を含めたITサービス全体を体系化し，運用の効率化を図り，可用性をはじめとする運用組織の作り方，その事業方針，顧客対応を含めたサービスに関連する全般の目標や方針をはっきりさせるとともに，その品質を継続的に高めることが必要である．これにはサービスのサポート窓口での顧客満足度向上の対応も含まれ，サービスの機能や性能そして使いやすさなどを含め，実際に提供されるサービス全般が顧客の期待値をどれだけ上回るかでその品質が左右される．さらにはサービスが前提とする顧客が守る必要のある条件を明確にすることも含まれる．

以上によりサービス提供者のすべてのマネジメント関連要素をシステムとして体系化し，そのシステムにおけるプロセスを最適化していくための仕組みを確立していく必要がある．この仕組みがサービスマネジメントシステムである．

10.2.3 サービスマネジメントシステムの確立と改善

上に述べたような背景と目的から，サービス提供者がより良いサービスを継続的に提供するためにITSMSが必要となった．つまり，ITSMSとはサービスを提供する側がそのサービスのマネジメントを効率的かつ継続的に運用管理するための仕組みである [1]．

サービス提供者は自らのサービスに対応したITSMSを構築し，他のISO（国際標準）と同様に，そのシステムが国際標準に合っているかの認証を取得し，その認証を定期的に更新することが，自らのサービスの維持管理および顧客満足度の向上のために必要となってきている．このための認証基準を定めたのがISO/IEC20000 Part1（JIS Q 20000-1）であり，仕様を満たすための実施基準と実施例を定めたのがISO/IEC20000 Part2（JIS Q 20000-2）である．

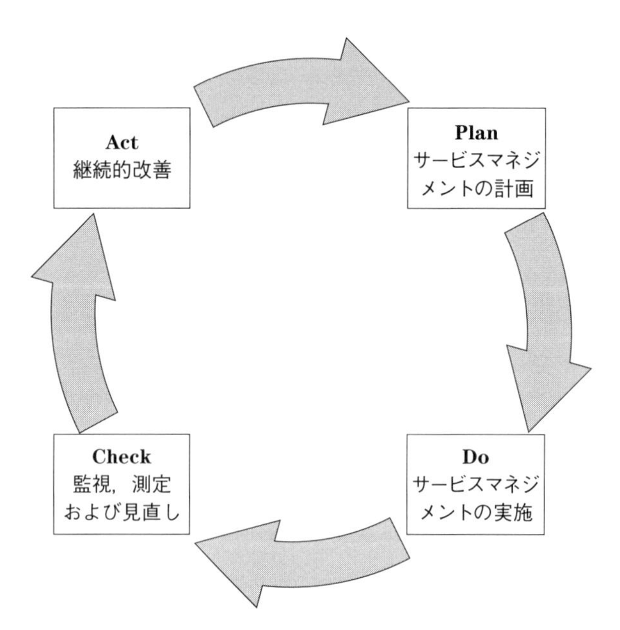

図 10.1 ISO サービスマネジメントの PDCA サイクル [1]

これらは 2 部構成で規格化されている．

ISO/IEC20000 のサービスマネジメントシステム（サービス及びそれらの改善プロセスを含む）は，計画 (Plan)，実行 (Do)，点検 (Check)，処置 (Act) の PDCA サイクルを適用することで ITSMS およびサービスそのものへの継続的な改善を効率よく行うことができるという考え方に基づいている．この考え方はプロセスマネジメントなど他の多くのマネジメントシステムに共通した概念でもあるが，IT サービスマネジメントに特化した用語および代表例で構成されている．

ISO のサービスマネジメントシステムでは PDCA それぞれを次のように定めている．

- 計画 (Plan)： サービスニーズ，顧客（ユーザ）要望，提供方針に従いサービスを設計し，提供に必要となる方針，目的，計画およびプロセスを含むサービスマネジメントシステムを確立し，文書化し，関連者で合意する．
- 実行 (Do)： サービスの設計，移行，提供および改善のためのサービスマネジメントシステムを導入し，運用する．
- 点検 (Check)： 方針，目的，計画および要求事項について，サービスマネジメントシステムおよびサービスを監視，測定およびレビューし，それらの結果を検証および報告する．
- 処置 (Act)： サービスマネジメントシステムおよびサービスのパフォーマンスを継続的に改善するための処置を実施する．

これらを図 10.1 のようにサイクル化し継続的に適用改善することが，他の PDCA の概念と同様に必要である．

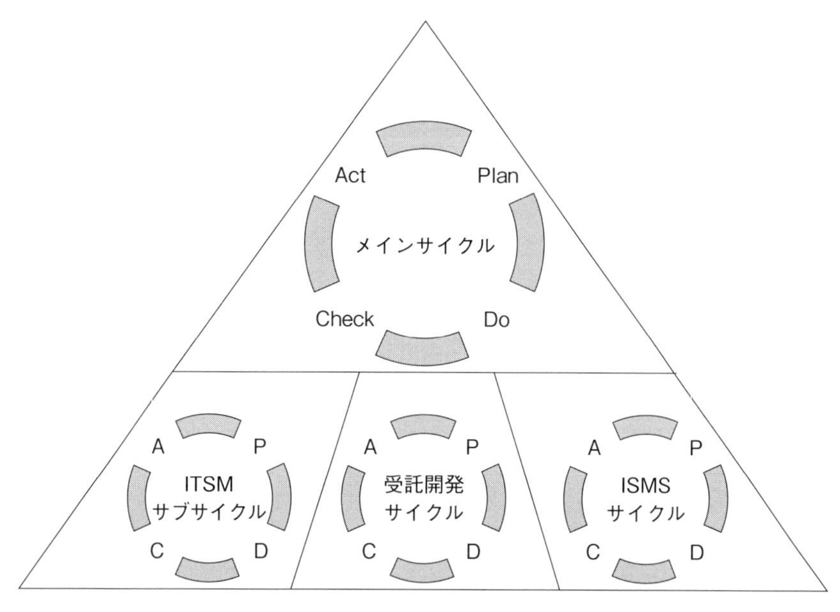

図 **10.2** ISO サービスマネジメントシステムでの複層化の概念 [1]

これらのサイクルにより，次の 5 項目が実現できる．

1) 顧客満足を実現するためのサービスの要求事項の理解と満足
2) サービスマネジメントの方針や目的の確立
3) サービスマネジメントシステムに基づいた付加価値のあるサービスの提供
4) サービスのパフォーマンスの監視，分析，改善点の把握
5) 客観的分析に基づくサービスの継続的な改善

点検 (Check) に役立つ手法として，「ギャップ分析」が規格化されている．ITSMS 構築におけるギャップ分析とは，サービスの現状と ISO の標準や対象とする顧客（ユーザ）要求仕様とのギャップを明らかにしてその原因や問題を究明し，現状のサービスの改善点を見つけることである．ギャップの解消が不可能である場合は，目標の見直しや改善策の変更などが必要となる．

サービスマネジメントシステムを構築するサービス提供者の組織が部分的に ISO9001 のマネジメントシステムを運用していたり，それぞれが ITSMS を構築済みの複数のサービス提供者が後から共同で複合的なサービスを提供していたりする場合がある．このような場合の運用では，段階的な導入や共通化による運用の負荷の軽減，効率的な構築に配慮しておく必要がある．このために，ITSMS には図 10.2 に示されるように複層化の概念を導入し，上述の課題への対応を可能としている．ここではメインサイクルは ISO20000 のメインプロセスで構成される PDCA サイクルである．図下側真ん中の受託開発サイクルは ISO9001 が導入されている．

サービスマネジメントのシステム化では，必要な要素ごとの細分化や必要な業務内容などのプロセス化が重要となり，最終的にはシステムは結合状態が明確なプロセスの集合体となる．

図 **10.3** サービスマネジメントシステムでのプロセスアプローチの例 [1]

それはプログラムの階層化やモジュラリティと同じ概念である．いくつかの部分機能（プロセス）に分割し，その各々の独立性を高めるとともに，その間の結合度合いを緩やかに，そしてインタフェースをできる限りシンプルにすることが重要となる．その際に品質管理系のISO9001で提唱された「プロセスアプローチの概念」が重要である．ITSMSには「一つのプロセスのアウトプットは多くの場合，次のプロセスの直接的なインプットとなる．サービスの中身を複数のプロセスに分割するとともに，各々のプロセスの内容を明確にし，その相互関係を把握して運用することと合わせて，一連のプロセスの集合としてシステムを運用する」と定義されている．

ITSMSのプロセスアプローチの例を図10.3に示す．ITMSのプロセスアプローチではシステム運用，保守などの技術分野を中心とした組織形態を横断してのインシデント管理やサービスレベル管理などのプロセスでの管理を求めている．そのため，図10.3のようにプロセスや組織・技術分野が縦と横のマトリックス形式で示せる．これはサービスを提供する際に必要な要素とそれぞれの技術分野が複雑に絡み合うITサービス提供を体系化するための一つの対処法といえる．

サービス提供者がISOに定めたプロセスやシステムの構築を行う際には，いくつかの困難が伴う．それはサービス提供者の多くの組織がソフトウェアやハードウェアといった技術分野を中心とした形態をとっているのに対して，ITSMSのプロセスアプローチでは，これらを横断するインシデントやサービスレベルの管理など，プロセスでの管理を求めているからである．

そのままで実現を行うと組織運営が縦と横のマトリックスの様相を呈し，指揮命令系統や技術水準の維持に問題が発生する．一般的には従前の技術分野中心の組織を維持し，組織のマネジメントとして，これらの横断的機能を受け持つ形での適用が実質的であると考えられている．

このように，顧客満足度の高いサービスを継続的に維持管理するためには，ITSMSを定義し，その運用を含めて，実際のサービス提供業務の全体を文書化し，合意し，維持管理し，改善を続けることが必要である．

10.3 ITIL (Information Technology Infrastructure Library)

ITIL (Information Technology Infrastructure Library) の主旨はこれまでも述べてきたように，IT サービスは開発して終わりではなく，継続的に提供することが最も重要である．IT サービスシステムの適切な管理運用ができないと高い顧客満足度が得られない．つまり，顧客の要求するサービスの水準を維持し，改善していくための効率的な ITSM が必要である．

ITIL は，1980 年代末に英国政府主導でまとめられた，サービスシステムの運用課題を解決するために，実際に効果のあった業務プロセスをフレームワークとしてまとめたベストプラクティス（成功事例）集である．この ITIL は ISO により補完されている．これは ITIL 自身がいわばノウハウ集であるのに対し，そのノウハウに基づいたサービスマネジメントを内部や外部の人間が評価や証明を行うために必要な基準や規格を明確化したものが，ISO/IEC 20000（JIS Q 20000）である．

つまり，ITIL が単なる事例集であるのに対し，ISO/IEC 20000-1 は ITSMS の要求仕様を定義し，第三者による認証基準を明確化するものである．また，ISO/IEC 20000-2 は，その実施基準がまとめられており，ISO/IEC 20000-1 の要求仕様を満足するためのプロセスを確立するための推奨事項である．

ITIL は 1989 年に英国で最初の版が発行されて以降，3 回の改訂を経て，2011 年に ITIL V3 版がまとめられた．

ITIL V3 は，五つのコア書籍および入門書やガイドラインなどの補助書籍および Web サポートからなっている．コア書籍は次のように構成されている [2]．

1) サービスストラテジ（戦略策定，財務・サービスポートフォリオ・システム重要事項の各管理）
2) サービスデザイン（サービスカタログ・サービスレベル・キャパシティ・可用性・サービス継続性・情報セキュリティ・サプライヤの各管理）
3) サービストランジション（システム変更・サービス資産および構成・ナレッジの各管理，移行の計画立案とサポート，リソースおよび展開管理，サービスの妥当性確認およびテスト・評価）
4) サービスオペレーション（イベント・インシデント・システム要求および問題・アクセス・IT 運用・アプリケーション・技術の各管理）
5) 継続的サービス改善（7 段階の改善サービス，サービスの測定および報告，サービスレベル管理）

これらの 5 冊は順次発行され，ITIL V2 をサービスマネジメントのライフサイクルの視点で再構成したものである．ビジネス要件から 1）のサービスストラテジで戦略や企画を制定し，2）のサービスデザインで設計・開発を行い，3）のサービストランジションで変更やサービスリリースを行い，4）のサービスオペレーションで実行・測定する．そして最後の継続的サービス改善を通じてフィードバックを行うという PDCA サイクルを繰り返す流れになる．

表 10.2 ITIL V2 のサービスサポート

種別	名称	概要
プロセス	インシデント管理	インシデントの検知から解決までの一連のプロセスの管理であり，発生したインシデントに対して迅速にサービス運用を回復させ業務への影響を最小限に抑える．
	問題管理	問題の根本な原因を突き止め，インシデントの再発防止のための解決策を提示する．
	構成管理	IT サービスを構成するハードウェア，ソフトウェア，ドキュメントなどの構成アイテム (Configuration Item: CI) を常に正しく把握し，各プロセスに効果的な情報を提供する．
	変更管理	CI の変更要求 (Request for Change: RFC) について，その影響を検証して承認／却下を決める．変更を安全確実かつ効率的に実施することが目的である．
	リリース管理	承認された変更を本番環境に適切な時期にリリースする作業をコントロールする．
機能	サービスデスク（ヘルプデスク）	IT サービスの利用者と提供者の間での一元的な窓口として活動する．適切な部署への引継/対応の記録/記録の管理などを実施する．

この中で 2）から 4）が ITIL の中核であり，ITIL V2 ではサービスサポートとサービスデリバリと呼ばれていた．このため，今でもこれらの言葉でその中核的な内容が記述されることがある．

これらの中で，サービスサポートは日常的なシステム運用とユーザーサポートの事例集であり，表 10.2 に示す五つの管理プロセスと一つのサービス機能からなっている [3]．

サービスデリバリは，中長期的なシステム運用管理に関する計画と改善についてまとめたもので，表 10.3 に示す五つのプロセスで構成されている [3]．

この中で最上位にサービスレベル管理があり，それを達成するために，キャパシティ以下の四つの管理プロセスが置かれていた．

ITIL はこのような実務上のプロセスを分類し，事例としてまとめ，定義したもので，上位に位置づけられる ISO/IEC 20000（JIS Q 20000）をクリアするためのプロセスを示したものであるともいえる．

ITIL は英国の国家著作権 (crown copyright) が設定され，許可なしのコピー・出版・改変ができない．ただし Web サービスも提供されており，企業を含めた各種組織がそのサービスに適用することに関しての何ら制限はない．ITIL 日本語版書籍に関しては，itSMF Japan から購入することができる [1]．

ITIL では，三つの P といわれる「プロセス (Process)」「人 (Person)」「製品・技術 (Product)」のバランスに配慮することが重要視されている．

---

[1] itSMF は英国で 1991 年に非営利団体 (NPO) として設立された会員制ユーザ・フォーラムで，英国政府の OGC (Office of Government Commerce) が作成した ITIL の普及促進を目的として設立され，全世界で活動を展開している．

表 10.3 ITIL V2 のサービスデリバリ

種別	名称	概要
プロセス	サービスレベル管理	IT サービスの利用者と提供者の間でのサービスレベル契約 (Service Level Agreement: SLA) をもとにサービスレベルを管理する．
	キャパシティ管理	最適なコストで現在や将来のシステムの安定稼働を実現させるために，IT システムがサービスレベルを満たすのに必要な容量や能力などのキャパシティを管理する．
	可用性管理	サービス利用者が利用したいときに確実に利用できるように IT サービスを構成する各機能を維持管理する．
	IT サービス継続性管理	障害時には合意した時間内にシステムを復旧させ，影響を許容範囲内に抑え，サービス継続性を満足するように管理する．
	IT サービス財務管理	サービスの提供に必要なコストの予測，実際のコストや収益性を管理する．

- Process（プロセス）： 業務プロセスを高度化し，役割と責任を最適化する．
- Person（人）： 業務にかかわるメンバーのスキルや姿勢およびモチベーションを向上させる．
- Product（製品・技術）： ツールにより業務効率や統制力を強化させる．

これらの三つの P の適切な割合を 4：4：2 であるとし，いずれにもバランスよく注力し，プロセスの改善，実務者への教育および適切なツールの導入を行うことを推奨している．

10.4 SLA (Service Level Agreement)

ITIL のサービスデリバリの最上位で用いられている SLA (Service Revel Agreement) に関して，サービスマネジメントの観点から説明する．ITIL では，サービス提供者と顧客は SLA を締結し，その内容に従ってサービスを提供することを推奨している．

SLA は ITIL 以前に確立されたものである．SLA はもともと通信事業者がネットワークの通信品質 (QoS: Quality of Service) を保証するための契約として広まった．内容的には実効データ転送速度の下限や障害発生時のダウンタイムの上限などを規定するものであった．1990 年代後半にインターネットの民間利用により社会インフラの基盤が変化した時期にあたり，従来ベストエフォートで提供されていたインターネット接続サービスの品質保証を行うために取り入れられたものである．

今日では他の多くのアウトソーシングを含めたサービスや企業内のシステム部門と利用部門間やアジャイルソフトウェア開発などに代表される継続的システム開発請負においても SLA によるサービス品質保証を盛り込む場合がある．

SLA は単にサービス提供時に取り交わすばかりではなく，サービスマネジメントプロセス同様に，継続的・定期的に見直しをかけ，内容の改善を図らなければならない．これを特に SLM (Service Level Management) と呼ぶことがある．

SLAは提供するサービスの内容と範囲，その品質に対する要求（達成水準）を明確にし，それが達成できなかった場合のルールを含め，あらかじめサービス提供者と顧客の間で合意する文書（契約書）である．

サービスは実態のある製品などに比べ，提供者と顧客の認識相違が起こる可能性が高い．特に中長期的に提供されるサービスの場合，その傾向が大きくなる．サービスの達成水準を数値によって明確に定量化することで，役割と責任の所在をあいまいさを排除してルール決めするのがSLAである．SLAで定める達成水準は，客観的な方法で測定できる数値の必要がある．中長期的に提供するサービスでは，定期的な測定ができる基準でなければならず，SLA中に測定方法やその主体についても規定するのが一般的である．

SLAによって，顧客には支払いの対価として提供されるサービスの内容が明確になり，機能・性能とコストのバランスにより最適なサービスの選択が可能となる．一方，サービス提供者にとっては，要求定義に基づいたサービス提供の製品戦略や提供方針などのサービスマネジメントシステム全体に対するプロセス構築の出発点となる．

ITILではサービス提供者内部の部門間で結ぶSLAを特にOLA (Operational Level Agreement)，サービス提供者が外部のサービス提供者（通信やデータセンタ事業者）と取り交わすSLAをUC (Underpinning Contract) と呼んで区別する．

ITILが定める代表的なSLA項目を次に示す．

- 可用性
- 信頼性
- 顧客満足度
- サービス時間
- 応答時間
- サービスおよびプロセスのパフォーマンス

10.5 システム監査

実際に提供されているサービスをはじめとしてあらゆる情報システムに対し，システム監査の基準が規定されている．これらの概要を知り，その目的や手順の概要を押さえておくことがサービスマネジメントにも有効である．

一般的な監査とは，企業や自治体などあらゆる組織体について，経営や業務の活動が適切に行われていることを点検・評価し，その結果が適切でなければ，正しい方向へ誘導することである．たとえば，会計監査の場合は，各組織の会計集計が適切であることを外部へ保証することである．監査の種類には，誰が行うかによる分け方としての内部監査と外部監査，監査対象による分け方としての業務監査と会計監査など，さらに目的による分け方として保証型監査と助言型監査などがある．

その中でも特にシステム監査とは，業務で使用されている「ITシステム」を対象に，経営に役立っているか，組織内外に対して信頼性が維持されているかなどを監査することである [5].

その結果として組織体の「IT ガバナンス」の実現や情報システムにまつわる「リスク」に対する「コントロール」が適切に整備・運用されていることの説明責任を果たすことに寄与することになる．2004 年に経済産業省が改定した「システム監査基準」によると，組織体が IT システムにまつわるリスクに対するコントロールを適切に整備・運用する目的は次の通りである．

1) 組織体の経営方針および戦略目標の実現に貢献する．
2) 組織体の目的を実現するように安全，有効かつ効率的に機能する．
3) 内部または外部に報告する情報の信頼性を保つように機能する．
4) 関連法令，契約または内部規程などに準拠するようにする．

システム監査では，「情報システムの大きな事故・災害につながるリスクの発生を未然に防止すること」が期待される．具体的には，システム停止により業務遂行ができなくなることや，機密情報・個人情報の漏洩などによってセキュリティが守れないこと，その他経済損失にかかわる事件などの発生を未然に防ぐことである．

システム監査の実施に当たっては，監査の目的に基づいて監査の範囲を定め，監査テーマを設定する．

システム監査の基準には，経済産業省発行の「システム監査基準」[6] と「システム管理基準」[7,8] をはじめとして，表 10.4 に示すようなものがある．

10.5.1 システム監査の目的と手順

システム監査は，監査対象から独立した監査人が，情報システムを信頼性，安全性および効率性の観点から総合的に点検・評価し，関係者に助言・勧告するものであり，情報システムセキュリティの確保とその有効活用を図るうえで極めて有効な手段であり，情報化社会の健全化（IT ガバナンス）に大きく貢献するものである [2]．

ポイントの一つは，「監査対象から独立した」という点である．独立した監査人が，客観的に IT システムを監査することである．監査手順は，監査計画に基づき，予備調査，本調査および評価・結論の手順により実施するとともに，情報システムの総合的な点検，評価，経営者への結果説明，改善点の勧告および改善状況の確認とその改善指導（フォローアップ）という順となる．

10.5.2 システム監査の実施

システム監査の実施にあたり，次の 2 点を確実に実施する必要がある．

1) 監査証拠の入手と評価
   システム監査人は，適切かつ慎重に監査手続を実施し，保証または助言についての監査結果を裏付けるのに十分かつ適切な監査証拠を入手し，評価しなければならない．
2) 監査調書の作成と保存

[2] https://www.jitec.ipa.go.jp/1_11seido/s44_h6har/old_au.html より．

表 10.4　システム監査のため，もしくは，システム監査に利用できる主な基準 [4]

■システム管理基準（経済産業省 2004 年策定）
■システム管理基準 追補版（財務報告に係る IT 統制ガイダンス） （経済産業省 2007 年 3 月策定）
■情報セキュリティ監査基準（経済産業省 2003 年策定）
■情報セキュリティ管理基準（経済産業省 2015 年改定案公表） ■クラウド情報セキュリティ管理基準（JASA 2014 年 9 月改定）
■情報システム安全対策基準（経済産業省 1997 年 9 月最終改定）
■コンピュータウイルス対策基準（経済産業省 2000 年 12 月改定）
■コンピュータ不正アクセス対策基準（経済産業省 2000 年改定）
■地方公共団体における情報セキュリティ監査に関するガイドライン （総務省 2015 年 3 月改定）
■金融機関等のシステム監査指針（FISC 2014 年 3 月改訂） ■金融機関等コンピュータシステムの安全対策基準・解説書 （FISC 2015 年 6 月改訂）
■ COBIT5：Control Objectives for Information and Related Technology （米 ISACA 2012 年 4 月公表）
■ JIS Q 19011（マネジメントシステム監査のための指針）
■ JIS Q 9001（品質マネジメントシステム）
■ JIS Q 27001（情報セキュリティマネジメントシステム）
■ JIS Q 20000-1，JIS Q 20000-2（サービスマネジメント）
■ JIS Q 15001（個人情報保護マネジメントシステム）
■ JIS Q 38500（IT ガバナンス）
■ JIS Q 27014（情報セキュリティガバナンス）
■ JIS Q 31000（リスクマネジメント—原則及び指針）

システム監査人は，実施した監査手続の結果とその関連資料を，監査調書として作成しなければならない．監査調書は，監査結果の裏付けとなるため，監査の結論に至った過程がわかるように秩序整然と記録し，適切な方法によって保存しなければならない．

10.5.3　システム監査の報告

システム監査の報告では以下の基準が設けられている．

1) 監査報告書の提示と開示
システム監査人は，実施した監査の目的に応じた適切な形式の監査報告書を作成し，遅滞なく監査の依頼者に提出しなければならない．監査報告書の外部への開示が必要とされる場合には，システム監査人は，監査の依頼者と慎重に協議のうえで開示方法などを考慮しなければならない．

2) 監査報告の根拠
システム監査人が作成した監査報告書は，監査証拠に裏付けられた合理的な根拠に基づくものでなければならない．

3) 監査報告書の記載事項

監査報告書には，実施した監査の対象，実施した監査の概要，保証意見または助言意見，制約または除外事項，指摘事項，改善勧告，その他特記すべき事項について，証拠との関係を示し，システム監査人が監査の目的に応じて必要と判断した事項を明瞭に記載しなければならない．

4) 監査報告に対する責任

システム監査人は，監査報告書の記載事項について，その責任を負わなければならない．

5) 監査報告に基づく改善指導（フォローアップ）

システム監査人は，監査の結果に基づいて所要の措置が講じられるよう，適切な指導性を発揮しなければならない．

10.6 内部統制と IT ガバナンス

システム監査を有効に機能させ，企業の価値を高める上位概念として，組織体の内部統制と IT ガバナンスがある．これらの概要について説明する．

10.6.1 内部統制

内部統制を知るためにはその目的を押さえる必要がある．内部統制の目的は次の通りである．

- 組織体の業務の有効性・効率性を継続的に確保すること
- 組織体の財務報告の有効性を確保すること
- 組織体のコンプライアンスを確保すること
- 組織体のもつ資産の保全を確保すること

これらから内部統制について述べる．広義には，組織体の目的を果たすために責任者または経営者が整備・運用するものである．狭義には，法律行為や財務報告における不正や誤りを防止するために責任者や経営者が主体となって整備・運用するものである．

具体的には，組織形態や社内規定の整備，業務のマニュアル化や構成員教育システムの整備，規律や規則を守りながら目標を達成させるための環境整備，および財務報告や経理の不正防止などが挙げられる．コーポレートガバナンスは組織のステークホルダと責任者または経営者との間における仕組みであるが，内部統制は組織体の責任者または経営者と構成員との間における仕組みであり，企業においては経営そのものである．内部統制はその限界も指摘されており，それを克服するために，業態や時代の変化とともに適確に変化させていくための不断の努力が必要である．

日本では，2006 年 5 月施行の会社法および 2007 年 9 月施行の改訂金融商品取引法によって，業務全般に対してこのシステムを整備・運用することが明確にされ，商法でいう大会社およびその関連会社にその適用が義務付けられている．

内部統制における IT システムとの関係は「IT システム環境への対応」と「IT システムの利

用およびその統制（IT 統制）」の二つのタイプに分類できる.

IT システム環境への対応とは「組織が活動するうえで必然的にかかわる組織内外の IT システムの利用状況である」と 2007 年 3 月に経済産業省発行の「システム管理基準 追補版（財務報告に係る IT 統制ガイダンス）」に定義されており，以下の点に考慮する必要がある.

- 社会および市場への IT の浸透度
- 組織が行う取引などにおける IT システムの利用状況
- IT システムの安定度
- 関連するシステムの外部委託の状況

IT システムの利用およびその統制とは，業務で IT を有効に利用しているかということと，それを適切に管理しているか（IT 統制）を意味する．つまり，組織内の業務環境の統制やリスクの評価とその軽減，組織内統制活動・情報伝達・モニタリングに IT システムを有効かつ効率的に利用し，それらを適切に維持管理することである.

たとえば，ERP パッケージの導入や社内ネットワークの整備，グループウェアやワークフローシステムなどの導入が「IT システムの利用」にあたる．それら利用している IT システムを適切に維持管理しているかが「IT 統制」である．IT 統制をさらに，ハードウェアやネットワークの運用管理，ソフトウェアの開発・更新・運用管理などの組織体内の「IT 全般統制」と，入力エラーデータの修正フローの整備やシステムへの認証などのアクセス管理やその履歴の整備，個々の業務アプリケーションごとの処理履歴の整備などの「IT 業務処理統制」の二つに分類することができる.

この内部統制の構築には，業務フロー図や定義書を策定するとともに，次の 3 点が必要である.

- 各業務に存在するリスクとその対応方針を規定したリスクコントロールマトリックスを作成し業務プロセスを明確化にすること
- 各業務における内部統制にかかわるルールを設定すること
- 権限の分散や相互チェックに考慮した組織や職務分掌の策定を含むそれらのチェック体制を確立すること

これらの内部統制に関する基準は，通称 COSO キューブにまとめられている．COSO キューブとは，トレッドウェイ委員会支援組織委員会 (The Committee of Sponsoring Organization of the Treadway Commission) が策定し，発表した「内部統制 統合的枠組み」の通称で，国際的な内部統制の枠組み（フレームワーク）の代表的なものである．日本の内部統制の基準も，この国際的な内部統制の枠組み（フレームワーク）である米国の COSO の枠組みを基本的に踏襲し，それに日本の実情を反映・加味し策定している．米国の COSO では，内部統制は三つの目的と五つの基本的要素からなっている．日本ではその実情に合わせ，一つの目的，一つの基本的要素が追加されている.

10.6.2 IT ガバナンス

IT ガバナンスとは，組織がその競争力を高めるために IT システム活用の戦略を策定し，その実現と維持管理を行う仕組みであり，各監督組織により次のように定義されている．

- 企業が競争優位性構築を目的に，IT 戦略の策定・実行をコントロールし，あるべき方向へ導く組織能力（経済産業省）
- 主に IT 化により新たに生じるリスクの極小化と的確な投資判断に基づく経営効率の最大化，すなわちリスクマネジメントとパフォーマンスマネジメントであり，これらを実施するにあたっての健全性確保のためのコンプライアンスの確立である．（日本監査役協会）

これらの定義を受けて IT ガバナンスを考えると，その目的は以下のようになる．

- 経営戦略と IT システム戦略の整合性の確保
- IT システムの投資効果の継続的な評価と組織内の統制
- IT システムの投資効果評価のためのフレームワークの確立とそのためのマネジメントシステムの構築

これらを受けて，IT ガバナンスを具体的にどのように導入していくかのガイドラインが，COBIT (Control Objectives for Information and Related Technology) としてまとめられている．COBIT は IT ガバナンスとそのコントロールのフレームワークを導入するために，組織体が必要とするすべての情報を網羅した包括的な資料である．

IT ガバナンスを実現するためには強力なリーダーシップを必要とするために組織責任者とは別に最高情報責任者として CIO (Chief Information Officer) を任命し，確実な実現を行うために先に述べたシステム監査をはじめ情報セキュリティ監査やソフトウェア資産管理といった取り組みの有効な利用が必要である．

10.6.3 法令遵守状況の評価・改善

内部統制とコンプライアンスは密接な関係にあり，IT システムの構築や運用において，対象となる業務や IT システムにかかわるすべての法令を遵守して行う必要がある．このため関連する法令を具体的にリストアップし，業務や組織との対応を明確にし，これらの見直しを含む定期的な遵守チェックを行うためのルール化を内部統制で実現する必要がある．

たとえば，内部統制の関連法規としては，内部統制の構築を義務付けている「金融商品取引法」と「会社法」の二つがあり，IT システムの構築・運用においては個人情報の取り扱いに関するルールを定めた「個人情報保護法」，ソフトウェア開発や利用にかかわる「著作権法」などがよく知られているが，各組織の置かれた環境やその業務内容，業種などに基づく関連法規のきちんとした網羅とその定期的な見直しが重要である．

10.7 本章のまとめ

本章では IT サービスマネジメントに注目し，運用・保守などにおける顧客の要求を満たす「IT サービス」として捉えて体系化し，システム監査においては監査の目的・対象業務・実施手順について紹介した．さらに内部統制・IT ガバナンスにも言及している．

一方，近年では情報システムの大規模化・複雑化が年々進んでおり，これに伴ってサービスオペレーションではインシデントへの対応が不可欠になってきている．インシデントに関する問題は増加し，扱う内容も複雑化しているため，これからはオペレータの業務の効率化や，対応品質の向上がますます重要な課題になってくるであろう．

演習問題

設問 1　KPI（重要業績評価指標）は企業などの組織において個人や部門の業績評価を定量的に評価するための指標である．サービスデスクにおいてサービスの良し悪しを評価し，改善するためにどのような KPI があるかをまとめよう．（ヒント：サービスデスクはどのようなプロセスで実施しているか，各プロセスで数値として定量的に把握できる情報は何か，ユーザにとって良いサービスとは何かを考えるとよい．）

設問 2　データセンタや通信サービスなどのインフラ系サービスで結ばれる SLA とシステム開発で結ばれる SLA との違いやそれぞれの具体的な例を示せ．（ヒント：インフラ系サービスとシステム開発でそれぞれ SLA を結ぶ目的や SLA を結ぶ関係者に着目するとよい．）

設問 3　情報セキュリティ監査基準とはどのようなものかについてまとめよう．（ヒント：システム監査のための主な基準（表 10.4）の中から，関係すると思われる基準について調査するとよい．）

設問 4　内部統制での「IT システムの利用およびその統制（IT 統制）」では IT 全般統制と IT 業務処理統制の二つがある．IT 全般統制でシステムの開発と保守に不備があると財務報告の信頼性にどのような影響が生じるかを具体的な例で示せ．（ヒント：システム開発時の「開発（変更）要件の承認」「テストの実施」「開発（変更）結果の承認」に不備があるとシステムにどういう影響があるか，システム保守時に「保守契約」の不備などに注目するとよい．）

参考文献

[1] 津村正彦：IT サービスマネジメントの構築・運用における課題と対処法, UNISYS TECHNOLOGY REVIEW, Vol.89, pp.84–96, May. 2006
[2] 黒崎寛之：要点解説　IT サービスマネジメント [ITIL V3] [JIS Q 20000] 対応，技術評論社，2010
[3] 玉川義人著：実践！ IT ガバナンス/IT 統制—IT サービスマネジメントと IT 部門再生，公人社，2006
[4] 日本システム監査協会：システム監査を知るための小冊子，2016 (https://www.saaj.or.jp/csa/system_audit_booklet2016.pdf)
[5] 松井亮宏：システム監査がわかる本，金風舎，2017
[6] 2004 年 10 月 8 日 経済産業省改定「システム監査基準」
[7] 2004 年 10 月 8 日 経済産業省策定「システム管理基準」
[8] 2007 年 3 月 30 日 経済産業省策定「システム管理基準 追補版（財務報告に係る IT 統制ガイダンス）」

第11章 クラウド時代の情報マネジメント

□ 学習のポイント

この章では，情報技術の進化に伴って発生している情報利活用に関係する諸問題に注目しながら，情報マネジメントの考え方を理解する．また，情報の流通におけるさまざまな問題がなぜ生ずるのかについて，学習者自らが意識することの重要性に注目する．

□ キーワード

インターネット，標準化，国際化と地域化，文字コード，日時表現，メタデータ，アクセシビリティ，オープンデータ，アクセス解析

11.1 はじめに

クラウド時代の情報マネジメントの議論に入る前に，情報技術の進化に伴って情報の利活用者がどのような問題に直面しているかについて明らかにする必要がある．そのためには，ネットワーク社会における情報処理がどのように変化してきたか，情報の流通が組織の内外においてどのようになされているかに言及したい．さらに，キーワードに列挙した用語がどのような意味をもっているのかにも注目したい．本章では，情報処理のコストを下げて，効率を向上するという観点から，いくつかの課題を検討する．各課題には文化的側面などもあるが，本章では触れない．

11.2 組織と情報流通

組織内と組織外との関係が密接になるにつれ，組織外との情報流通が重要になっている．また，組織外に広がった情報流通がマネジメントの対象として重要になっている．組織外としてはさまざまな種類・場合を考慮しなくてはならない．たとえば，組織の外部の他組織，企業の製品の消費者，インターネット，外国，組織の活動に対する規制当局などがある．

組織外との情報流通のコストを下げて効率を向上するポイントは，組織外で通用する共通のルールを採用すること，自分の組織外での情報流通を把握する手段を講じることである．この

ようなルールは，必ずしもコンピュータシステムを前提としたものではない．

そこで，多方面と関係するいろいろなルールがあることや，社会的な背景を知っておく必要がある．しかしながら，これらは意識されることが少ない．また，本章の内容が情報系の大学・学部のカリキュラムで取り上げられることも少ない．

これらの理由から，この節では，トピックを網羅的に取り上げるよりも，問題意識を呼び起こすことに務める．

11.2.1 コストと効率

ここでは，情報処理のコストと効率の観点から，背景にあるいくつかの課題を取り上げる．

(1) 情報の流通

クラウド時代といわれる現代では，情報マネジメントの対象，すなわち組織による情報処理の対象は，組織の外にも広がってきている．情報の流れが，組織の中から外へ出ていくもの，外から中へ入ってくるもの，さらに外と外でやり取りされる流れがあることも，マネジメントの対象となってきている．そこで，組織外での情報処理コストと効率について考慮する必要がある．

たとえば，誰かが旅行計画をたてるとすると，鉄道の乗換経路検索，指定席の空席状況のチェック，ホテルの空室状況のチェックなどの情報処理コストがかかるであろう．これを，鉄道会社や旅行業といった組織の立場で考えてみよう．

外部の人がこれらの処理をする（すなわち組織の外の人による情報処理で完結する）ならば，組織自身の情報処理コストは下がる．また，空室検索処理のコストが低く効率がよければ，ホテルの予約が増えることが期待できる．すなわち，組織外で行われる情報処理でも，組織に関係する情報処理であるならば，そのコスト低減や効率向上は，組織自身のメリットとなる．

(2) インターネットの課題

中から外，外から中，外から外への情報流通は，近年では，一般に公開され誰もがアクセスできるインターネット (the Internet) で行われることが多い．物理的に組織外に置かれる情報も，インターネットを経由してアクセスする．

インターネットとは，世界的規模のコンピュータ・ネットワークである．言葉本来の意味はネットワーク間のネットワークである．企業内ネットワークや携帯電話会社などのネットワークがお互いにつながってネットワークを作ることで，情報流通ができるようになっている．言い換えると，ネットワークどうしは必ずしもお互いにつながっているわけではない．たとえば，ネットワーク A からネットワーク B へはアクセスできるが，B から A へはアクセスできなかったり，アクセスできる情報が制限されていたりする場合がある．

事例 11-1）学内の Web ブラウザでアクセスできない Web サイトがあるか否か，ネットワーク利用規則などを調べてみるとよい．

事例 11-2）大学のメール・アカウントに学外からアクセスできるか否かを試してみるとよい．また，ネットワーク利用規則を調べて，その理由を検討するのもよい．

(3) 標準化 (standardization) の課題

情報のモデルや情報のデータ形式を標準 (standard) に合わせることで，情報処理のコストを下げ，効率を向上させることができる．標準に合わせることで，広く流通している情報機器やソフトウェアを採用することができ，調達コストが下がる．

情報のモデルが標準と合っていることで，データ変換や再解釈などの手間がなくなり，情報処理のコストが下がる．データ形式が標準と合っていれば，変換のコストが減り，エラーの発生を減らすことができるからである．

身近な例を挙げると，年を西暦で処理することにすれば，和暦（昭和，平成など）と相互に変換する手間がかからないために年齢などの計算が簡単になり，特に人間にとって処理効率が向上する．

11.2.2 国際化と地域化

システムを国際化（internationalization，i18n と略すことがある）することで，組織の情報を効率的に多様な言語や地域に流通させられる．前項の旅行の例で，旅行者が国外から交通機関やホテルを調べて予約できれば，交通機関やホテルの利用者が増えることも期待できる．

国際化の対象としては，文字，紙面や画面に文字を配置する方向（たとえば日本語なら縦書きは上から下，横書きは左から右）[4]，組版規則（ルビなど），大きな数値の桁区切り文字，小数点の文字，日時 (date and time) 表記，暦法，温度（摂氏：°C，華氏：°F），通貨（円，ドル，…），などがある．

システムに技術的な変更を加えることなくそのままで，このようなルールに適用できるようにシステムを設計・実装することを国際化という．言語や地域固有のモジュールや UI (User Interface) のテキストを追加することでシステムを地域に適用させることを地域化 (localization, L10N と略すことがある）という．

桁区切りと小数点の例を挙げよう．日本では大きな数値を 3 桁ごとにコンマ「,」で区切り，小数点にピリオド「.」を使う（例：3,000.59）．世界の他の地域では，大きな数値をピリオドや空白で区切り，小数点にコンマを使うところもある（例：3 000,59）．このため，たとえば「0,2%」という表記は間違いとはいえない．また，「3,059」という表記は「整数部分が 3」と解釈される可能性がある．

事例 11-3）この項では，日本で生活する読者を想定した日本語の文章で表現している．別の国を想定して，この文章を，その国で生活する読者を想定した日本語の文章に地域化することが考えられる．また，グループを作って，各人が地域化した文章についてグループで検討してもよい．

11.3 異なる文字コード (character encoding) の課題

ここでは，文字，コード化，文字を表現するのに必要な機能（結合，など）を取り上げる．

コンピュータシステムで文章・テキストを処理するとき，文字にビット表現を割り当てて，テキストを文字の集まりとして処理する．その方が，テキストや文字を画像として処理するよりも効率がよい．

文字の個々のビット表現や，それら対応関係全体を文字コード [1,2] と呼ぶ．文字コードは，文字集合 (character set) と文字符号化方式 (character encoding scheme) の二つから構成されると考えるとわかりやすい．文字集合とは，文字通りシステムで処理の対象とする文字の集まりである．集合を決めるということは，対象としない文字があったり，文字を同じとみなしたり違うと区別したりすることを含む．文字符号化方式は，文字にビット表現を割り当てる方式である．同じ文字集合に対して異なる文字符号化方式を適用することがある．

標準の文字コードを採用すれば組織内外とのテキスト情報の流通が効率的になる．コンピュータシステムの歴史では，一つの言語（たとえば日本語）に限っても，複数の文字コードが使われてきた．異なる文字コードを採用するシステム間で情報を流通させようとすると問題が発生する．たとえば，システム A の文字コードにある文字が，システム B の文字コードにない場合について考えよう．A から B にテキストを送ったときにシステム B の側で受信したテキストを表示すると，文字化けが起きることがある．

文字コードを決めるとき，ある文字と別の文字が同じ文字なのか，区別する必要があるのか判断しなくてはならない．同じ文字かどうかは，同じ人名か，同じ地名かという判定にかかわる．これはコンピュータシステムで処理する以前の問題である．

事例 11-4）文字化けが起きている実例を挙げて，その原因を考えさせよう．さらに文字集合の違いか，あるいは文字符号化方式の誤りか，あるいは別の原因があるのかなどについて調べさせるのもよい．

11.4 スケジュール共有の課題

スケジュール共有には日時表現に関する課題 [3] が存在する．ここでは，エポック時間 (Unix time) や，日時の表記などを取り上げる．

オリンピックなどの国際的な生中継を思い出してみよう．世界中で同時に見ているとしても，地域によって，時計が指し示す時刻は異なる．国や地域ごとに共通に使う時間を標準時 (standard time) という．同じ標準時を使う地域をタイムゾーンという．一つの国に複数のタイムゾーンを含むことがある．世界の各国・各地域で使われる標準時の基準となる時刻として協定世界時 (Coordinated Universal Time: UTC) が使われている．各国・各地域の標準時は，協定世界時との差として表現されることがある．たとえば，日本標準時 (Japan Standard Time) は協定世界時よりも 9 時間早く，+0900 (JST) などと表記する．日本標準時で朝 9 時のとき，協定世界時では 0 時である．

コンピュータシステムでは，協定世界時 (UTC) での 1970 年 1 月 1 日午前 0 時 0 分 0 秒（これを UNIX エポックと呼ぶ）からの経過秒数を使うことがある．UNIX 時間と呼ばれる．日時を計算するときに，いったん UNIX 時間に置き換えると整数の計算となり簡単である．

人間の社会では，日時にはさまざまな表記があり，誤解を生むこともある．たとえば年月日

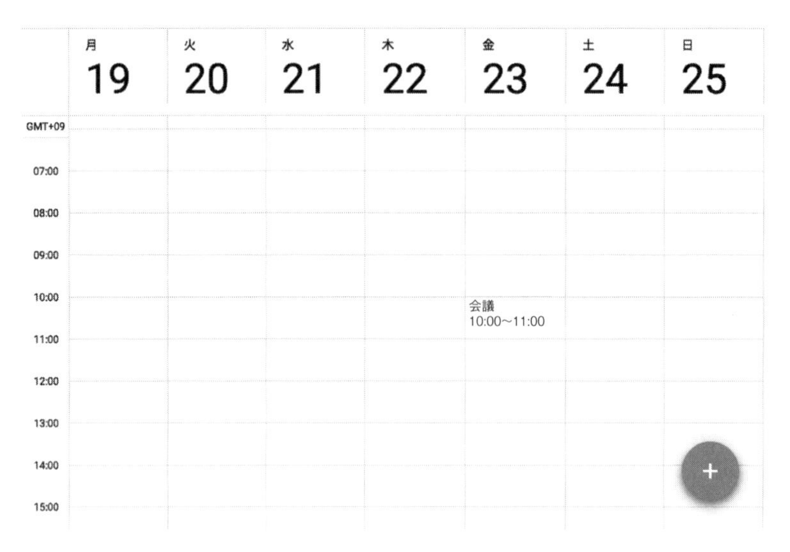

図 11.1　会議の開始・終了時刻（1）

の順序は国ごとに違う.「2017 年 12 月 2 日」を「2017-12-02（年月日)」と表記する国もあれば,「12-02-2017（月日年)」や「02-12-2017（日月年)」と表記する国もある. 後者二つは, これを見ただけでは判別がつかない.

これ以前の問題として, 日時の測り方は, 歴史的にも文化的にもさまざまである. 地球が太陽を周る周期をもとに作られた太陽暦と, 月の満ち欠けをもとにした太陰暦とでは日付が違う.

事例 11-5）タイムゾーンの一覧を調べて, 世界の時差がどのように計算されているかを考えさせるとよい. たとえば次のような展開ができる.

① スケジュールソフトを起動する.
② 1 時間の予定「会議」を作成し, 開始・終了時刻を覚える（図 11.1).
③ 「設定」で現在の「タイムゾーン」を確認する. たとえば,「日本」とする.
④ タイムゾーンを「太平洋時間」に設定して保存する. サンフランシスコが該当する.
⑤ 上記の「会議」の開始・終了の日時が変わったことを確認する（図 11.2).
⑥ タイムゾーンを「東京」に戻す.
⑦ 演習 1 の予定と同じ日に, 終日の予定「誕生日」を作成する（図 11.3).
⑧ 再度, タイムゾーンを「太平洋時間」に設定する.
⑨ 二つの予定の前後関係を見る（図 11.4).

①〜⑤ では, タイムゾーンの設定を変えることで,「会議」の日時が変わって見える. これは日時を測る目盛りが変わっただけで, 実際の会議の時間は変わらない. この会議が東京とサンフランシスコに分かれて仕事をしているチームのオンライン会議だとしよう. 東京で働いているメンバーは「東京」設定での時刻で, サンフランシスコで働いているメンバーは「太平洋時間」設定での時刻で, それぞれが席に着けば会議を始められる.

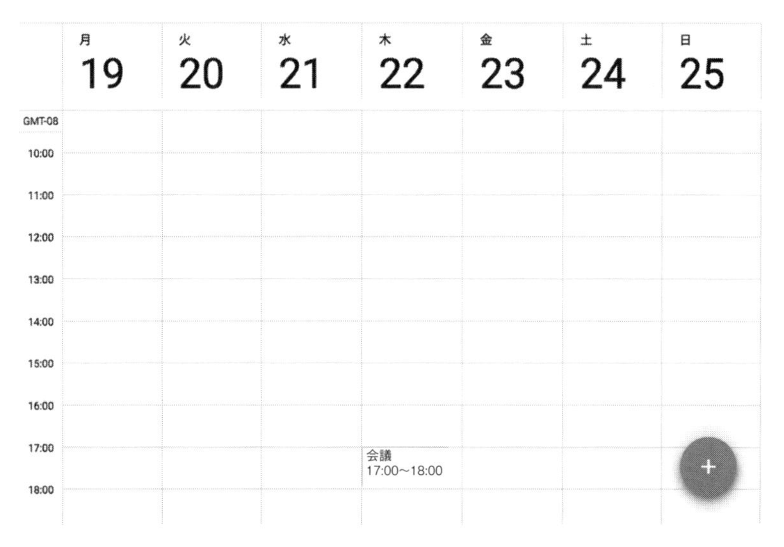

図 **11.2** 会議の開始・終了時刻（2）

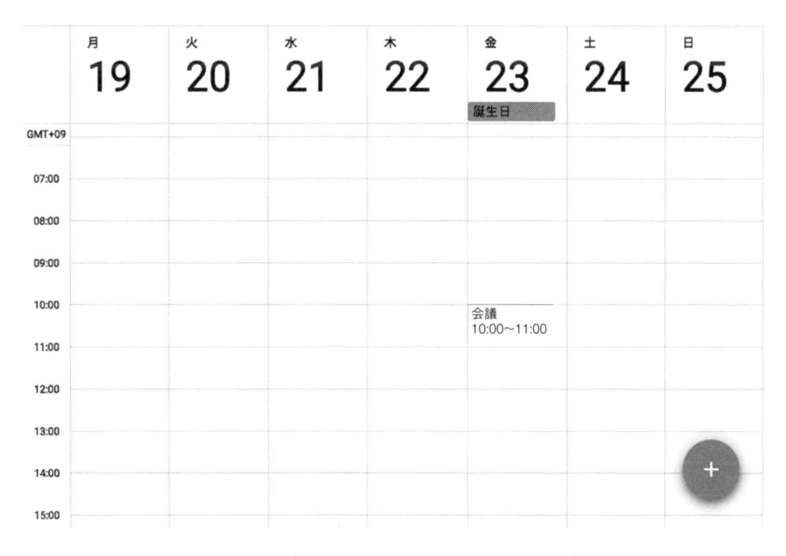

図 **11.3** 会議の開始・終了時刻と誕生日（1）

⑥～⑨では，タイムゾーンを「東京」から「太平洋時間」に変えると，「会議」の日付が 10/23(金) から 10/22(木) に変わるが，「誕生日」の日付は 10/23(金) のままである（図 11.4）．その結果，「東京」では同日であった「会議」と「誕生日」が，「太平洋時間」では「会議」の方が前（過去）の時間に変わっている．元日に新年を祝うといった行事は，それぞれの場所の日付に基づいて行われることが多い．テレビ中継で，外国の新年カウントダウンが自国よりも早かったり遅かったりするのを見たことがあるだろう．スケジュールソフトの終日スケジュールの仕様は，このような運用を反映している．「誕生日」のような終日のスケジュールは，時刻指定のあるスケジュールとは別の領域に表示

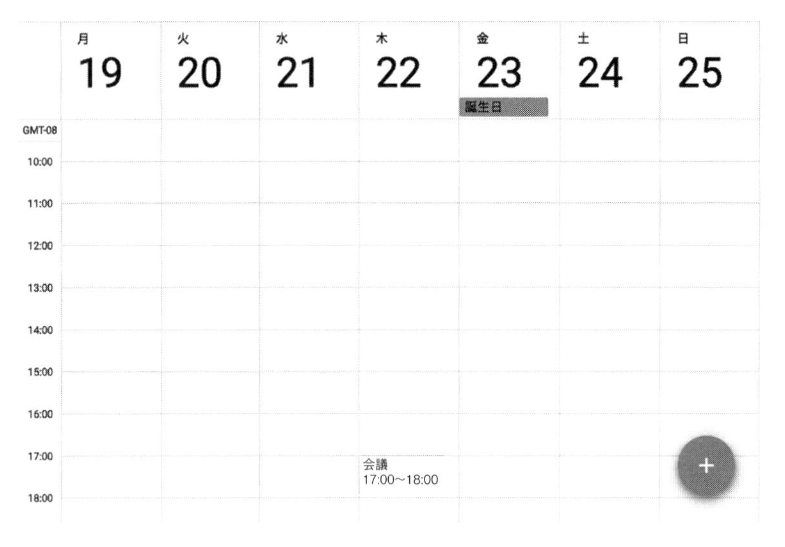

図 11.4 会議の開始・終了時刻と誕生日（2）

するものが多い（図 11.4）.

組織の内外でスケジュールを共有するためには，日時表現に注意が必要である．日時表現は，単に表記の違いだけでなく，日時の測り方の違い，日時に基づく行事や仕事の仕方を反映したものである．学生であれば，講義やアルバイトのシフトは，「13 時 10 分から 14 時 40 分まで」といった表現よりも「3 限」や「早番」といった表現の方がわかりやすいであろう．スケジュール情報のマネジメントには，組織内外の習慣の違いや，国際理解が必要である．

11.5 その他の重要用語

上の各節で扱った以外にもキーワードで示した用語がある．この節では，それらのいくつかを補足する．

(1) アクセス解析

アクセス解析では，さまざまなアクセスの手段を解析する．たとえば，組織が組織外に向けて発信した情報のアクセス状況を測定し，意図した通りにアクセスされているのかについて分析する．分析によって，個々の情報が，よくアクセスされている，あるいはほとんどアクセスされていないことがわかったり，それを踏まえて情報発信の仕方を変えたりする．情報発信の手段が Web サイトであれば，よくアクセスされる人気の情報や組織として伝えたい情報を，サイトの先頭ページに配置したりする．

(2) メタデータ

メタデータ (meta data) とは，データに関するデータという意味である．つまり，データそのものではなく，データを表す属性や関連する情報を記述したデータである．

たとえば文書であれば，作成者，作成日時，更新日時などの情報が記述され，写真であれば撮影日時，撮影場所などの情報が記述されると考えられる．このため，書誌情報 (bibliography) と呼ばれることもある．

メタデータによって情報の管理が容易になる．たとえば，写真を撮影日時で整理したり，地図上に配置したりすることができる．

事例 11-6）パソコンやスマホ内の写真や動画といったデータについて，ユーザがアクセスできるメタデータをリストアップすることが考えられる．

事例 11-7）メタデータを，パソコンやスマホのアプリがどのように活用して，写真や動画にアクセスしやすくしているかを例示するのもよい．

(3) アクセシビリティ

アクセシビリティ (accessibility) は，文字通りアクセス（接近，入手，利用）しやすさのことである．施設などの利用しやすさの場合にはバリアフリーとも呼ばれる．情報システムでは，情報の取得しやすさ，発信しやすさを指している．

たとえば障害者や高齢者であっても，あるいは使う情報端末が何であっても，情報の受発信ができるようになることで，組織外で情報が流通しやすくなる．組織の業務が公共サービスであるなら，知る権利を保障するために，アクセスビリティを向上させることは重要である．

事例 11-8）スマートフォンなどの音声読み上げ (Text-to-speech, TTS) 機能（Voice Over など）を使って，大学のホームページを読み上げさせて，問題点を指摘することが考えられる．

(4) オープンデータ (open data)

11.1 節の冒頭で述べたように，組織外での情報マネジメントが組織自身にとっても重要である．オープンデータとは，すべての人が自由に入手でき，再利用できるようなデータのことである．それは，組織自身の情報を組織外に提供することにつながる．

つまり，ある情報を利用するにあたって，せいぜい情報の出所をクレジットする以外の制限を設定しないことを，オープンデータを提供するという．組織の情報をオープンデータとして提供することで，情報利用者には利用コストが低くなるというメリットがあり，利用が促進され，組織自身のメリットも増す．また，情報利用申請に煩わされないという点で，情報を提供する組織自身にもメリットがある．

11.6 本章のまとめ

本章では，情報流通のコスト低減と効率向上の観点からクラウド時代の情報マネジメントの諸問題を取り上げた．問題は幅広い分野にわたるが，情報の利活用者の立場に立つことで理解しやすくなる点が共通している．受け手にとっての利活用のしやすさが，情報を作り送り出す側にもメリットとなることを理解することが，今後はますます必要であろう．

演習問題

設問 1 ネットワークどうしがアクセスできなかったり，アクセスできる情報が制限されていたりする例を挙げよう．（ヒント：解は一つではない．「インターネットの課題」の事例 11-1 と事例 11-2 を参考にして考えてみよう．）

設問 2 厄年（やくどし）とは何かについて調べてみよう．また，自分や家族の厄年がいつなのかも調べてみよう．（ヒント：厄年とは，日本の風習であり，災厄が降りかかるとされる年齢のことである．厄年は，満年齢ではなく，数え年の年齢で設定されることが多い．）

設問 3 時差のある国へ飛行機で旅行すると想定して，航空会社のホームページで往復のフライトを選び，飛行機に乗っている所要時間を往路・復路それぞれ計算してみよう．航空会社によってはあらかじめ所要時間が計算されて表示されている場合があり，その場合は表示されている時間と自分の計算結果が合っているか確かめよう．（ヒント：出発時刻と到着時刻が，それぞれどの国の時刻で表示されているかを確認してみよう．）

設問 4 日本国内外の国や自治体が公開しているオープンデータを挙げて，利用条件を調べてオープンデータに該当することを確認したうえで，利用方法を提案してみよう．（ヒント：公開されているからといってオープンデータとは限りません．オープンデータに関するコンテストが多数開催されていて参考になります．）

参考文献

[1] 小林龍生：ユニコード戦記—文字符号の国際標準化バトル，東京電機大学出版局，2011
[2] 矢野啓介：プログラマのための文字コード技術入門，技術評論社，2010
[3] Internet Engineering Task Force (IETF), "Internet Calendaring and Scheduling Core Object Specification (iCalendar) RFC5545", http://tools.ietf.org/html/rfc5545
[4] 小林龍生：EPUB 戦記，慶應義塾大学出版会，2016

第12章
情報評価の枠組み

□ 学習のポイント

この章では，情報が評価される枠組みとはどのようなものかについて学ぶ．評価する観点・指標を事前に明文化してから情報を評価し，さらに評価の観点・指標そのものも評価の対象とするという情報評価の枠組みについて理解する．

□ キーワード

情報評価の枠組み，評価の観点，評価基準，マスメディア，メディアドクター

12.1 はじめに

情報評価の枠組みに入る前に，メディアドクターとは何かについて，その特徴を概観したい．その上で，評価の観点・指標そのものが評価の対象となるという情報評価の枠組みと，ヘルスケア分野でのメディアドクターの活動について取り上げる．

たとえば，組織の外部に発信された情報が外部の受け手によってどのように検証されたり評価されたりしているのかに注目して，いくつかの事例を紹介する．

12.2 情報を評価するとは

北澤は「マスメディアは健康・医療情報源として重要な役割を担っている」と述べている [1]．また，一方で「研究結果が誤解されていたり，偽って伝えられていたり，人騒がせだったりする」といった懸念についても触れている [1]（詳しくは，12.4 節を参照されたい）．

しかし，一般市民が医療情報に関して「何が真実であるか」を判断することはほとんど不可能といってもよいであろう．ところが現実には，医療研究者ではないが，健康に関する情報や報道に常に注目している人は少なくないであろう．そこで，医療情報に限らず，情報を評価するとはどのようなことかについて考えたり，議論したりすることが必要になろう．

品質マネジメントシステムに関する ISO 9000 シリーズや，学習到達度の評価基準として教育分野で使われるルーブリック (Rubrics) などにおいても，評価の枠組みが示されるようになっ

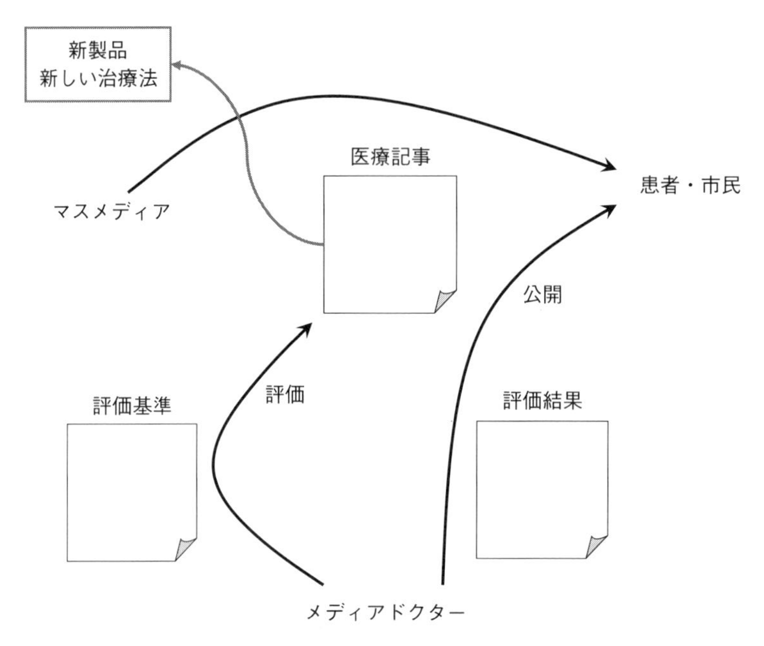

図 12.1 メディアドクターのイメージ

てきている．それはすなわち，【事前に評価の基準を明文化すること】，【その基準に基づいて評価すること】，【後でその基準そのものも評価すること】である．

そこでこの章では，情報を評価する例として，ヘルスケア分野でのメディアドクターの活動に注目して，情報を評価することの意味を取り上げることにした．

12.3 メディアドクター

近年，新聞や雑誌などのマスメディアに「○○薬は△△症の究極の治療法」といった医療情報が溢れるようになった．これに対して医療情報を診断するドクター，すなわち「メディアドクター」と呼ばれる活動も行われている [3,4]．たとえば後述するメディアドクター研究会の活動などを挙げることができる．

メディアドクターは，医療情報の発信者や受け手ではない第三者の専門家組織が，一般社会に流通する医療情報を診断して公表することで，これらの記事の質を向上させようとする活動である．メディアドクターは，メディアの医療情報を取り上げて審査し，結果をインターネットなどに公開している．この活動のイメージは図 12.1 のように表現できる．

この活動はオーストラリアで始まり，カナダ，アメリカ，日本にも広がった．メディアドクターの特徴は，審査する基準を事前に用意・公開し，基準そのものも評価できるようにすることである [1,2]．評価の対象は「医療記事」であって，記事が伝える対象の製品や治療法ではない．

組織の外部に発信された情報は，外部の受け手によって検証されたり評価されたりすることもあり，その結果が組織に対する評価や批判につながることもある．情報評価の観点には，前

表 12.1 メディアドクター・オーストラリアの評価指標

オーストラリアの評価指標	指標の意味	特徴
Availability	利用可能性	治療法は患者が利用可能なものかなどを評価する.
Cost	費用	必要な費用の観点が示されているかを評価する.
Disease mongering	病気の売り歩き	煽りや病気づくりなど，人々の不安を明らかに煽っていないかを評価する.（＊ 1 参照）
Evidence	科学的根拠	対象となる効果について，科学的な根拠が示されているかを評価する.（＊ 2 参照）
Harm	弊害	治療などを行うことによる効果と弊害について，バランスよく示されているかを評価する.
Novelty	新規性	それが本当に新しい治療法なのかどうかについて，正確な情報が示されているかを評価する.
Quantification of benefit	有益性の絶対評価	効果に関して相対評価と絶対評価の両方が示されているかを評価する.（＊ 3 参照）
Press release	プレスリリースへの依存	研究者や開発者などの情報のみに基づいていないか，第三者のコメントがあるかどうかを評価する.
Sources	情報源の明示	その研究成果が発表された論文誌の名前などが示されているかを評価する.
Options	他の選択肢の有無	その治療に対する代替手段や，代替手段との比較が示されているかを評価する.（＊ 4 参照）

章で取り上げた「情報の標準への準拠といった技術的なもの」や，「差別的でないか」などといえるものもあり，実にさまざまである.

12.4 評価の狙いと評価指標

この節ではメディアドクター・オーストラリアの評価指標に注目しながら，評価の基準について概観する.

メディアドクターの評価の目的は，医療記事の ABC（Accuracy：正確さ，Balance：バランス，Completeness：完全さ）を高めることにある．バランスに注目するならば「効果だけでなく弊害についてもバランスよく記述すること」であるといえる．完全さとは，治療にかかるコストや，記事の情報元と記事の内容との利害関係や，利益相反などに関する重要な情報が欠けていないことである.

このように，「バランスや完全さを評価する基準を設定できること」と，その「基準に基づいて評価できること」には，高度な専門性が求められる．メディアドクターが記事を審査する基準（指標）の例を表 12.1 に示す．ここでは，「メディアドクターの指標を用いた日英医学記事の評価を参照している [1].

以下に，参照マーク＊の内容を補足する.

＊1 【病気の売り歩き】に関する補足： 病気の売り歩きには，「煽り・病気づくり」の意味がある．たとえば，人間の通常の身体的変化に関して，あたかも病気であるかのように書

いていれば評価は低い [1].

＊2 【科学的根拠】に関する補足： たとえば，説明がどのような試験の結果に基づいているのか，そしてその解釈が正しいのかについて評価する．

＊3 【有益性の絶対評価】に関する補足： 具体的に IT 分野の例で説明する．たとえば，ユーザの操作に対するアプリケーションの応答時間が 0.01 秒から 0.005 秒に短くなったとする．「応答時間が 0.01 秒から 0.005 秒になった」と表現するのが絶対的な評価であり，これを「応答速度が 2 倍になった」と表現するのが相対的な評価である．0.01 秒がすでに十分に短いと考えるユーザに，相対評価のみを伝えるのは問題である．

＊4 【他の選択肢の有無】に関する補足： これに関してはまた，利益相反という観点で評価する指標もある．これは，その治療法の研究者・開発者が，同時にそれとは別の立場にもあるかどうかが示されているかを評価するのである．研究者や開発者が立場上は患者の利益を追求すべきなのに，同時に別の立場にもあって，その立場上の利益が研究者・開発者として追求すべき利益と相反している場合に注意するのである．

いずれの基準（指標）も，記事（情報）を評価するものであり，記事が伝える製品や治療法を評価するものではないことに注意して欲しい．

12.5 評価記事の事例

この節では，北澤京子によるメディアドクターに関する記事 [1] と，福田八寿絵による医療記事の質向上に関する記事 [2] とを事例として紹介する．

(1) 記事“メディアドクター指標を用いた日英医学記事の評価”から

この事例では，薬剤疫学 (Jpn J Pharmacoepidemiol, 13(2) Dec 2008:71) に掲載された 8 ページにわたる北澤京子（以下，著者と呼ぶ）の原著の中から，情報評価に関する特徴（ポイント）を取り上げる（参考文献に記した Web サイト参照）．

著者はメディアドクター・オーストラリア (Media Doctor Australia: MDA) のチェックリストを日英両国の健康・医学ニュース記事に適用し，両国の記事を比較・検討している．対象としたのは，日英両国で代表的な報道機関（新聞）が提供するインターネットの健康・医学ニュース専門の Web サイト記事であり，病気の治療および予防に関するものに限定している．ただし，病気の種類とか，治療や予防の方法（薬物，手術など）とかを問うことなくデータを収集し，分析している．

英国記事では，ピア・レビューのある医学専門誌に掲載された BBC の Web サイトから抽出された臨床研究の論文が基本となっている．これに対して日本記事の多くは，日本人研究者が日本国内で行った研究に基づくものが多い．

研究デザインでは，英国記事の多くはわかりやすく丁寧に記述されており，第三者のコメントも書かれているが，日本では論文を情報源にしている記事は少なかった．その理由として，日本では医学を専門に担当する記者が多くなく，記者自身が臨床疫学の基本的な知識を得る機会に乏しいことが指摘されている.

以上のように, 日英の情報評価の違いには, 背景の違いが反映されていることがわかる.

(2) 論文“医療記事の質向上のための医療記事評価制度の可能性と課題”から

この事例では,「医学哲学 医学倫理 29 巻」に掲載された 9 ページにわたる福田八寿絵(以下, 著者と呼ぶ)の記事 [2] を取り上げる.

著者は, 医療記事の質向上のために評価制度の導入の可能性と課題に関する特徴がどうであったかを検討するために, オーストラリア, カナダ, アメリカでのインターネットによる医療記事評価制度がなぜ創設されたのかに注目している.

そして, 報道が医療サービスにおける消費者の行為に影響を与える一方で, さまざまなバイアスがあることを示している. たとえば, ベネフィットとリスクの関係, コストと有害事象などに関する情報の欠落, 医療品開発や製薬企業などによる研究資金と研究者グループとのつながりの不明確さがあることなどの問題点があることを指摘している.

医療記事の質の問題には, ジャーナリストの研修不足や報道時間の製薬問題, 医療研究者とジャーナリストの利益相反の問題が絡んでいると指摘している. また, 実際に行われた記事評価として, オーストラリアの記事評価, カナダの記事評価, アメリカの記事評価について例示している.

新しい医療品や治療法に関する報道は, 広報活動ともかかわってくる. 直接広告の影響として,「直接広告のベネフィット」と「直接広告の有害な影響」について表にまとめている(詳細は, 公開されている文献 [2] を参照).

12.6 メディアドクター研究会の活動

日本におけるメディアドクター研究会は, 医療者, ジャーナリストを中心に, メディア報道のあり方を勉強する会として 2007 年に発足した. 2 か月に 1 回, 定例会とセミナーを実施してすでに第 59 回(2018.8 現在)を数えている [4]. 当初は, 新聞などに報道された最新記事(医療・新しい薬剤などの健康に関係すること)が話題であったが, 後に医療や保健情報の評価を通じて, 患者・市民にとって有益な情報に関する共通認識を形成し, その質の向上を目的として議論するようになったという [3].

そもそもメディアドクターとは, 医療の専門家とメディア関係者とがチームを組んで, 社会に発信された医療・保健記事を臨床疫学などの視点から採点・評価してインターネット上に公表するという活動で, オーストラリアに始まったものである [3].

評価のねらいは, 記事の ABC を高めることである(12.3 節を参照).

12.7 評価実践の事例

この節では, 評価実践に関する事例の作成について紹介する.

たとえば, 実践のためのグループを作り, 自分(受講生)の専門分野から一般向け(非専門家向け）の記事を評価する基準を決め，記事を選んで評価し，さらに評価基準そのものも評価して，元の記事に問題があれば基準に合うように書き直す事例について検討するとよい．

具体的な展開例として，次の 7 段階が参考になる．

ステップ 1）評価の基準を決める．
ステップ 2）マスメディアの記事を三つ選ぶ．
ステップ 3）選んだ記事を，基準に基づいて評価する．
ステップ 4）評価結果をレビューする．
ステップ 5）評価結果を踏まえて，評価の基準をレビューし，必要ならば改訂する．
ステップ 6）評価結果を踏まえて，基準に合うように記事を書き直す．
ステップ 7）足りない情報があれば調べて補う．

12.8 本章のまとめ

本章では，メディアドクターを具体例として，情報を評価する枠組みを取り上げた．製品やサービスの良し悪しとは別に，それらに関する情報そのものにも良し悪しがある．情報を受け取る側は，自分が情報を評価する基準を意識して，基準そのものも評価することが必要である．情報を出す側は，受け取る側が使う基準を知って情報を改善することがますます必要になろう．

演習問題

設問 1　「自動運転カー」に関するマスメディアの記事について評価基準を設定して，実際の記事を選んで評価してみよう．（ヒント：技術的な実現の可能性について「何年後に実現」などの目安はあるのか，事故を起こさないように誰がどのような責任を負うのかなど，社会的な側面に触れているか．）

設問 2　「大雪」に関するマスメディアの記事について評価基準を設定して，実際の記事を選んで評価してみよう．（ヒント：「大」雪の基準は何か，それは定量的な基準か，その基準は地域によらないか，雪の量はどうやって知ることができるのか，直近の時間範囲に降った量と累積の量との区別はあるか，重大さの基準は示されているか．）

設問 3　自分（受講生）の専門分野から上の課題のようにテーマを選び，専門家としての立場からそのテーマを選んだ理由を述べよう．そして，そのテーマに関するマスメディアの記事について評価基準を設定して，実際の記事を選んで評価してみよう．（ヒント：テーマを選ぶ理由として，テーマの重要性，テーマに対する一般の人々の関心の度合い，テーマの内容の難しさ，テーマにおけるマスメディアの役割の重要性などが考えられる．）

参考文献

[1] 北澤京子，メディアドクター指標を用いた日英医学記事の評価，薬剤疫学 13(2), 71–78, 2008 (https://doi.org/10.3820/jjpe.13.71)

[2] 福田八寿絵，医療記事の質向上のための医療記事評価制度の可能性と課題：オーストラリア，カナダ，アメリカの制度を事例として，医学哲学 医学倫理 29(0), 35–43, 2011 (https://doi.org/10.24504/itetsu.29.0_35)

[3] メディアドクター研究会 http://www.mediadoctor.jp/

[4] メディアドクター研究会，集会報告 第 51 回メディアドクター研究会：「情報源としてのプレスリリース：臨床研究の結果をどう伝えるか」，情報管理 60 巻 (2017) 4 号 pp. 284–285 (https://doi.org/10.1241/johokanri.60.284)

第13章 目的による情報の特徴と管理

□ 学習のポイント

インターネットの浸透や情報機器の普及により，個人レベルでもさまざまな形での情報アクセスが可能となっている．学術情報についても例外でなく，図書館や正規データベース，大学などで従来から利用されてきた正規のルートとは異なる情報流通が広がっている．たとえば個人で情報を授受する peer to peer や SNS による情報交換は，学術分野でも無視し得ないほど利用されていると推測される．しかしその実態はほとんど把握されないまま，いろいろな問題が存在していると考えられる．個人による情報受発信であるため，情報の精度や正確性は玉石混淆である．学術分野での利用は十分な注意が必要である．またインターネットの特性を悪用し，他人の文章をそっくり書き写す“引き写し”の問題も増えている．これに対してはシステムによる検出もなされつつあるが，根本的には個人のモラルに依存している．

情報の信頼性に注意を払うとともに不正なアクセスを許さないことが当然であるが，一方でいたずらに新機能の利用を忌避することはインターネットのもつ可能性を埋没させることにもなりかねない．学術情報利活用には，より広い意味での情報リテラシーが求められるのである．

本章では，行政における情報マネジメント，図書館業務における情報マネジメント，学術情報のマネジメント，および国内外の電子政府設立のプロジェクトの概念について理解し，技術的な観点についても学習する．

□ キーワード

危機管理，情報（インテリジェンス）のサイクル，情報関心（情報要求），情報資料（一次資料），目録情報，IC タグ，OPAC，書架アンテナ，学術情報，学術活動，学術機関，大学の役割，情報システム，情報インフラ，効率化，透明性，G2C･G2B･G2G，国民 ID，イノベーション

13.1 行政における情報マネジメント

13.1.1 危機管理のための情報マネジメント

行政における情報マネジメントの例として，国の危機管理，「国民の生命，身体又は財産に重大な被害が生じ，又は生じるおそれがある緊急の事態への対処及び当該事態の発生の防止」[1] における情報マネジメントを取り上げる．

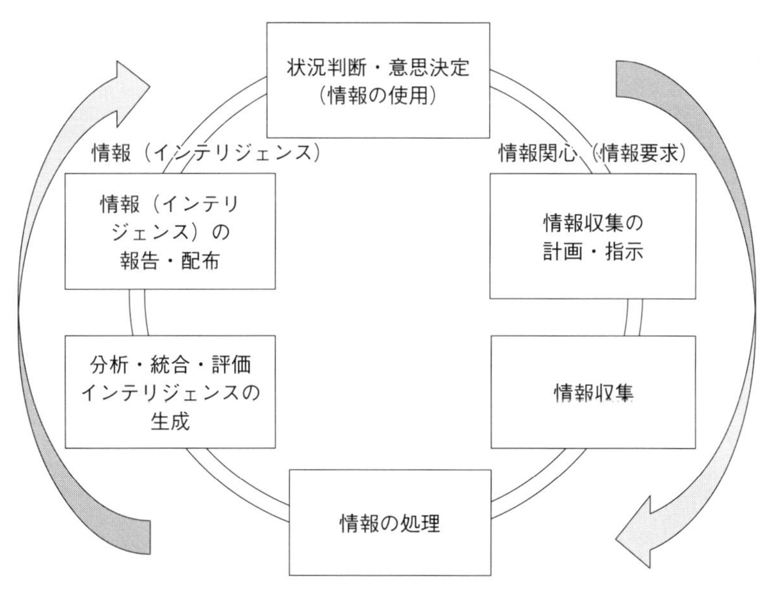

図 13.1 情報（インテリジェンス）のサイクル

地震，風水害，火山災害などの大規模自然災害，航空・海上事故や原発事故などの重大事故，ハイジャックやテロなどの重大事件の対応は，官邸・内閣が中心となり，事態に応じて政府各機関や地方自治体などと連携を取って実施される [3]．タイムリーな情報収集，正確な状況把握，適時的確な判断，迅速な意思決定と指示，行動が要求される．武力攻撃への国の対応（防衛・外交）の場面では，さらに高度なレベルでの情報収集や政治判断が要求される．また現実の空間のみならず，サイバー空間も危機管理の対象領域になっている．

危機管理における対応のプロセスは，感覚器官からの情報に基づく人間の認知〜判断〜行動のプロセスとして理解することができる．① 収集（感知）した情報（データ）を処理し状況を的確に把握する，② 状況を評価し状況の推移を予測する，③ 行動・対抗手段を列挙し効果を予測する，④ 行動計画を策定する，⑤ 決定した行動を指示する．

このプロセスは，時々刻々報告される現場のさまざまな情報をもとに，過去に蓄積した情報や知識を駆使して実行され，また事態の発生からの状況推移に応じて，広範な地域，組織内のさまざまなレベルで同時並行的に実行される．

状況判断や意思決定のキーファクターが，「判断・行動に直結する知識」[2] としての情報（インテリジェンス）であり，意思決定をする部門と，情報を収集，分析し，この情報（インテリジェンス）を生成する部門の間に図 13.1 に示す情報（インテリジェンス）のサイクルが構築される．

情報のサイクルでは，まず情報の使用者が状況判断や意思決定に必要な情報関心（情報要求）を示す．情報部門は示された要求に基づき情報収集の計画を立て，収集を指示し，情報収集を行う．収集された情報の処理，分析・統合・評価を行って情報（インテリジェンス）を生成し，報告・配布する [2,5,6]．使用者は判断・行動の効果・利害を予測してさらなる情報を求める．

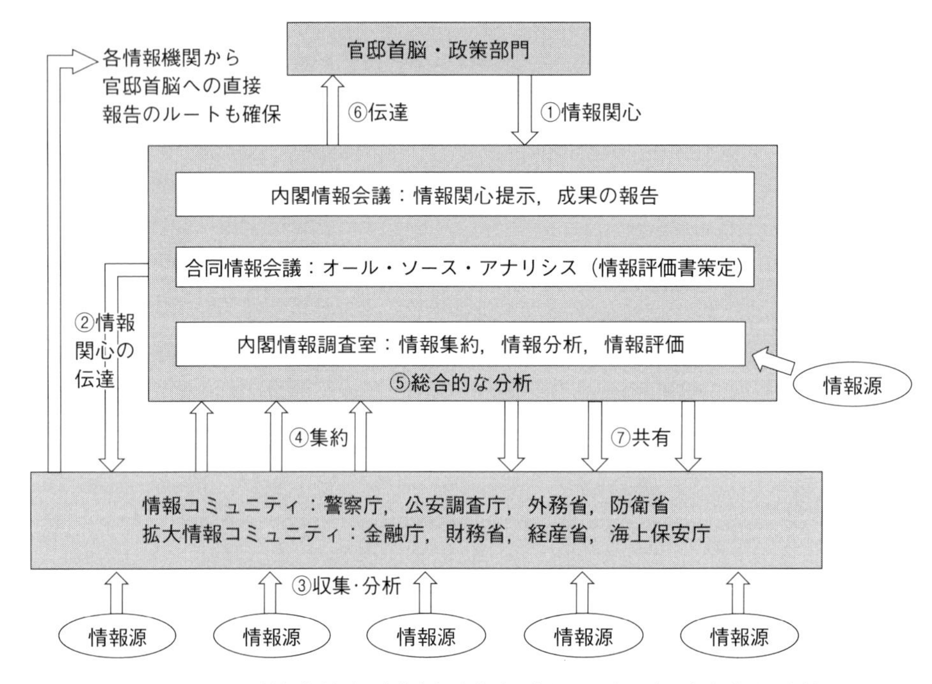

図 13.2 我が国の情報体制（国家安全保障会議の創設に関する有識者会議説明資料 [4]

情報部門が情報（インテリジェンス）を作成，報告し，再び効果と利害の予測を行う．情報能力の維持・向上には，この循環サイクルが構築され，各機能を磨くとともに，常日頃からサイクルを回していることが肝要である．

国のレベルでは図 13.2 の情報体制で，この情報（インテリジェンス）のサイクルを回している [4]．官邸首脳・政策部門は内閣情報会議を通して情報コミュニティに対して情報関心を伝達する．情報コミュニティはさまざまな情報源から情報を収集し，分析する．これらの情報を集約，さらに関連するすべての情報を統合して総合的な分析を行う（オール・ソース・アナリシス）．総合的な分析結果をもとに情報評価書を策定し官邸・政策部門に伝達する．また，情報関心や関連情報について情報コミュニティで共有する．

13.1.2 情報資料からインテリジェンスへ

情報はオペレーションを取り巻く環境からデータとして収集され，処理と解析を経てインフォメーションに，さらにデータやインフォメーションが分析・評価されてインテリジェンスが生成される [5]．

データやインフォメーションなどの情報資料（一次資料）は，地理空間情報 (GEOINT)，画像情報 (IMINT)，信号解析情報 (SIGINT)，計測データ分析情報 (MASINT)，公開情報 (OSINT)，人的情報 (HUMINT) などさまざまな形で収集される [2,5,6]．公開情報は学術情報や政府機関の発表情報，新聞／定期刊行物，放送メディア，インターネットなどから得られる．

これらの情報資料を処理・解析し，分析・評価してインテリジェンスとしての情報が生成さ

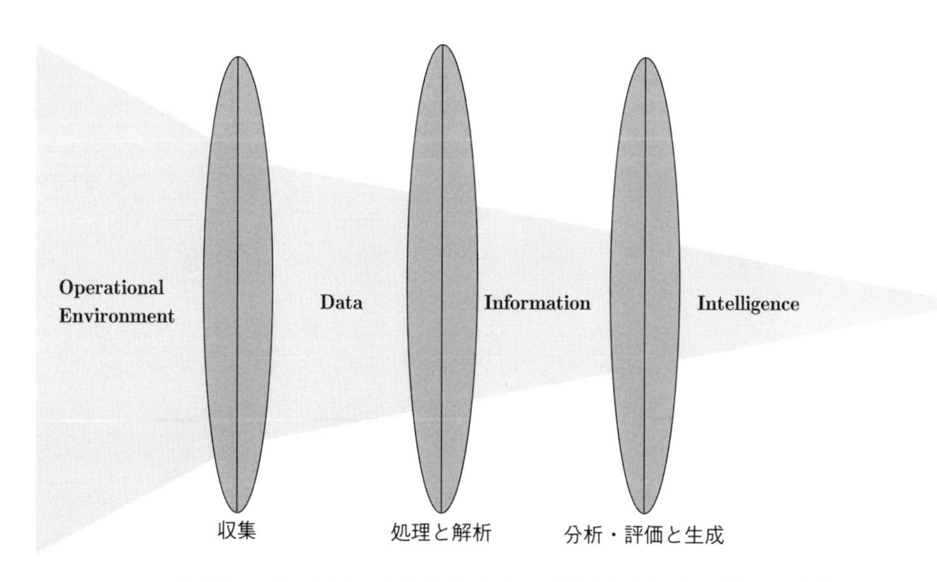

図 13.3 データからインテリジェンスへ（JP 2-0 Joint Intelligence [5]）

れる（図 13.3）．情報関心（情報要求）との整合性，情報源の信用度，情報資料自体の正確性，複数の情報資料の照合や統合，種類の異なる情報資料の融合，データベースなどを用いた処理・解析と分析・評価が行われる．

情報収集や調査の手法，情報資料からインテリジェンスを生成する手法は，企業活動のためのビジネス・インテリジェンス (BI) や競争的情報（CI：コンペティティブ・インテリジェンス）の手法として活用されている．

13.1.3 危機管理の情報マネジメントの課題

東日本大震災と原発事故では，危機対応の過程で情報能力（広範かつ多様な情報収集能力，高度な分析能力，迅速かつ的確な報告能力）がキーファクターになった．通信手段の不足への対応，情報収集や分析のあり方，活動の体制やタイミングなど多くの教訓が得られた．

米国の同時多発テロでは，情報コミュニティ内での縦割りの弊害，統合的な分析技術やマネジメントの欠陥が指摘された [7]．

我が国の危機管理でも，客観性を担保するために（政策サイドと情報サイドの関係が近すぎると，情報サイドが政策サイドの要望に合う形に情報を意図的に修正してしまう），「政策と情報の分離」と「政策と情報の有機的な連接」をどう調和させるか，縦割り（セクショナリズム）の問題，情報の流れや情報機関のあり方，秘密保全のあり方などが課題となっている [8]．また，危機管理の対象となる社会インフラ（エネルギー，交通，通信，金融，医療など）を司る民間との情報共有の基盤整備も重要な課題である．

危機管理における意思決定や判断は，人間や社会・組織に大きく依存する．危機管理を支える情報システムは，情報通信技術 (ICT) だけでなく人間や社会・組織，法や制度を含む系全体として捉え，整備していくべきであろう．

13.2 図書館情報のマネジメント

13.2.1 はじめに

図書を自由に手に取れる開架式の図書館において，ICタグを採用するところが増えてきている．図書館システムによる図書目録などのデータ管理はひと段落し，図書や雑誌そのものが電子化される時代である．しかし，印刷された図書は，図書館の蔵書として保存され続けるし，今後も出版され続けるであろう．ここでは，ICタグを利用した図書館の情報管理について述べる．

13.2.2 第2次世界大戦後の図書館改革

戦前においては，我が国の公共図書館は，ほとんどのところで閲覧料を徴収し，図書を自由に手に取ることができない，閉架式を採用していた．

戦後，GHQ (General Headquarters) のCIE (Civil Information and Education Section：民間情報教育局) が制作した「格子なき図書館」(1950年製作) の上映を契機に，開架式の図書館が実現していく．開架式とは，書庫内の図書を自由に閲覧できる方式のことである．その他のサービスとして，自動車による移動図書館，図書館司書が利用者の質問などに相談に応じるレファレンスサービスも，戦後普及していく．

図書館を開架式にして，自由に図書を閲覧できる方式は，利用者には歓迎されるが，マネジメントする側から見れば，図書の無断持ち出しが想定される．それを避けるために，カバンなど袋物をロッカーに預けてから閲覧室に入る方法が普及した．私物の図書を持ち込むことが可能だが，退室の際に図書館の図書ではないことをいちいち確認してもらう必要があった．

そのような不便な方法を打開する装置が1980年代から普及する．それは，ブックディテクションシステムと呼ばれ，図書館の図書に磁気を帯びたものを装着し，カウンターにおいて貸出手続きをするときにその磁気を消去するシステムである．磁気を消去しないで，図書を持ち出そうとすると，出口の装置が磁気を感知し，アラームを鳴らすことにより無断持ち出しを防止する．

この装置の普及が，開架式の図書館を増加させることにつながるが，図書館システムの発展とともに，貸出の自動化が検討され始める．

13.2.3 目録情報

閉架式の図書館では，図書を手に取って見ることができないので，目録が発達した．3インチかける5インチのカード（目録カード）に，図書の著者，書名，出版社，発行年などを記載し，分類番号順，著者名順，書名順，件名順に専用のカードケースに保管し，利用者の検索の利便性を図った．しかし，このカード目録の維持，管理は図書館にとって大きな負担であった（図13.4）．

1960年代になると，目録情報をコンピュータで管理できないか，検討が始まる．当初，数字しか扱えないコンピュータに文字が扱えるのか，と疑問視されたが，試行錯誤の末，1970年代

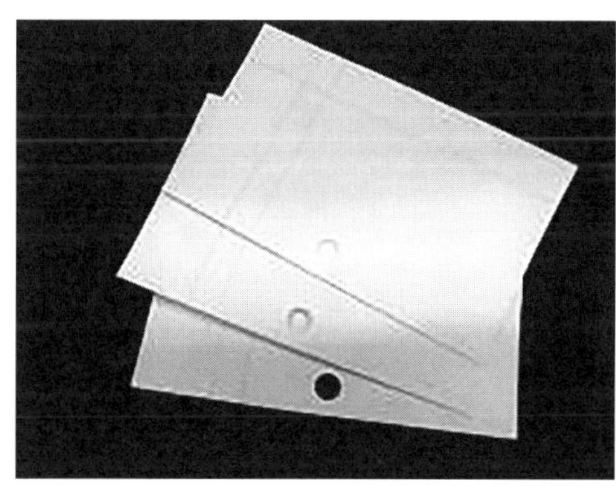

図 13.4 目録カード

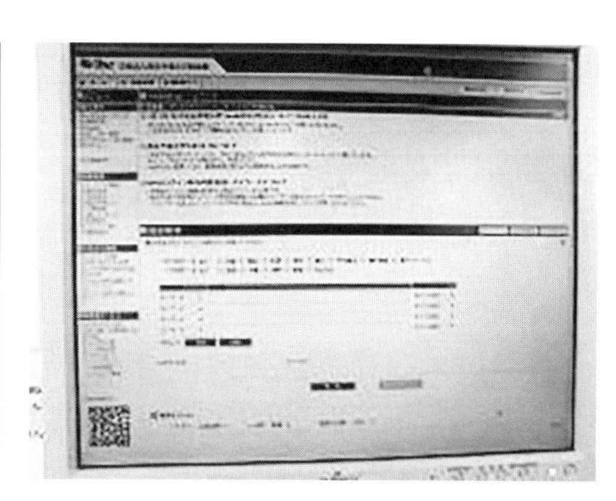

図 13.5 OPAC の画面

には汎用機による図書館システムが構築される．カード目録を延々と維持，管理してきた図書館にとって，目録情報のコンピュータ化は，最終ゴールのように思えたが，それは図書館サイドの考え方であった．OPAC（オンライン蔵書目録）が利用できれば，利用者は欲しい図書を見つけることができ，分類番号からどこの書架をさがせばよいか，簡単にわかるはずであった．ここに落とし穴があった．日本十進分類法は，図書館司書が考えているほど，一般には普及しておらず，図書の分類に興味をもたない利用者も多い．この問題を解決するには，新たな技術が必要であった（図 13.5）．

デジタル化の発展により，図書はデジタル化され，図書館司書はやがてその任務を終えるといわれている．しかし，石板や布に書いた文字や巻きものを扱うことはないとしても，およそ 500 年続いた印刷による図書は，そう簡単になくならないし，これからもまだまだ生産されるであろう．

紙の文化が続く以上，図書館は紙資料を管理していく必要がある．と同時に大学図書館では利用者を管理していく必要がある．大学図書館は，資料の管理面だけでなく，館内の安全性および資料の保存を維持する目的において，全面的に開放するわけにはいかない．利用者管理も大きな問題となる．そこには，人と資料の管理が必要であった．

13.2.4 IC タグの利用

2005 年頃から普及してきている IC タグは，バーコードに代わる技術として注目されている．IC タグは，データを記録できる IC チップ（半導体集積回路）と電波の受発信をするアンテナから構成されている．

まず，IC カードという形で，利用者管理に使用された IC タグは，図書管理にも利用され始めている（図 13.6，図 13.7）．

図書館で利用する IC タグは，リーダ・ライタから電力を伝送してもらうので，内部に電池をもたないパッシブタグである（表 13.1）．

近年においては，UHF 帯を利用した読み取り距離がさらに長いタグが開発され，図書館にお

図 **13.6** 13.56 MHz IC タグ（表）

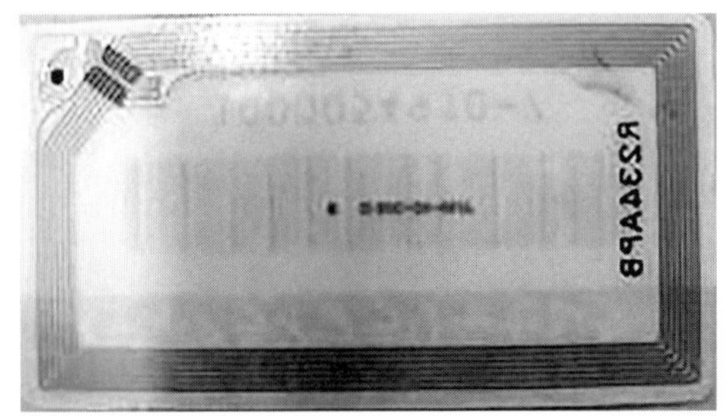

図 **13.7** 13.56 MHz IC タグ（裏）

表 **13.1** 図書館で使用されているパッシブタグについて

電波の伝達方式	周波数	特　色
電磁誘導方式	13.56 MHz	非接触型 IC カードとして利用されている．データ伝送距離は 1 m 程度である．
電波方式	900 MHz 帯（UHF 帯）	データ伝送距離は 2～3 m 程度である．今後，技術開発によりさらに普及する．

表 **13.2** IC タグとバーコードおよび磁気テープの業務利用について

	貸出・返却	蔵書点検	ゲート管理
IC タグ	◎	◎	○
バーコード	○	○	—
磁気テープ	—	—	○

◎優良　○良

いても利用されている．

従来の図書館システムでは，図書の資料 ID の読み込みにバーコードを利用していた．バーコードを利用して図書の貸出・返却および蔵書点検を行ってきた．また図書の無断持ち出し防止装置には磁気テープを利用していた．磁気テープの磁気を消去することによって出口のゲートが通過可能になった．

IC タグを利用すると，貸出・返却，蔵書点検，ゲート管理すべてが可能になる（表 13.2）．

バーコードは表面をスキャンする必要があるので，1 冊ごとに処理していた．IC タグは，バーコードのように表面を読み取る方法ではないので，IC タグを貼付した図書は複数冊を一度に処理することができ，図書の自動貸出装置の発展にも貢献している．特に，自動図書貸出装置において，IC タグはその性能を遺憾なく発揮する（図 13.8）．

IC タグは，IC カードとして利用者を管理することができ，図書に装着することにより，カウンターにおける貸出処理ばかりでなく，自動貸出装置の発展にも役立っている．IC タグは，無断持ち出し防止装置に利用することにより誤動作の少ない装置として，図書館関係者の高い評価を得られるようになっている（図 13.9）．

磁気テープによるゲート管理（図書の無断持ち出し防止装置）では，誤作動が多く図書館担

図 **13.8** 自動貸出装置

図 **13.9** IC タグを検知するゲート

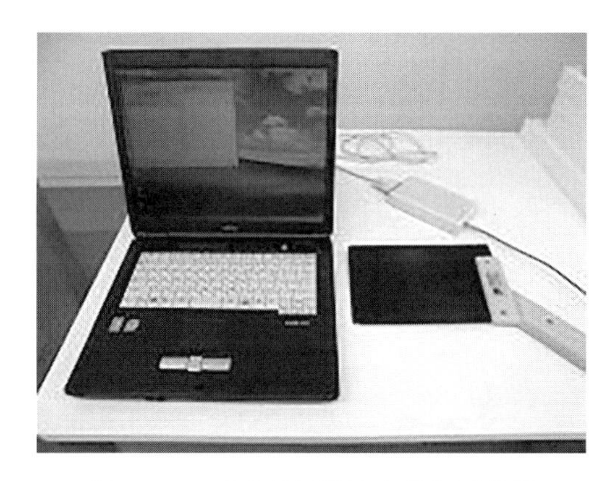

図 **13.10** IC タグを利用した蔵書点検装置

当者を悩ませたが，IC タグを感知する方法は誤作動が少ない．ただし，金属に弱いという欠点はある．

蔵書点検では，バーコードを 1 冊ずつ読み込む作業から，専用のアンテナを利用して複数冊を一度に読み込む作業へと進化した．それは手持ちのアンテナを利用して，複数冊の IC タグの ID を一度に読み込む方法である．読み込まれたタグ ID は，図書館システムにおいて資料 ID に変換され，図書の所在情報として，蔵書点検の結果になる．こうして，バーコードを読み込むよりも作業時間を短くすることができる（図 13.10）．

13.2.5 書架アンテナ

書架にアンテナを設置すると，書架にある図書の IC タグを専用のリーダ・ライタで管理することができる．公共図書館では，予約棚として利用されており，予約した図書の所在をパソコンの画面から確認できる．大学図書館では，指定図書のような館内利用の図書の利用状況の把握に役立てることができる．さらに，予算的に可能ならば，すべての書架にアンテナを設置

図 **13.11**　書架アンテナと書架アンテナ用リーダ・ライタ

することにより，OPAC（オンライン蔵書目録）に図書の目録情報だけでなく，所在情報まで表示させることができるのである（図 13.11）．

13.3 学術情報のマネジメント

13.3.1　はじめに

学術情報とは，狭義には学生や研究者が学習・研究を進めるうえで必要不可欠な文献や各種データであり，具体的には研究書や学術雑誌，辞書・辞典類，データ集，データベースなどがある．しかし，これらの情報が利用者にとって有効に活用できるためには，情報が適切にマネジメントされなければならず，そのためにはマネジメントする主体，すなわち学術機関の存在が前提となる．学術機関には，大学，研究所，学会などがあるが，この他にも企業や官公庁でも学術情報は扱われている．反対に，学術機関が存在することにより学術情報がマネジメントされているともいえるが，さらにそこで関係する情報には学術情報だけでなく，学術機関という組織を動かすための情報もある．つまり，学術情報のマネジメントには学術機関の存在が前提であり，それには組織としての情報もかかわっているのである．ここでは学術機関の中で中心的役割を担っている大学を例に，組織活動を軸に学術情報マネジメントを考える．

13.3.2　学術機関としての大学の活動

J・A・パーキンスによれば，大学とは知識の獲得，伝達，応用の三つを制度的に使命化したものである．すなわち，知識の獲得とは研究調査に，知識の伝達とは授業すなわち教育に，知識の応用とは大学の社会奉仕という使命に該当する [9]．現在の我が国では，大学の使命としてこれらはそれぞれ研究，教育，社会貢献として表現されている．

やや詳しく述べると，研究とはある特定の物事について，人間の知識を集めて考察し，実験，観察，調査などを通して調べて，その物事についての事実を深く追求する一連の過程のことである [10]．教育とはたとえば，ある人間を望ましい状態にさせるために，心と体の両面に，意

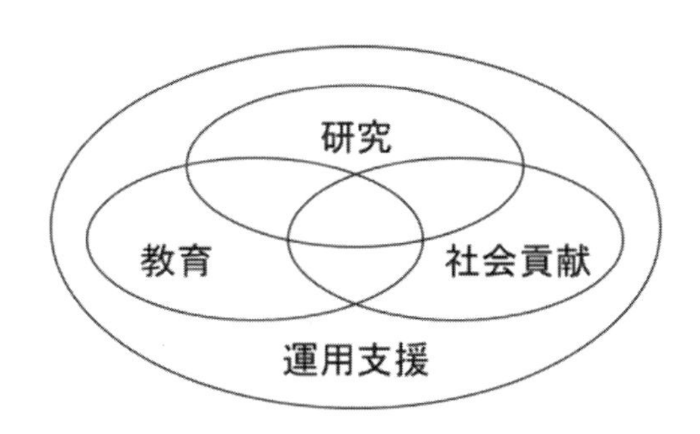

図 13.12 大学の活動

図的に働きかけることで，知識を増やしたり，技能を身につけさせたり，人間性を養ったりしつつ，その人が持つ能力を引き出すことである [11]．社会貢献とは大学の研究・教育活動によって獲得され，伝達されてきた知識が，一定の仕組みを通じて社会に還元されることである．たとえば産学官連携としての共同研究や技術移転があり，住民の生活改善や福祉の向上，豊かな社会を形成する活力への展開などがある [12]．

ここで注意すべきこととして，研究，教育，社会貢献に伴う活動は単独では存在し得ないことがある．それは三つの活動が相互に連携するというだけでなく，各活動を支え，また活性化するための支援（運用支援）が必須ということである（図 13.12）．具体的には各活動を担う要員や活動資金の管理，活動環境の整備，成果の把握や成果物の公表など多岐に渡るが，要約すれば大学という組織を支えるものである．

13.3.3 学術活動と情報

狭義の学術情報は研究活動に関するものであるが，広義には教育，社会貢献，運用支援にかかわる情報がある．

(1) 研究活動と情報

研究活動における学術情報の特性は，特に自然科学系では古くは累積性，共有性，公開性，先取権に集約されてきた [13]．累積性とは，先人による情報（知識）の上に新たな情報（知識）を積み上げられるということである．共有性とは，法則や理論は発見者に独占的に所有されるものではなく，したがって他者によるアクセスが排除できないとするものである．公開性とは，論文などにより成果を開示しなければ成果として認知されないことであり，共有性と表裏の関係にある．先取権とは，未知の情報（知識）を新たに発明あるいは発見したことが認知されることである．ただし今日，共有性や公開性，先取権は，特許をはじめとする知的所有権の考えと密接に関係，もしくは対立している．

研究活動は大きく，構想・着想，情報獲得，実験・考察，情報発信という段階があり，各段階に応じて，測定データ，研究ノート，資料，論文，特許，書籍などの情報が関係する（図 13.13）．ただし，測定データや研究ノートは基本的には研究担当者や研究グループ内で使用するもので，第三者による検証など特別な事由を除き，正規に外部と授受されることはまれである．そのた

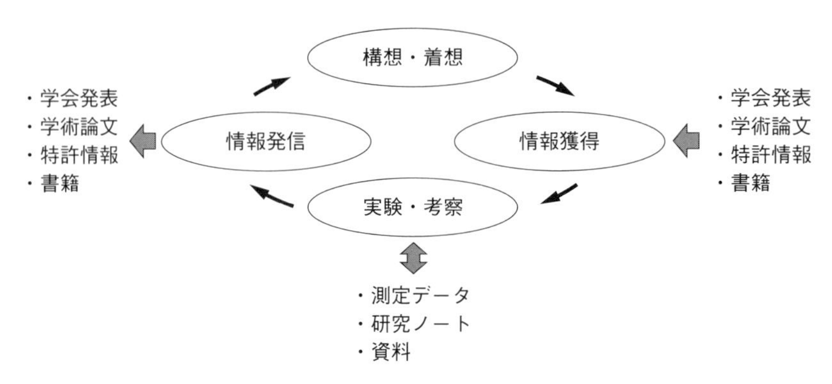

図 13.13 研究活動サイクルと情報

め情報管理という点では，実験・考察段階は個人や研究室ごとに確立した方法や習慣に依拠し一定ではない．これに対し，情報発信段階では正規の発信は学会や出版社などの機関を通すが，そこでは情報内容が確認され，不適切なものは発信を拒絶されることがある．たとえば学術論文では，査読という制度によって内容の学術的新規性や客観性などが検討され，それを通過したものだけが発信を認められる．あるいは特許は，我が国では特許庁により新規性や産業的有用性が検討される．

(2) 教育活動と情報

教育活動において使用する情報には，教科書や教材など学習者が直接にアクセスするものと，教育側が指導の指針や参考にすることより間接的に学習者に関与するものとがある．また，教育活動に伴って発生する情報は基本的に教育活動結果に基づくものであり，学習者の成績データや学習記録，教育効果を表したものなどがある．これらは学習者一人ひとりの個別情報の場合と，たとえばクラス全体や学校全体，あるいは地域社会など集団の場合とがある．情報管理の点では，集団の場合はあまり問題にならないが，学習者一人ひとりの場合は個人情報保護やプライバシーなどの配慮が必要となる．

(3) 社会貢献活動と情報

研究を通して得られた成果を学術論文に発表し，それがいずれかの時点で実用に活かされたり，教育を通じて有能な学生を社会に送り出されたりすることは，本質的に社会貢献といえよう．しかしこれらはそれぞれ研究活動，教育活動として位置づけられているため，ここでは研究成果や研究活動に伴う知識の利用，特に実社会において比較的短期間で実際に活用されるものに限定する[1]．

実社会で短期間に効果を現す成果の多くは，研究自体が実用に近い領域にある．もちろん理論研究や基礎研究の成果がここでいう社会貢献にまったく寄与しないわけではないが，このような研究は開始時点では実社会での利用までは考えてないことが多く，社会貢献には寄与しに

[1] 昨今，単なる無償の労務提供に近いことや，近隣に本来の機能をもつ施設があるにもかかわらず類似施設を貸し出すようなことも大学の社会貢献に含めるきらいがある．しかし，筆者はここまで範囲を広げるべきではないと考える．

くい．そのため社会貢献に寄与する多くは応用研究や実用化研究であり，情報としてはそれらを表したものである．なお研究活動の最終に生み出される成果だけでなく，研究プロセスで使われたり編み出されたりする知識やノウハウも社会貢献に寄与し得る．たとえば測定方法や分析方法，システムの構築技法などである．

(4) 運用支援活動と情報

大学における研究，教育，社会貢献活動には，設備類（モノ），資金（金），要員（人），情報といった資源が必要である．そのためこれらを管理するとともに，各活動が効果的になされるような支援が必要である．このような活動は端的にいえば組織経営であり [2)]，そこで扱われる情報はいわゆる経営情報といえる．

運用支援活動における情報には，財務・会計情報，学生納付金，各種補助金や助成金情報，教職員の人事・労務情報，受験者や入学者情報，さらには受験生の指向や卒業生の就職先といった大学を取り巻く周囲の情報がある．情報管理については，受験生や学生や教職員の個人情報に対する個人情報保護やプライバシーなどの配慮が求められる．また大学という組織についての経営状況や戦略など，経営上の秘密という視点での管理も必要となる．

13.3.4 学術活動を支える情報システム

これまで述べてきたように，大学という学術機関の活動には種々の情報が関係している．これらの情報がすべて情報システムとして扱われているわけではないが，多くはシステム化されており，その傾向は一層進んでいる．

(1) 研究活動を支える情報システム

図 13.13 の研究活動サイクルにおける考察・実験段階では，実験を行うための情報システムや，データ解析や演算システムなど，多くの情報システムが関係するが，これらは研究分野によって極めて多様であり一律に論じることはできない．そのためここでは，公開されている学術情報を授受するために，情報獲得段階と情報発信段階において主に用いられる情報システムに限定する．なおこれらの情報システムの中核はデータベースであり，以前は学術論文，図書，雑誌など別々になっていたが，最近は一元的にアクセスできるものが増えている．

- OPAC (Online Public Access Catalog)
  主に書籍や雑誌を対象に，タイトル，著者名，出版社，発行年などのいわゆる書誌情報を入力し，求める書籍などの有無，所蔵場所，貸出状態などを得るシステムである．
- 機関リポジトリ
  大学が生み出した電子的資料を収集・保管し，広く提供するシステムである [14]．コンテンツは各機関が主体的に開示するため，出版された書籍や学会などで受理された論文のような正規に公開された文献以外に，たとえば学位論文や研究報告書など，第三者には入手

[2)] 経営という言葉は企業などの営利組織を連想させるため，ともすれば大学とはなじまない印象を受けかねない．しかし，大学も組織である以上，人・モノ・金・情報という資源をいかに効果的・効率的に活用するかを考えねばならず，これはまさしく組織経営そのものである．

しにくく失われやすい情報も含まれる．

- CiNii (Citation Information by NII)

  国立情報学研究所 (NII: National institute of informatics) が運営する学術論文や図書・雑誌などの学術情報で検索するデータベースで [15]，論文の一部は無料で公開されている．
- Google スカラ (Google Scholar)

  アメリカの多国籍企業であるグーグル社が提供するデータベースで，分野や発行元を問わず，学術出版社，専門学会，プレプリント [3)] 管理機関，大学，およびその他の学術団体の学術専門誌，論文，書籍，要約，記事が検索できる [16]．
- 特許情報プラットフォーム

  我が国の特許，実用新案，意匠，商標，審決の公報，外国公報，非特許文献，審査経過情報など，知財戦略に必要となる基本的な情報の検索・表示機能を広くサポートする公的な無料データベースである．
- その他

  これ以外にも，海外を含め出版社や情報提供企業が提供する多数のデータベースがある．

(2) 教育活動を支える情報システム

ここでの情報システムは，学習者一人ひとりの学習活動を支援するような教育そのものに重点を置くものと，教材や成績管理など管理面に重点を置くものとがある．ただし両者が完全に分離しているわけではなく，両側面をもつようなシステムも多い．

- e ラーニング (e-learning)

  e ラーニングシステムは情報通信技術を利用した主体的な学習を支援するもので，集合教育を代替したり，集合教育と組み合わせて利用されたりする．コンテンツは学習目的に従って作成・編集され，コンテンツ提供者と学習者や，学習者どうしで双方向を含めたコミュニケーションパスが提供されるものも多い [17]．最近，注目を集めているものとして，MOOCs（Massive Open Online Courses：大規模公開オンライン講座）がある．これは米国を中心とした世界の有名大学の講義が，インターネットを通じて誰でも無料で受講できるもので，一つの講義は数十分程度と短いが，テストやレポートがある点は大学の講義と同様である．
- LMS (Learning Management System)

  教材を管理・配信し，受講生の登録や受講状態の把握，テストやレポートなどの実施や成績の管理を統合的に行うシステムであり，受講生相互や受講生と教師間のコミュニケーション機能をもつ場合も多い．代表的な LMS として，オープンソースで提供されている Moodle がある．
- e ポートフォリオ

  e ポートフォリオとは，学習者一人ひとりの学習履歴や成績データを長期間にわたって電子データとして蓄積したもので，学習者は自分自身の学習を振り返ったり，能力・キャリ

3) 論文が学術誌等に出版されるには時間がかかるため，主にインターネット上で迅速に公開する論文．

アの裏付けとして就職に活用したりする．さらに複数のeポートフォリオデータを集約し分析することにより，学科や学部単位での学習傾向も把握できる．

- 教務システム

  大学の事務処理のうち，カリキュラム，学籍，履修，就職，出身校，健康診断，奨学金など，学生が大学生活を送るうえで必要となる，自身の活動に伴って生じる情報を管理するシステムである．eポートフォリオが学習履歴や成績を中心に学習者個人に立脚し個人指導に主眼を置くのに対し，教務システムは個人情報を集約し組織全体としての視点に重点を置いている．

(3) 社会貢献活動を支える情報システム

研究成果などを比較的短期間で効果的に社会に還元するには，① 情報の存在を社会に認知させ，② そのような情報の提供者（シーズ）とそれを必要とする側（ニーズ）とのマッチングを行い，③ 実際に情報を適用する，という段階を踏まねばならない．このうちすでにシステム化されているのは ① である．② ではシーズとニーズの詳細かつ微妙な一致点を見出す作業が必要だが，現時点ではシステム化に至ってない．③ は研究者による指導を含め，成果の活用そのものである．

① の多くは大学の社会貢献を司る機関のホームページなどが一般的だが，文部科学省，JST (Japan Science and Technology Agency：科学技術振興機構)，地方公共団体に置かれる公設試験研究機関などによる情報発信もある．なおいずれもホームページによる単方向的情報発信が主で，システムとしては簡易なものが多い．

(4) 運用支援活動を支える情報システム

もともと組織における情報システムの導入は事務処理部門から始まったように，大学でも情報システム化は事務処理部門から始まった所が多い．その背景として事務処理では，たとえば給与計算のように同一の繰り返し作業が多く，コンピュータを導入しやすいことがある．そのため運用支援系の情報システムでは，各部門内で取り扱う情報に応じて財務・会計・学生納付金・各種補助金や助成金・人事や労務などのシステムが多種，多様に存在する．なお，ここでの大きな問題として，多様なシステムが相互に独立にあるため情報の共有や一元化が図れず，運用の非効率化や無駄な投資が行われかねないことがある．

(5) 学術関連情報システムの情報インフラ

これまでに述べてきた情報システムは，直接に利用者にサービスを提供するものである．このような個別システム以外に，我が国には学術機関が共同で利用する情報インフラがある．それ自身は情報システムとは言い難い面もあるが，サービスを提供する上位システムを支えるものとして重要なものである．

- 学術情報ネットワーク (SINET)

  日本全国の大学，研究機関などの学術情報基盤として，国立情報学研究所 (NII) が構築，運用している情報通信ネットワークで，多岐にわたる学術情報の流通促進を図るため，全国にノードを設置し運用している．また，国際間の研究情報流通を円滑に進められるよう，米国Internet2や欧州GEANTをはじめとする，多くの海外研究ネットワークとも相互接続している [18].

- 学認（学術認証フェデレーション）

  大学や出版社などから構成された連合体で，フェデレーションが定めた規程（ポリシー）を信頼し合うことで，相互に認証連携を実現する．これにより学内でシングルサインオン（一つのID・パスワードで複数のシステムが利用可能であること）を実現でき，他大学や商用サービスも同じパスワードで利用できる．たとえば，自身の大学で使用しているIDとパスワードで他大学の無線LANを利用したり，自大学が契約している電子ジャーナルへシームレスにアクセスしたりすることなどが可能となる [19]．学認は参加機関の連合体であり，ハードウェアやソフトウェアプログラムなどに基づいたものではないが，広い意味でのインフラといえる．

- eduroam

  eduroam（エデュローム）は，欧州で開発された教育・研究機関用の学術無線LANローミング基盤で，日本を含む世界70か国・地域で展開される国際的なデファクト・スタンダードである．我が国では「eduroam JP」の名称でNIIと東北大学が共同で国内における運用，サポートなどを行っている [20].

13.4 21世紀の公共サービス基盤「電子政府」

13.4.1 はじめに——電子政府とは

電子政府（英語ではe-government）の定義は国際的に定まっているわけではない．そこで，日本政府および世界銀行の定義をはじめに紹介しよう．

日本政府は，電子政府について，「行政内部や行政と国民・事業者との間で書類ベース，対面ベースで行われている業務をオンライン化し，情報ネットワークを通じて省庁横断的，国・地方一体的に情報を瞬時に共有・活用する新たな行政を実現するものである」と述べている．これは，IT戦略会議が2000年11月27日，超高速ネットワークインフラの整備，電子商取引ルールの環境整備と並んで電子政府の実現に向けた基本方針を決定したが，そのなかで示された定義である．また，実現にあたっては，「行政の既存業務をそのままオンライン化するのではなく，IT化に向けた中長期にわたる計画的投資を行うとともに，業務改革，省庁横断的な類似業務・事業の整理及び制度・法令の見直し等を実施し，行政の簡素化・効率化，国民・事業者の負担の軽減を実現することが必要である」と記している [4)]．そして，具体的に推進すべき方策として，① 行政（国・地方公共団体）内部の電子化，② 官民接点のオンライン化，③ 行政情報のインターネット公開，利用促進，④ 地方公共団体の取り組み支援，⑤ 規制・制度の改革，⑥ 調達方式の見直し，の6項目を決定した．

[4)] 首相官邸「IT戦略会議・IT戦略本部合同会議（第6回）」（2000年11月27日）議事次第
http://www.kantei.go.jp/jp/it/goudoukaigi/dai6/6siryou2.html（2016年6月30日確認）

一方，世界銀行は，「ITを活用することで，政府と市民，政府と企業，政府機関どうしの関係を変革させていくために，政府機関がITを活用することを指す」と定義している．そのうえで，「政府は，市民に対してはより良い行政サービスを提供し，企業や産業と政府との相互作用を改善し，情報へのアクセスを通じて市民をエンパワメントし，より効率的な行政管理を実現すること」と述べている．e-Commerce（電子商取引）が，企業間取引 (B2B: business to business) をより効率化し，企業と消費者との間 (B2C: Business to Consumer) をより近づけたように，e-Governmentは，政府と市民 (G2C: Government to Citizen)，政府と企業 (G2B: Government to Business)，政府機関どうし (G2G: Government to Government) の相互作用を，よりフレンドリーに，より便利に，より透明に，より安価にさせることを目的としている．

両者の定義に大きな違いはないが，世界銀行のほうが政府・企業・市民の関係の変革をより強く意識したものになっている．変革の一環として，ITの活用によって行政機関の透明性を高め，政府を市民に開かれたものにしていく「オープンガバメント」，行政機関が保有するデータを市民や企業が活用しやすいように公開する「オープンデータ」が世界的潮流となっている．

13.4.2 日本の電子政府プロジェクト

日本では2003年に「電子政府構築計画」が決定された[5]．電子政府の目的は，「利用者本位で，透明性が高く，効率的で，安全な行政サービスの提供」と「行政内部の業務・システムの最適化（効率化・合理化）」を図ることとされ，そのために次の八つの原則を掲げた．

① 国民にとって使いやすくわかりやすい，高度な行政サービスの提供

行政機関ごとの縦割りサービスを排除し，国民が利用したい時間・場所において簡単に行政サービスが受けられる機会を確保する．

② 政策に関する透明性の確保，説明責務の履行及び国民参加の拡大

電子政府の総合窓口などを通じ，政策に関する多様な情報提供を徹底するとともに，政策立案過程における国民の意見提起の機会を最大限確保する．

③ ユニバーサル・デザイン（誰もが使いやすい設計）の確保

高齢者，障害者の使いやすさにも十分に配慮されたシステム（音声による読み上げ機能に配慮した情報内容の整備など）の導入に努める．

④ 業務効率の徹底的追求

業務や制度，システムの抜本的な見直しを行い，行政運営の簡素化，業務効率の向上を徹底的に追求する．

⑤ 民間活力の活用

情報通信技術の専門性と変化の早さにかんがみ，業務・システムの最適化にあたり，民間の専門家の活用や民間への委託に努める．

⑥ 情報システムの安全性・信頼性の確保と個人情報の保護

[5] http://www.kantei.go.jp/jp/singi/it2/cio/dai9/9siryou2.pdf を参照．（2016年6月30日確認）

情報システムについて，常に最高水準の安全性，信頼性を確保するとともに，IT 社会の基盤である個人情報保護法制の早急な整備と厳格な運用を図る．

⑦ 国の行政機関以外の機関との連携および国際連携の確保

独立行政法人，地方公共団体，国会，裁判所など国の行政機関以外の機関との連携協力により，国民の利便性・サービスの向上などを総合的・一体的に推進する．また，諸外国とも十分な連携を図りつつ，システム構築などにあたる．

⑧ 活力ある社会形成への配慮

電子政府を推進することによって，電子商取引をはじめとする国民生活や企業活動における IT 利用促進の触媒的機能を十分に果たす．

2003 年時点で，電子政府に関しては，行政の透明性と効率性，利用者の利便性が強調され，世界的潮流と合致した電子政府の方針と計画が作られたのである．その後，2000 年代には，超高速ネットワーク（ブロードバンド）の全国整備が急速に進んで，インターネットは広く普及し，電子商取引も急増した．2016 年にいたるまでに，行政内部の電子化や行政が保有するデータの公開などは着実に進んだ．しかし，北欧諸国，韓国，シンガポールなどの電子政府先進諸国と比べると，まだ多くの業務で紙の書類が残されているだけでなく，組織を超えたネットワーク連携に基づくワンストップサービスの実現などで課題を抱えている．ただ，2016 年 1 月から社会保障，税，災害対策分野で国民 ID の「マイナンバー」の活用が開始されたことで，ワンストップサービスに向けた取り組みが進むと予想される．特に，2017 年 11 月に本格運用を開始した「マイナポータル」は，インターネットを通じて行政機関が保有する個人情報を本人が確認したり，一人ひとりに合った行政サービス情報を取得したりすることが可能になり，利便性が向上するものと期待されている．

13.4.3 海外の先進事例

以下，すでに行政のワンストップサービスが実現し，政府・市民・企業の関係の変革を進めた先進事例として，デンマークとエストニアを見てみよう．

(1) 市民中心の情報システム：デンマーク

デンマークは 1968 年，国民 ID の“Central Persons Registration: CPR”が導入された．CPR の導入によって，地方自治体ごとに手作業で管理されてきた住民登録情報は国が一元的に管理するようになった．1970 年には CPR 番号を使用した税金システムを開発した．CPR は住民登録および納税者番号としてまず活用され，その後，医療・健康分野，市民生活全般にかかわる行政サービスへと利用が広がったという歴史をもつ．

現在，デンマーク市民がポータルにアクセスして自分の情報の確認や各種申請手続きを行う際には，CPR 番号と，ワンタイム・パスワード入力によるデジタル署名「Nem-ID」を使用して個人認証を行う．この仕組みは電子政府ポータルを利用するときだけではなく，病院や銀行，さらには電話の契約など民間サービスにも使われている．デンマークに居住するすべての市民は，国籍がデンマークであるかどうかにかかわらず，CPR 番号を取得してから行政サービスを受けることになる．

デンマークの電子政府の特徴は，使いやすいポータルサイトによって公的サービスを充実させた点にある．なかでも税金ポータル「Skat.dk」は日本とは大きく異なっている．日本は本人申請が基本となっているため，e-Tax では納税者本人がパソコンで書類を作成して，マイナンバーカード（2016 年以前は住基カード）と暗証番号を使用して個人認証を行ったうえで税務署に送信する．それに対し，デンマークでは，国税庁が企業・担当行政機関・労働組合・銀行・団体から報告を受けて，確定申告の書類を作成する．納税者は，国税庁が作成した書類をネット上で確認するだけで手続きが完了する．

市民にとって最も身近かな行政サービスは 2007 年に運用を開始した市民ポータル "Borger.dk" である．雇用・失業，住居・引っ越し，海外生活，家族・子ども，年金，学校・教育などのメニューがあり，必要とする情報閲覧や申請手続きはすべてポータルを使って済ませることができる．たとえば，引っ越しの住所変更は，地方自治体がデータ連携をしているためワンストップで行うことができる．また，かかりつけ医の変更といった引っ越しに伴って生じる関連手続きについてもあわせて処理することができる．

デンマークでは，政府と市民，政府と企業のコミュニケーションの全面的なデジタル化を進め，2015 年以降はデジタルが行政手続きの標準となっている．これを可能としたのは，利用者本意で使いやすいポータルサイトを構築したことが大きな理由となっている．

(2) 世界最先端のサイバー国家：エストニア

1991 年に旧ソビエト連邦から独立したエストニアは国民データベースの構築に着手し，パーソナル・アイデンティフィケーション・コード (PIC) を導入した．そして，翌 1993 年には政府がホームページを開設している．1998 年には「エストニア情報政策の原則」を議会で採択し，公共部門の主導によって IT の先進的な活用を進める方針を打ち出した．2000 年に電子政府プロジェクト開始，納税システムが構築された．2002 年には，公共データはすべてウェブに掲載しなければならないという「パブリック・インフォメーション法」が制定された．電子署名，ID カードを導入，カードリーダーとセットで，電子政府サービスを利用できるようにした．ID カードは 15 歳以上の全国民に（100 万枚以上）配布されている．また，2005 年には世界に先駆けてインターネットによる電子投票を開始した．

エストニアの行政サービスは 10 年ごとに進化してきた．1990 年代は，ソ連時代の縦割の行政組織のまま，市民は複数の役所の窓口にアクセスしなければならなかった．それが 2000 年に開始された電子政府プロジェクトによって大きく変わっていった．2000 年代には，公務員が行政組織全体の書類にアクセス可能になったことでワンストップショップ型の行政サービスが実現し，市民は一つの窓口にアクセスすれば済むようになった．2010 年代に入ると，公務員を介さずに市民が行政の各種手続きを直接インターネット経由で処理できる統合型電子行政へと進化し，完全なデジタルアクセスに移行した．

エストニアは世界一の IT 立国をめざし，政府が世界に先駆けて IT の先進的ユーザーになる方針をとってきたのが特徴である．電子政府はその一環と位置づけられ，国民はもとよりエストニア国籍をもたない外国人に対しても，デジタル行政サービスの対象を拡げている．2014 年 12 月には“e-resident”プロジェクトを開始し，外国人であっても在外エストニア大使館で指紋情報を登録すれば，大使館の身元調査を経て，e-ID カードを取得できるようにした．政府・市民・企業の多様な活動をサイバー空間へ移行させ，まさに世界最先端の「サイバー国家」として，小国ながら存在感を高めている．

13.4.4 終わりに —— 日本の課題

デンマーク，エストニアだけでなく，北欧諸国，韓国，シンガポールといった電子政府の先進国では，国民 ID と個人認証システムを組み合わせて，インターネットで電子申請をはじめとする多くの行政手続きやサービスを実現しているのが特徴である．また，電子政府の推進体制を見てみると，政府内部に CIO（Chief Information Officer：情報統括の最高責任者）を置き，国と地方の行政機関の連携，IT 投資とその効果の分析，他組織にも適用可能な情報システムの積極的な横展開，といった点でも共通している．さらに，先進的な IT 調達を通じて，政府がイノベーションや変革に貢献している点も重要である．

日本は，これらの先進国と比べるとまだ行政の効率化の面でも，国民や企業にとっての利便性の面でも遅れを取っているのは否めない．マイナンバーの活用によって今後は進展していくものとみられるが，それと同時に，制度・業務の見直しを図ることが不可欠となっている．2018 年 1 月 16 日，日本政府は電子行政の関係閣僚で構成した「e ガバメント閣僚会議」を開催し，法人設立など手続きのオンライン化やワンストップ化をめざす 5 か年の「デジタル・ガバメント実行計画」を決定した．電子政府先進国にならって，デジタルを前提とした行政サービスへ大きく転換させるという内容である．ただし，先進諸国では，政治のリーダーシップによって政治や行政における IT 活用が進んでいるうえ，IT 導入のメリットに対する国民的合意が形成されている点も見逃してはならない．また，行政機関の IT 調達がイノベーション促進の役割を果たすという意識も薄いので，先進国の取り組みから学ぶべきであろう．そして，個人情報保護，セキュリティ対策といった重要課題に取り組みつつ，21 世紀の公共サービス基盤として電子政府を推進する必要性を広く国民に説明していくことが求められている．

13.5 本章のまとめ

本章では，行政における情報マネジメント，図書館業務における情報マネジメント，学術情報のマネジメント，電子政府設立のプロジェクトの考え方について多面的に取り上げた．ここには，実践を通して得られた国内外の話題が含まれていることから，情報技術や社会環境の変化にも影響を及ぼしている．これからは，人間や社会・組織，法や制度を含む系全体としての危機管理がますます必要になるであろう．

演習問題

設問1 各自が想定している危機管理に必要な情報，情報マネジメントの仕組み（システム）について述べよ．（ヒント：まず，想定した事態における意思決定や判断，行動に直結する知識としての情報（インテリジェンス）は何かに注目しよう．そのうえで，必要な情報資料（一次資料）をどのような手段や形で収集し，どのような処理や解析，分析・評価を行うかについて考えるとよい．さらに，目的達成のための仕組みであるシステムデザインで考慮しなければならない環境条件，制約条件は何かに注目しよう．技術，ステークホルダー（人・組織・社会），法・制度，社会インフラ，既存システムとの関連などに注目するのもよい．）

設問2 (1) 図書館のデジタル化によって図書館員の仕事はどのように変化したかについて述べよ．（ヒント：図書の発注，目録情報の整理，配架の管理，図書の管理，利用者へのサービスなど，図書の貸出・返却に関係する仕事に注目してみよう．）

設問2 (2) 図書館利用者にとって，期待されるサービスとは何かについて述べよ．（ヒント：必要なときにはいつでも図書館を利用できる（たとえば1日24時間利用）図書館システムを実現することは可能であるかについて考えてみよう．）

設問3 大学の役割と活動を挙げ，それに関係する情報と情報管理の特徴を述べよ．（ヒント：所属する大学にどのような部門・設備があるかを調べ，関係する組織構成に注目するとよい．）

設問4 電子政府の推進にとって重要な要因は何か？（ヒント：政治のリーダーシップや組織間連携を進める体制に注目し，さらに国民のコンセンサス，効率化や行政コスト削減といったメリットに対する認識の共有などにも注目するとよい．）

参考文献

[1] 内閣法第十五条2：「内閣危機管理監は，内閣官房長官及び内閣官房副長官を助け，命を受けて第十二条第二項第一号から第六号までに掲げる事務のうち危機管理（国民の生命，身体又は財産に重大な被害が生じ，又は生じるおそれがある緊急の事態への対処及び当該事態の発生の防止をいう．第十七条第二項第一号において同じ．）に関するもの（国の防衛に関するものを除く．）を統理する」

[2] 北岡元：インテリジェンス入門（利益を実現する知識の創造），pp.6–10, pp.20–26，慶應義塾大学出版会 (2005)

[3] 国家安全保障会議の創設に関する有識者会議説明資料（2013.3.13）：我が国の危機管理について，首相官邸ホームページ（2015年1月14日確認）

[4] 国家安全保障会議の創設に関する有識者会議説明資料（2013.3.29）：我が国の情報機能について，首相官邸ホームページ（2015 年 1 月 14 日確認）
[5] Joint Chief of Staff : JP 2-0 Joint Intelligence (October 2013)
[6] HQ, Department of The ARMY : ADP-2-0 Intelligence (May 2012)
[7] 齋藤義明：ナショナルクライシスメネジメント（危機に対する国家的情報力の強化），知的資産創造，3 月号，pp.22–35 (2002)
[8] 国立国会図書館調査及び立法考査局外交防衛課：日本版 NSC（国家安全保障会議）の概要と課題，調査と情報，No.801 (2013)
[9] J.A. パーキンス，天城勲，井門富二夫：大学の未来像，pp.148–163，東京大学出版会 (1975)
[10] ウィキペディア（研究）：http://ja.wikipedia.org/wiki/%E7%A0%94%E7%A9%B6 (2015.2.28)
[11] ウィキペディア（教育）：http://ja.wikipedia.org/wiki/%E6%95%99%E8%82%B2 (2015.2.28)
[12] 松坂浩史：大学の社会貢献のあり方 国立大学法人の果たす機能と役割 http://berd.benesse.jp/berd/center/open/dai/between/2003/0708/bet19616.html (2015.2.28)
[13] 名和小太郎：学術情報と知的所有権，pp.52–60，東京大学出版会 (2002)
[14] 倉田敬子：機関リポジトリとは何か，www.lib.keio.ac.jp/publication/medianet/article/pdf/01300140.pdf (2015.03.07)
[15] 国立情報学研究所：CiNii 全般 - CiNii について，https://support.nii.ac.jp/ (2018.11.22)
[16] Google：Google Scholar について，http://scholar.google.co.jp/intl/ja/scholar/about.html (2015.03.07)
[17] 経産省商務情報政策局情報処理振興課編：e ラーニング白書，pp.6，2004/2005 年版，オーム社 (2004)
[18] 国立情報学研究所：学術情報ネットワークとは，https://www.sinet.ad.jp/aboutsinet/ (2018.11.22)
[19] 国立情報学研究所：学術認証フェデレーションとは，https://www.gakunin.jp/fed/ (2018.11.22)
[20] 国立情報学研究所：eduroam JP へようこそ，https://www.eduroam.jp/ (2018.11.22)

第14章
法と倫理と情報マネジメント

□ 学習のポイント

この章では法と倫理とサイバー環境での犯罪に注目しながら，情報マネジメントがなぜ必要であるかについて学ぶ．具体的には，情報社会における法と倫理と情報管理，サイバー環境における犯罪と情報セキュリティ，情報システムの脆弱性と管理の難しさ，システム利用における関係者それぞれの責任など，システムの運用にまつわる法と倫理の諸問題を多面的に取り上げる．

□ キーワード

ネットワーク犯罪，コンピュータウイルス，情報漏洩の責任，情報セキュリティ，情報マネジメント，情報セキュリティマネジメントシステム，リスクマネジメント，技術者倫理，研究者の法と倫理，サイバー環境の情報管理，知的財産権と著作権法，情報公開制度と個人情報保護，不正アクセス禁止法，マルウェア，ウイルス対策，デジタル犯罪，デジタル・フォレンジクス

14.1 はじめに

ビックデータやストリームコンピューティングの時代に突入して，情報マネジメントの対象範囲は拡大し始めている．また，情報技術の進化とともにサイバー社会（環境）が台頭して，情報の利活用が一層容易になった．しかし便利になった一方で，さまざまな事件や犯罪に巻き込まれるリスクも増大している．たとえばユーザや管理者が気づかないうちにコンピュータウイルスに犯されているとか，迷惑メールや情報漏洩事件が後を絶たないなどの問題が次々と発生しているのである．そこで，この章では法と倫理と情報マネジメントの問題について考えることにしたい．

14.2 サイバー環境で感染するウイルス対策と管理

サイバー環境での犯罪のニュースは毎日のように報道されている．その背後には倫理的な自制心が欠如している人が増えているという問題がある．また，ネットワーク上では同報メールなどが容易に利用でき，しかも匿名性が高いため犯人を特定するのが難しいという問題もある．

ネットワーク利用者が急増しているにもかかわらず，利用者教育が遅れている．利用者自身が情報の確認とサイバー環境の管理を怠らないことが肝要である．

サイバー環境では，新たなネットワーク犯罪に注意するだけでなく，高度な情報技術が犯罪に使われていることを認識する必要がる．情報社会の変化に速やかに対応するためには日々情報を収集し管理することも必要である．たとえば，政府系の信用できる Web サイトで，ウイルス感染対策，情報漏洩の問題，スキミング（キャッシュカードやクレジットカードの ID 偽造）対策などの情報を参照できる．

ウイルス感染による情報漏洩は悪意のサイバー攻撃だけが原因ではない．ノートパソコンの紛失や盗難のほか，不注意な情報システム操作による被害も少なくない．これらの背景には，ソフトウェア（アプリケーションや情報システムなど）の脆弱性の問題が存在する．それゆえ，サイバー攻撃の脅威から完全に身を守ることは不可能であることを心得ておくべきである．

14.2.1 コンピュータウイルスの脅威

1986 年に「パキスタンブレイン」といわれるウイルスが出現[1]して以来，新種のコンピュータウイルスが次々と発表されている．新しい手口のウイルスによる被害は増大し，感染範囲も拡大している．

ウイルスという言葉には，狭義のウイルスも広義のウイルスも含まれる．他のファイルやプログラムに寄生して自己複製するウイルスを狭義のウイルスといい，第三者のプログラムやデータベースに意図的に被害を及ぼすように作られたプログラムで自己伝染機能，潜伏機能，発病機能を一つ以上有するものを広義のウイルスという．この章では，広義のウイルスを総称して「ウイルス」と呼ぶことにする．

ウイルスには，狭義のウイルス，ワーム，トロイの木馬，スパイウェア，フィッシング，ボットなどがある．このような悪意のある有害なプログラムを総称してマルウェアと呼ぶ．マルウェアにもいろいろあるが，何に注目するのかによって分類されている．注目点として，セキュリティ，攻撃方法，攻撃者，攻撃システム，攻撃目的，感染形態などの観点がある．そこで，マルウェアの特徴を整理しておこう．

- ワーム： 単独で自己増殖が可能で，ネットワークを利用して感染・増殖を行う．感染対象のプログラムは決まっていないが，自身の複製をコピーして増殖する．
- トロイの木馬： 自己複製の機能はもたないが，有用なプログラムに見せかけてユーザを騙してシステムに侵入する独立プログラムである．外からの侵入口（バックドア）を作る．
- スパイウェア： トロイの木馬の一種で．情報収集を目的とする．ユーザや管理者の意図に反してインストールされ，利用者の個人情報やアクセス履歴などを収集する．
- フィッシング： 実在する企業や金融機関などの Web サイトを装った偽サイトにユーザを誘導して，クレジットカード番号，ID，パスワードなどを盗み取る．

[1] コンピュータウイルスの概念は Fred Cohen が定義している (1984).

- ボット： 命令に従って動作するプログラムでコンピュータに感染する．ネットワークを通じて，ボットに感染したコンピュータを外部から操ることを目的とした不正プログラムである．

情報処理推進機構（以下，IPA と略す）は，「ウイルスの届出は 2004 年から 2007 年がピークで，以後減少しているように見えるが，実際にはマルウェアが巧妙化・凶悪化して感染の兆候が見え難くなっているだけである」と述べている．また，マルウェアについて「内容は実に多様であるが，それらは新種のウイルスの出現とともに，新たに命名されるからである」とも述べている．

ウイルスに感染すると，システムが起動しなくなったり，システムが頻繁にハングアップしたり，ファイルがなくなったりするなど，いつもと違う症状が現れる．たとえば，感染したシステムで特定時刻や一定時間などの条件を満たすまで潜伏してから発病するウイルスもあり，発病するとデータやプログラムのファイルを破壊したり，コンピュータに異常な動作が現われたりする[2]．

ウイルスの感染からシステムを守るために，IPA は「添付ファイルはウイルス検査を行ってから開く」，「覚えのない添付ファイル付きメールは開かない」，「見知らぬ相手から届いた添付ファイル付メールは開かない」などといった注意を喚起している．また，メールの「添付ファイルの取り扱い 5 つの心得[3]」や，新種ウイルスの「ワクチンソフトベンダー情報[4]」を公開している．さらに，情報セキュリティ安心相談窓口[5]や，感染被害拡大と再発防止のための連絡先[6]，ウイルス対策 7 か条などを公開している．

14.2.2 電子メールにおける被害

メールボックスには連日，大量のメールが届く．これらの中には，宣伝・勧誘や嫌がらせなど，不特定多数の迷惑メールもあり，これらを総称して「スパムメール」と呼ぶ．スパムメールにはマルウェアやチェーンメールなども含まれる．あるいは，DoS (Denial of Service) 攻撃でサーバに負荷をかける妨害や，大量メールを流してシステムをダウンさせる妨害などのほか，ボットやフィッシングも多発している．

しかし，スパムメールに対する根本的な対策はないといわれている．オンラインショッピングやオンライン振込手続きでは，サイトの書き換えが頻発している．身に覚えのないメールはいうまでもなく，よく利用している手続きサイトであっても URL の確認は不可欠である．

IPA は，スパイウェア対策のしおり，ボット対策のしおり，不正アクセス対策のしおり，情報漏えい対策のしおり，インターネット利用時の危険対策のしおり，電子メール利用時の危険対策のしおり，スマートフォンのセキュリティ「危険回避」対策のしおり，初めての情報セキュ

---

[2] https://www.ipa.go.jp/security を参照.
[3] https://www.ipa.go.jp/security/antivirus/attach5.html を参照.
[4] https://www.ipa.go.jp/security/antivirus/shiori.html を参照.
[5] https://www.ipa.go.jp/security/anshin/ を参照.
[6] https://www.ipa.go.jp/security を参照.

リティ対策のしおり，標的型攻撃メール「危険回避」対策のしおりなどを公開している[7)]．また，「警察庁サイバー犯罪対策」のサイトや「内閣官房情報セキュリティセンター」のサイトでも最新情報などを公開している．

14.3 技術者倫理をいかに学ぶのか

倫理教育はなぜ必要なのか．我々は，目の前に障害物があると「右に進むべきか／左に進むべきか」を無意識に判断して行動している．倫理的な行動であるか否かを判断する必要があっても無意識に行動していることが多いであろう．

現実社会では，人はさまざまな組織で対人関係を意識しながら生活している．多人数社会と少人数社会では，かなり意識の度合いが違うであろう．また，社会における人間の行為には相反する義務や利害が絡み合っているため，利害関係の相反に関しても倫理的自己規制について意識せざるを得ない．時には技術者の立場で考えたり経営者の立場で考えたりしなければならない IS 部門の関係者は倫理的な行動という責務に関してしばしば悩むことがあるという．

一方，現実社会の秩序は，法と倫理の相補関係によって保たれている．たとえば，新種の犯罪が現われると新たな法が生まれ，既存の法が改訂される．法の変化が倫理の考え方に影響するのである．しかし，倫理観そのものは本質的には変わらない．

これらの問題について，倫理情報でどのようにかかわっていくのか考える必要があろう．そこで，倫理教育をいかに展開するのかについて考えることにしたい．

IS2010[8)] でも CS2013[9)] でも倫理的側面を重視したカリキュラムを展開している．情報処理学会のモデルカリキュラム J07-IS でも倫理教育に関するラーニングユニット (LU) として，「IS 社会と倫理」[10)] と「倫理と法」[11)] を取り上げている．いずれも，実践的科目として倫理課題を与えてグループ討議を実施し，技術者倫理 (Engineering Ethics) を学ぶうえで役に立つ事例[12)] に触れることであると述べている．

大学の倫理教育では，それぞれの科目の位置づけに依拠しながら，科学技術者／技術者／研究者の倫理，社会人／組織人としての倫理，JABEE が求める技術者倫理などの科目を取り入れている．これらの科目では，倫理の学び方，議論の仕方，評価の仕方なども扱っている．議論では，学協会や企業における倫理規程・倫理綱領や，身近な事故・事件における倫理的側面を話題として取り上げている．

[7)] https://www.ipa.go.jp/security/antivirus/shiori.html を参照.

[8)] Curriculum Guidelines for Undergraduate Degree Programs in Information Systems.

[9)] Computer Science Curricula 2013 では Miami University と University of Maryland と Anne Arundel Community College での倫理教育の事例を紹介.

[10)] 目的は，情報システムと社会とのかかわり，道徳的な問題，個人や専門家の行動に関する倫理的な問題，倫理モデルとアプローチの比較対照，倫理と社会的な問題の分析，権力の存在と本質について考えること．0116 は識別番号.

[11)] 目的は，倫理と法の問題と基本原理について議論し，IS 開発における倫理の重要性，計画，実装，使用，販売，配布，運用と維持管理について説明すること．0117 は識別番号.

[12)] 「参考文献」で推奨している《事例が豊富な書》を参照.

「初めての倫理教育」として注目すべき事例がある.「倫理は教えられ得るか」という書籍[13]にはハーバード・ビジネス・スクールにおける展望，挑戦，アプローチの記録が詳細に述べられて [16]．1959 年頃から倫理教育の必要性が話題に上がりながら議論が繰り返され「リーダーシップ，倫理および企業の責任」をマネジメント教育に組み入れる構想が決まったのは 1980 年代末であった．それは「カリキュラム全体にとって欠かせない倫理教育とは何か」に対する教員たちの挑戦であった．学生たちは入学から卒業までの 5 年間，倫理教育と経営教育，職業倫理の形成について学び，教育プログラムを通して広い視野から，クリティカル思考と社会的思考（システミック）を繰り返しながら倫理の重要性を身につけたのである.

プロフェッショナルの倫理教育に関しては，NSPE 倫理規程[14] (Code of Ethics) が参考になる．この規範を犯していないかどうかに注目しながら議論することで，「IS 専門家に重視される職業倫理と真摯な仕事の遂行」[15] について学び，同時に倫理的な思考力を身につけているのである.

NSPE は技術者の信条として，「技術者として最大限の成果をあげること」，「正直な企画以外には関与しないこと」，「人の法と専門職の最高の基準に従って生活し働くこと」，「利益よりもサービスを優先すること」，「専門職の名声と利益を優先すること」，「すべての事柄よりも公衆の利益を優先すること」などを明記している[16]．NSPE の倫理規程作成は 1935 年頃に始まり，1974 年版と 1996 年版が公開され，さらに 2003 年 1 月までに一部手直しがなされている．なお，技術者の倫理と経営者の倫理の違いについても明示している[17].

我が国にも技術士 (Professional Engineer) 制度があり，文部科学省によって「技術的専門知識，高い応用能力，豊富な実務経験を有し，公益を確保するための技術者倫理を備えた優れた技術者」の育成についてまとめられている[18]．技術士倫理綱領は 1961 年に制定され 2011 年に変更された．そこには，「公衆の利益の優先」，「持続可能性の確保」，「有能性の重視」，「真実性の確保」，「公正かつ誠実な履行」，「秘密の保持」，「信用の保持」，「相互の協力」，「法規の遵守等」，「継続研鑽」に関する 10 項目がまとめられている[19].

このような倫理綱領は，ある職業が社会で専門職として認知されるために必要不可欠な条件である．専門分野によって，その内容に違いがあるが，専門を問わず共通している事項もある．いくつかの学協会の綱領を比較すれば，何が共通した内容であるかがわかる．たとえば，「社会に対する責任」，「専門職業に対する責任」，「組織の責任者としての責任」などが，いつどのように作られ，改訂されたかに注目するとよい.

---

[13] T.R.Piper, M.C.Gentile, S.D.Parks : Can Ethics Be Taught? Perspectives, Challenges, and Approaches at Harvard Business School, 1993

[14] NSPE（National Society of Professional Engineers：全米プロフェッショナル・エンジニア協会）による倫理規程.

[15] IS 教育委員会によるモデルカリキュラム ISJ2001，または"神沼靖子：情報システム演習 II，共立出版，pp.iv–v, 2006"を参照.

[16] NSPE 倫理審査委員会編，日本技術士会訳編：科学技術者倫理の事例と考察，丸善，pp. 241-250 (2001.8.15) を参照.

[17] 経営者にとっても，「公衆の健康，安全及び福利」は最優先事項である.

[18] https://www.engineer.or.jp/index.html を参照.

[19] https://www.engineer.or.jp/c_topics/000/000025.html を参照.

倫理綱領は技術者にとっての規範である．倫理規範では「問題が起きたときにはどうすべきか，どうしてはいけないか」などの行為に関する命題を扱っている．

14.4 情報セキュリティとマネジメント

IPAは2015年に起きた情報セキュリティ分野の事故・事件から社会的な影響が大きかった10件を個人別・組織別に分類し，「情報セキュリティ10大脅威2016」として発表した[20]．それによると，個人のランキングの1位は，「インターネットバンキングやクレジットカード情報の不正利用」であった．これは金融機関に関係する被害であるが，2016年に入って被害はさらに広がっているという．個人別の2位には「ランサムウェア (ransomware)[21] を使った詐欺・恐喝」が急浮上している．これらは，組織別でも10位以内に入っている．

組織別の1位は「標的型攻撃による情報流出」，2位は「内部不正による情報漏洩」であった．このような調査報告から，情報セキュリティでの機密保護や機密管理がいかに重要であるかを理解できるであろう．

14.4.1 情報セキュリティの管理と技術

情報セキュリティとは，何を何からどのように守るのであろうか．「セキュリティ」という言葉に注目すれば，広範囲にわたって脅威から情報を適切に安全に守ることといえよう．JISハンドブック (67-1) では，情報セキュリティ (Information Security) について，「情報の機密性，完全性，および可用性」を維持することであると定義している．ここで，機密性 (confidentiality) とは「アクセスを認可された者だけが情報にアクセスできることを確実にすること」であり，完全性 (integrity) とは「情報および処理方式が，正確であることおよび完全であることを保護すること」である．また，可用性 (availability) とは「認可された利用者が，必要なときに情報および関連する資産に確実にアクセスできること」である．

機密性，完全性，可用性は情報セキュリティの3要素と呼ばれているが，コンピュータ／ネットワーク／クラウドにおける情報セキュリティも重要な課題である．特に，情報システムの脆弱性の観点では，「完全な対策が難しい」ということを認識して管理したい．

情報セキュリティを確保する目的は情報を守ることではなく，組織体が情報社会において信頼できる情報を共有できることである．また，情報の活用によって競争力を強化しながら，情報社会における責務を果たせるようにすることである．したがって，情報セキュリティの管理は，正式に許可された者だけが，必要なときにいつでも，正しい情報を利用できるように，情報とその利用手段を維持・管理・向上させることといえる．

情報セキュリティに関連する法として，刑法[22]，不正アクセス行為の禁止等に関する法律[23]，

---

[20] IPA NEWS Vol.22 2016 May を参照．
[21] マルウェアの一種であり，ランサム（身代金）を要求するソフトウェアを意味する．
[22] 1907年に公布されて以来，今日に到るまで度々改正されてきた．最終改正は2013年（2016.6.1現在）．
[23] 1999年公布，2013年改正．

個人情報の保護に関する法律[24]，電子署名及び認証業務に関する法律[25]がある．

刑法にはコンピュータ犯罪にかかわる条文があり，コンピュータやデータの破壊・改ざんに関する刑事罰などについて明記されている．また，改訂によって追加された“電子計算機損壊等業務妨害罪”，“電磁的記録不正作出及び供用罪”，“電子計算機使用詐欺罪”，“不正指令電磁的記録に関する罪”についても明記されている，

不正アクセス行為の禁止等に関する法律（不正アクセス禁止法）では，“他人のIDやパスワードを無断使用し不正アクセスする行為”，“IDやパスワードを不正に要求する行為（フィッシング行為）”，“セキュリティホールを突いた直接侵入攻撃”，“セキュリティホールを突いた間接侵入攻撃”などが，処罰の対象となっている．

個人情報の保護に関する法律（個人情報保護法）には，個人情報保護の基本原則（“利用目的による制限”，“適正な方法による取得”，“内容の正確性の確保”，“安全管理措置の実施”，“透明性の確保”）が定められている．

電子署名及び認証業務に関する法律（電子署名法）では，電子署名とは何か・電子証明書とは何かについて規定し，電子的に認証を行う認証業務や認証事業者についても規定している．

以上の他に，情報セキュリティ関連で注目しておきたい制度として，ISMS適合性評価制度，ITセキュリティ評価及び認証制度，情報セキュリティ監査制度，コンピュータウイルス及び不正アクセスに関する届出制度，脆弱性関連情報に関する届出制度などがある．

14.4.2 情報セキュリティマネジメントの仕組み

情報セキュリティマネジメントシステム (Information Security Management System: ISMS) では，情報セキュリティの3要素をバランスよく維持・改善することが，主たるコンセプトであるとされている．そこでは，ISMSの基本方針は「情報セキュリティ対策の具体的な計画と目標を策定する (Plan)」，「計画に基づいて対策を導入して運用する (Do)」，「この結果を監視して見直す (Check)」，「経営陣による改善と処置を実施する (Act)」のPDCAを回して情報セキュリティレベルを向上させることであると述べている．

ISMSでは，コンピュータに記録された情報の漏洩を防ぐためにいくつかの対策をしている．たとえば，「指紋認証やUSB認証キーなど，ハードウェアによるセキュリティ対策」，「データの暗号化や署名者確認など，ソフトウェアによるセキュリティ対策」，「アクセス制限によるネットワークのセキュリティの対策」などがある．

経済産業省でも，「企業等が情報セキュリティ対策を実施する際の指針となる基準整備」，「自社の情報セキュリティ対策レベルをチェックできるツール類の整備」，「中長期的な視点に立った技術的対策の推進」，「脅威の多様化や攻撃の複雑化に対する重点的な対策強化」，「国外の関係機関との連携・協力体制の強化」などの政策を公開している[26]．さらに，情報セキュリティ水準の向上策として，「ウイルスや不正アクセス等に関する迅速な情報収集・分析・提供，セ

---

[24] 2003年公布，2015年改正．

[25] 2001年施行．

[26] http://www.meti.go.jp/policy/economy/security/ を参照．

キュリティ対策等に関する普及啓発」,「評価・認証」,「IT製品やシステムの安全性・信頼性の向上」,「暗号技術, 認証技術等の全般にわたる調査・評価・技術開発の実施」,「国内外の標準化に向けた検討と指針の作成」なども実施している.

14.5 法と倫理と情報の管理

法には限界があり, 法と倫理は補完関係にあることはすでに述べた. 法だけで足りないところを倫理で補い, 倫理だけで足りないところを新たな法で対応する. 法は最低限の規則であり, 社会的背景によって変わる. 自己責任には, 法的な責任と倫理的な責任とがあり, 企業の従業員の立場と公衆に対する技術者の立場がある.

(1) 情報社会の法と倫理

情報ネットワークを介したサイバー犯罪が増大し, 新たな社会的な問題となっている. たとえば, 不正アクセスに関する犯罪, ネットワークに関係する犯罪, コンピュータ（電磁的記録）に関係する新たな犯罪が次々と出現し, その対策のために新たな法が生まれ, それと同時に技術が進化してシステムも改善されるというイタチゴッコが続いている.

我々の生活環境には, インフラシステムとして常態化している防災システム, 危機管理システム, リスク管理システムなどがあるが, 知らないうちに改善が繰り返されているのである. さらに, 日常生活で利用されているシステムとして, インターネット, 携帯システム, GPS, 年金システム, 自動出改札システムやオンラインショップシステムなど[27]があるが, これらもしばしば改変されている.

しかし, 多くの利用者は何がいつなぜ変わったのかに気づいていないのではないだろうか. このような環境のなかで, さまざまな法の改訂がなされ, それがまた倫理の問題や社会問題にも影響を及ぼしているのである. このことを認識したうえで, 以下の話題を展開することにしたい.

(2) 知的財産権と著作権

知的財産は, 著作権, 産業財産権, トレードシークレット[28]に大別され, それらを保護するために知的財産権が定められている. 知的財産権とは, 知的な創作活動によって何かを創り出した人に付与される権利であり,「著作権（著作者の権利, 著作隣接権）」や「産業財産権（特許権, 実用新案権, 意匠権, 商標権）」に関する法, および不正競争防止法によって守られている. この項では, 著作権に注目する.

著作権は他の知的財産権とは違って, 権利を取得するために「申請」や「登録」などの手続きを一切必要としない. なぜならば著作権は, 国際的なルール（ベルヌ条約）に従って運用されており, 著作物が創られると同時に自動的に付与されるからである.

明治2年 (1869) に制定された旧著作権法は, 昭和45年 (1970) に全面的に改正されて現在

[27] IS デジタル辞典 https://ipsj-is.jp/isdic/ を参照.
[28] 企業が経営を行ううえで機密としている情報であり, 不正競争防止法によって保護されている.

の著作権法として制定された．その後，しばしば改定され，近年では毎年のように見直されている．

文化庁長官官房著作権課は，著作権法，著作権法施行令（抄）を毎年公開するとともに，初めて学ぶ人に向けた著作権テキスト[29]を作成して公開している．

著作者の権利は，「著作者人格権」と「著作権（財産権）」からなる．著作者の人格権は，著作者の人格的利益を保護する権利であり，「公表権」，「氏名表示権」，「同一性保持権」からなる．公表権とは，未公表の著作物を公表するかどうかなどを決定する権利であり，氏名表示件とは，著作物に著作者名を付すかどうか（付す場合に名義をどうするか）を決定する権利である．また，同一性保持権とは，著作物の内容や題号を著作者の意に反して改変されない権利である．

公表された著作物は，引用して使うことができる．この場合，報道，批評，研究その他の引用の目的上正当な範囲内で行われなければならない．たとえば，他人の著作物を自分の著作物の中に取り込む場合には，他人の著作物を引用する必然性があり，自分の著作物と引用部分とが区別されていることが必要である．引用する際に，著作物の出所とどのように利用しているかを明示しなければならない．

著作権（財産権）には，複製権，上演権・演奏権，上映権，公衆送信権，公の伝達権，口述権，展示権，頒布権，譲渡権，貸与権，二次的著作物の創作権や利用権などがある．これらのうち，譲渡権は単なる利用許諾とは違って，譲り受けた人自身が著作権者となり，その権利の範囲内で自由に著作物を利用することができる権利である．

(3) 情報公開制度と個人情報保護制度

長年の念願であった国民の「知る権利」が情報公開制度によって実現され，開示請求ができるようになった．日本政府による情報公開制度への対策は，先進諸外国に比してかなり遅かった．これを推し進めたのは世論であり，地方自治体による情報公開条例であった．

「行政機関の保有する情報の公開に関する法律（以下，情報公開法）」ができたのは 1999 年 5 月 14 日であった．情報公開法はその後も改正されており，最新情報[30]は 2014 年 6 月 13 日である．このような背景をもとに，ここでは情報公開と開示請求と個人情報保護に注目する．

情報公開法の目的は第一条に「この法律は，国民主義の理念にのっとり，行政文書の開示を請求する権利につき定めること等により，行政機関の保有する情報の一層の公開を図り，もって政府の有するその諸活動を国民に説明する責務が全うされるようにするとともに，国民の的確な理解と批判の下にある公正で民主的な行政の推進に資することを目的とする．」と明記されている．

行政文書の開示は ① から ④ の手順で実行される．

① 請求する行政文書を特定し，対象となる行政機関や独立行政法人などの窓口に，書面かオンラインで開示請求をする．

② 請求された行政機関では当該文書が開示対象であるか不開示対象であるかを決定して，請

[29]「著作権テキスト」で検索すれば最新版を入手できる．
[30] 2016.5.15 現在．

求者に回答する．開示対象である場合には，開示決定を通知し，これを受けて「閲覧」や「文書の写しの交付」などが可能となり，実施される．

③ 不開示対象文書（後述）である場合には，不開示の事由を付した不開示決定通知が開示請求者に通知される．

④ 不開示の場合には「不服申立て」を実施することができる．不服申立てが出されると当該組織は公文書開示審査会などに諮問し，審査の結果は答申として開示請求者に文書で通知される．

不開示情報については，行政機関などによって公開されているが，各機関によって表現が多少異なる．

たとえば総務省では「特定の個人を識別できる情報」,「法人の正当な利益を害する情報」,「国の安全，諸外国との信頼関係等を害する情報」,「公共の安全，秩序維持に支障を及ぼす情報」,「審議・検討等に関する情報で，意思決定の中立性等を不当に害する，不当に国民の間に混乱を生じさせるおそれがある情報」,「行政機関または独立行政法人等の事務・事業の適正な遂行に支障を及ぼす情報」の内容で公開している．これらの中で，個人情報に関する事項に注目しよう．

高度情報通信の進展によって個人情報の利用が拡大し，その適正な取扱いが喫緊の課題となり，国や地方公共団体でも，個人情報の保護に関する基本理念，基本方針，について定めることが必要になった．

個人情報の保護に関する法律は2003年5月30日に制定され，その後何回か改訂されている．最終改訂[31]は2015年9月9日である．この法律の第二条には，「個人情報とは，生存する個人に関する情報であって，当該情報に含まれる氏名，生年月日その他の記述等により特定の個人を識別できるもの（他の情報と容易に照合することができ，それにより特定の個人を識別することができることとなるものを含む)．」と定義されている．また，個人情報保護の目的については，第一条に明記されている[32]．

しかしながら，個人情報も漏洩の可能性がある．たとえば，消費者ニーズに応える商品の開発やサービスを提供するためという理由で個人の履歴などの詳細情報が電子媒体などで収集されており，不注意による個人情報の漏洩事件が少なくない．その意味でも，個人情報を保護するために何を管理すべきかについて考えることが重要になったのである．

業務における情報共有には，個人情報保護上の制約や，個人情報共有の制約がある．また，内部統制にかかわる法による制約もある．情報の電子データ化，蓄積，検索というプロセスそのものにも変化が現れ，情報マネジメントの概念そのものを見直す必要性が生じている．

---

[31] 2016.5.15 現在.

[32] この法律は，高度情報通信社会の進展に伴い個人情報の利用が著しく拡大していることにかんがみ，個人情報の適正な取扱いに関し，基本理念および政府による基本方針の作成その他の個人情報の保護に関する施策の基本となる事項を定め，国および地方公共団体の責務などを明らかにするとともに，個人情報を取り扱う事業者の遵守すべき義務などを定めることにより，個人情報の有用性に配慮しつつ，個人の権利利益を保護することを目的とする．
http://www.kantei.go.jp/jp/it/privacy/houseika/hourituan/ を参照.

14.6 リスク対応とデジタルフォレンジクス

ここでは，リスクとは何か，リスクマネジメントとは何か，ISの脆弱性で生じるリスクと対策，デジタルデバイド，デジタルフォレンジクスなどを扱う．

(1) リスクマネジメント

情報社会におけるリスクマネジメントとは，組織体や個人の活動において起こり得るリスクを管理・統制して未然に防ぐ，あるいは最小限に抑えることをいう．リスクとは「ある事象が発生することに関する不確実性」のことをいう．リスクという言葉から危機感をイメージすることが多いが，必ずしもネガティブな意味ばかりではない．結果として好ましいことも，好ましくないこともあり得る．リスクの事象には，社会や環境への影響などから予見できるものがあるが，予見不可能な潜在的リスクもある．

リスクの基本要素として，リスク事象，リスクの不確実性，リスクの影響度を上げることができる．リスク対策においては，いかに対策をしなければならないか／すべきであるかに注目して，リスクを特定し分析する必要がある．その際，何が起きるのか，なぜ起きているのか，いかに起きるのかについて分析する．また，好機を最大限に，脅威を最小限にするための方策を考えることも必要である．脅威に関する対応策として三つの選択肢が考えられる．

一つは，リスクの回避である．デジタル処理の例では，原因を取り除きファイルをバックアップすることで特定のリスクは回避できる．二つめは，リスクの軽減である．たとえば，保険をかけることでリスクを軽減できる．システム開発では，軽減するリスクと増大するリスクが考えられる．軽減できるリスクとして，技術面のリスクとコスト面のリスクがある．増大するリスクとしてはスケジュール面でのリスクが高い．また，技術面でのリスクを軽減することによってコスト高が生じることも多い．

三つめは，リスクの受容である．リスクの影響を受入れる考え方で，危険費を見積もり，費用・時間面で余裕をもたせ，予備費を予算化する．たとえば，「リスクの担い手を増やし，負担を分散してリスクを分散する」方法や「保険・共済・ヘッジ取引などの契約によって，リスクを転嫁する」方法がある．

情報システムの脆弱性への対策としても応用できる．それは，「事故が発生する前に防御する」，「事故が発生することを想定して事前に準備する」，「事故が発生している時の対策をする」などの方法である．

経済産業省は，平成7年に情報システム安全対策基準を制定し，平成9年に改正している．そこでは，情報システムの機密性，保全性および可用性を確保することを目的とし，自然災害，機器の障害，故意・過失などのリスクを未然に防止することを目標としている．発生したときの影響の最小化，回復の迅速化を図るために，設置基準，技術基準，運用基準を設定している．

(2) デジタルデバイドとデジタルフォレンジクス

情報化の進展は企業・社会・個人に利便性をもたらしたが，一方で生活環境の変化が新たなスタイルの犯罪を引き起こしている．それは，地域の情報活用基盤の整備における格差を生んだ．また，個人の情報活用能力にも格差を生じさせた．個人を対象とした犯罪も，企業を対象とした犯罪もネット環境で多様化し，情報犯罪がもたらす被害は，年々増大している．これらに対応するために，サイバー犯罪に対する法令が整備された．

IT に対する知識不足が，企業・社会・個人に情報の消失，改ざん，漏洩などのダメージを与え，サイバー犯罪の対策のために膨大な費用が使われるようになった．そして情報の格差，すなわちデジタルデバイド (Digital Divide) も生じている．さらに，ビジネス規模による格差，経済問題に関係する格差，地域（地方と首都など）による取り組みの格差，教育（情報リテラシーなど）の取り組みにおける格差，情報手段・通信手段における格差などもある．

デジタルデバイドが及ぼす生活環境では，デジタル技術を使いこなせるか使いこなせないかが，収入の格差（経済的な格差）にもつながる．社会インフラにさまざまな資本が使われるようになると，情報資産の格差が始まり，デジタル技術を使いこなせるかどうかによってデジタルデバイドが生じる．機会の不平等，富の不平等が生じ，階層的な分断や地域の分断を引き起こす．単に国内や社会の問題にとどまらず，IT を持つ国とそうでない国との国家間の格差問題にも広がっている．日本では，情報機器を使いこなせない対象として，高齢者などといった取り上げ方がなされるが，米国では IT の利用度と人種間の格差が話題になる．国によって（時空間によって），デジタルデバイドの意味や解釈が微妙に違う．

総務省は，地理的なデジタルデバイドの是正を目指して，ブロードバンド基盤の整備を推進中であり，総務省の Web サイトで「ブロードバンド基盤の整備状況」を公開している．また，ブロードバンド基盤整備のために，電気通信基盤充実臨時措置法（基盤法）[33] を定めている．すべての人が使えるような IT を提供するために，さらに低価格で，さらに使いやすい情報端末の開発や普及が必要であり，IT への敷居を低くするようなアプローチが必要である．

一方で，デジタル犯罪の増大に対応するためにデジタルフォレンジクス技術が必要になった．デジタルフォレンジクスは，デジタル犯罪の立証のための電磁的記録の解析技術やその手続きであり，デジタル鑑識技術ともいわれている．電磁的記録 [34] は，人の五感（視覚，聴覚，触覚，味覚，嗅覚）によって認識できないデジタル情報であり，電気的方式，磁気的方式などを用いた記録である．

これらの記録を解析する必要があるデジタル犯罪が年々多様化・複雑化しているため，それに対応できる仕組みや環境が必要となる．正確であること，第三者が検証できること，しかも法的にも正当な手続きによってなされなければならないことが重要である．情報犯罪の捜査では，最新のデジタルフォレンジクスの技術 [25] が必要になる．

[33] 2011.8.31 から適用．

[34]「電磁的記録」とは，電子的方式，磁気的方式その他人の知覚によっては認識することができない方式で作られる記録であって，電子計算機による情報処理の用に供されるものをいう．（定義：刑法第 7 条の 2）

14.7 本章のまとめ

本章では法と倫理とサイバー環境での犯罪に関する話題を多面的に取り上げ，情報マネジメントの必要性について触れた．現実世界においては法と倫理やサイバー環境における新たな課題が生じていることがわかる．これからは，ネットワークを介して侵入してくる情報セキュリティなどに関するさまざまな問題に対応して情報を管理することがますます必要になるであろう．

演習問題

設問 1 個人情報漏洩事件について，なぜ後を絶たないのかについてグループで議論をしよう．さらに，その原因は何か，事故が発生してからの対策は妥当であったか，どう対応すればよいのかについても議論しよう．（ヒント：議論に際して，個人情報漏洩事件・事故一覧に公開されているサイトを参照するとよい．たとえば http://www.security-next.com/category/cat191/cat25 などがある．）

設問 2 いろいろな組織の倫理規程や倫理綱領を収集して，比較してみよう．また，何が共通しているか，何が違っているかについてグループで議論し分析しよう．（ヒント：特定の学会や企業を指定して Web サイトで検索してみよう．参考文献の《技術者倫理の入門書》なども参考になる．）

設問 3 自動出改札システムがしばしば改変されるのはなぜか．具体的な事例を上げて説明せよ．（ヒント：犯罪と対策のための法改正がどのように繰り返されるかに注目しよう．）

設問 4 不正競争防止法とはどのような法であるかについて説明せよ．（ヒント：不正競争防止法の歴史と改正の経緯に注目し，Web などで調査するとよい．）

参考文献

以下では，本章で割愛した話題をカバーするために，議論の参考になる書をいくつかのジャンルで括って紹介する．

《事例が豊富な書》

[1] 日本技術士会 訳編：科学技術者の倫理（その考え方と事例），丸善，2000（第 5 刷）
[2] 米国 NSPE 倫理審査委員会編，日本技術士会訳編：科学技術者倫理の事例と考察，丸善，2001（第 3 刷）

[3] 米国 NSPE 倫理審査委員会編，日本技術士会訳編：続科学技術者倫理の事例と考察，丸善，2004.
[4] 電気学会倫理委員会：技術者倫理事例集，電気学会，2010（第2刷）

《技術者倫理の入門書》
[5] 杉本泰治，高城重厚：大学講義 技術者の倫理 入門，丸善，2001
[6] 齊藤了文，坂下浩司：はじめての工学倫理，昭和堂，2014（第3版）
[7] 中村収三，近畿化学協会工学倫理研究会 共編著：技術者による実践的工学倫理（先人の知恵と戦いから学ぶ），化学同人，2013（第3版）
[8] 小出泰士：JABEE 対応 技術者倫理入門，丸善，2013（第6刷）
[9] 比屋根均：(技術の営みの教養基礎）技術の知と倫理，理工図書，2012

《大学院や企業人向けの学習書》
[10] 野城智也，札野順，板倉周一郎，大場恭子：実践のための技術倫理（責任あるコーポレート・ガバナンスのために），東京大学出版会，2005
[11] 日本技術士会環境部会訳編：環境と科学技術者の倫理，丸善，2001（第2刷）
[12] 杉本泰治，田中秀和，橋本義平：技術者倫理（法と倫理のガイドライン），日本技術士会プロジェクトチーム技術者倫理研究会・科学技術倫理フォーラム共編，丸善，2009
[13] 日本ネットワークセキュリティ協会編：個人情報保護法対策セキュリティマニュアル 第2版，(株）インプレス，2004（第2版）
[14] 山崎茂明：科学者の発表倫理（不正のない論文発表を考える），丸善，2014（第2刷）
[15] C. ウィットベック著，札野順，飯野弘之共訳：技術倫理1，みすず書房，2000
[16] T.R.Piper, M.C.Gentile, S.D.Parks: Can Ethics Be Taught? Perspectives, Challenges, and Approaches at Harvard Business School, 1992（倫理は教えられ得るか？，ハーバード・ビジネス・スクールにおける展望，挑戦およびアプローチ），小林俊治，山口善昭訳：ハーバードで教える企業倫理，生産性出版，1995

《加除式スタイルで毎年更新される書》
[17] 著作権法令研究会編：著作権関係法令実務提要（加除式），第一法規，1980
[18] 知的財産権法研究会編：知的財産権の管理マニュアル（加除式），第一法規，1993
[19] 多賀谷一照，松本恒雄ほか編：情報ネットワークの法律実務（加除式），第一法規，1999

《法に注目した書》
[20] 日本弁護士連合会，刑法改正対策委員会 共編：コンピュータ犯罪と現代刑法，三省堂，1990
[21] 荒竹純一：インターネットと著作権，中央経済社，1997
[22] 岡村久道：迷宮のインターネット事件，日経 BP 社，2003
[23] 名和小太郎：デジタル著作権（二重標準の時代へ），みすず書房，2004（第2刷）
[24] 斉藤博：著作権法 第2版，有斐閣，2004

[25] 羽室英太郎，國浦淳編著：デジタル・フォレンジック概論（フォレンジックの基礎と活用ガイド），東京法令出版，2015

《情報セキュリティに関する書》

[26] 土居範久監修，佐々木良一・内田勝也・岡本栄司・菊池浩明・寺田真敏・村山優子編：情報セキュリティ事典，共立出版，2003

[27] 情報処理推進機構 (IPA) 編著：情報セキュリティ読本（IT 時代の危機管理入門），実教出版，2014（第 4 版）

[28] 情報処理推進機構著，土居範久監修：情報セキュリティ教本（組織の情報セキュリティ対策実践の手引き），実教出版，2013（改訂版）

[29] 羽室英太郎：情報セキュリティ入門，慶應義塾大学出版会，2014（第 3 版）

[30] 佐々木良一監修，電子情報通信学会編：ネットワークセキュリティ，オーム社，2014

索　　引

A

APMBOK 89

B

BTO 104

C

CIO 155
COSO 154
CPM 110, 135
CRM 137
CS2013 . . . . . 3, 23

D

DAMA 16
DAMA-DMBOK 16
DBMS 47
DMS 34

E

e-government 188
EA 99, 120
ERP 105

G

G2B 189
G2C 189
G2G 189

H

HCM 138
HRM 138

I

IE 134
IRM 28
IS2010 . . . . . 5, 6, 24, 82
ISBOK 5, 82
ISO 94
ISO21500 94
IS カリキュラムの全体像 8
ITIL 147
ITSM 141
ITSMS 141
IT ガバナンス 154
IT セキュリティ管理 27
IT 統制 154

J

J07-IS 83, 84
JMOOC 67

K

KMS 136

L

LU 83

M

MARC 72
MIS 133
MOOC 67
MRP 107

N

NDL-OPAC 71

O

OCW 67
OPAC 179, 182
OR 134
OSI の管理 27

P

P2M 91
PDCA サイクル 144

PERT . . . 135
PM. . . . 80
PMAJ . . . 92
PMBOK . . . 86, 89
PM の LU . . . 84
PM の概念. . . 86
POS. . . 136

Q

QC 七つ道具 . . . 108

S

SCM . . . 58, 105
SFA . . . 138
SLA . . . 149

あ行

アクセシビリティ . . . 165
アクセス解析 . . . 164
意思決定. . . 134
意思決定支援システム . . . 11
一次資料. . . 174, 176
イノベーション . . . 192
インターネット . . . 159
インテリジェンスのサイクル . . . 176
ウイルス対策 . . . 195
エンタープライズアーキテクチャ . . . 99, 120
オープンガバメント. . . 189
オープンデータ . . . 165, 189
オペレーションズリサーチ . . . 134

か行

概念スキーマ . . . 49
外部スキーマ . . . 49
学術活動. . . 183
学術機関. . . 182
学術情報. . . 182
カリキュラムデザイン . . . 7
関係データベース . . . 54
関係データモデル . . . 49, 54
管理の概念. . . 87
基幹系アプリケーション . . . 43
危機管理. . . 174
企業間取引 . . . 138
企業資源計画 . . . 105
企業情報システム . . . 132
企業の形態. . . 128
企業の組織形態 . . . 128
技術士制度. . . 199
技術者倫理. . . 198
ギャップ分析 . . . 145
組版 . . . 160
経営資源. . . 127
経営情報. . . 134
経営情報システム . . . 133
経営戦略. . . 130
コアコース. . . 7
公共図書館. . . 70
構成管理. . . 27, 87
工程管理. . . 108
国際化 . . . 160
国立国会図書館 . . . 70
個人が所有する情報. . . 124
個人情報保護制度 . . . 203
コスト管理. . . 88
コーポレートガバナンス . . . 153
コンピュータウイルス. . . 196
コンプライアンス . . . 153

さ行

サイバー環境 . . . 196
査読 . . . 184
サービスマネジメント. . . 141
サービスマネジメントシステム . . . 141
サプライチェーンマネジメント . . . 58, 105
産学連携の評価基準. . . 10
事業戦略. . . 132
資源管理. . . 88
資材所要量計画 . . . 107
システム監査 . . . 150
自動図書貸出装置 . . . 180
出版権 . . . 64
出版権の設定 . . . 65
出版権の内容 . . . 66
受発注のマネジメント. . . 102, 103
障害管理. . . 27
障害復旧. . . 60
情報（インテリジェンス）のサイクル . . . 174
情報活用サイクル . . . 101
情報関心. . . 174, 175
情報管理論. . . 12
情報系アプリケーション. . . 43
情報検索システム . . . 40
情報公開制度 . . . 203
情報資源管理 . . . 28
情報システムとは . . . 21
情報システムにおける情報の管理. . . 97
情報資料. . . 174, 176
情報セキュリティ . . . 200
情報セキュリティマネジメント . . . 201
情報蓄積と検索 . . . 41
情報とは. . . 20

情報の検索 40
情報のサイクル 176
情報評価の枠組み 167
情報マネジメント 2, 22
情報マネジメント戦略 25
情報メディア 11, 21
情報要求 174, 175
書架アンテナ 181
書誌情報 185
書誌データ 70
新 QC 七つ道具 108
進捗管理 88, 108
生産管理 106
生産計画 107
生産工学 134
全体最適化 100
戦略のプロセス 98
蔵書点検 75
組織 113
組織活動におけるマネジメント 115
組織管理 88
組織における情報 124
組織の活動 113
組織の形態 114

た行

タイム管理 88
地域化 160
知識体系 5
知識とは 20
知識ユニット 4
知識レベル 9
知的財産権 202
著作権 202
著作権法 64
デジタルデバイド 205
デジタルフォレンジクス 205
データウェアハウス 57
データ管理 35
データ管理システム 34
データと情報の管理 32
データとは 18
データの取得・格納・維持・管理 36
データベース管理システム 47
データベースシステム 48
データベーススキーマ 49
データベースの運用管理 59
データマイニング 44, 57
データマネジメント 16
データモデリング 39, 49
データモデル 37, 53
電子雑誌 69
電子出版権 64
電子書籍 69
電子政府 188
問合せ処理 40
図書館業務 69
図書館システム 178–181

な行

内部スキーマ 49
内部統制 153
ナレッジマネジメントシステム 136
日時 161
ネットワーク管理 26

は行

ビジネス情報のマネジメント 136
評価基準 167
評価の観点 167
標準化 160
品質管理 88
品質保証 88
品質マネジメント 29
ファイル管理 35
ファイルベースシステム 42
ファイル編成 35
ブルーム 9
プロジェクト資源 93
プロジェクトの概念 85
プロジェクトマネジメント 80
プロセスアプローチ 146
分散型データベース 55
分散データベース 56
変更管理 88

ま行

マルチメディアシステム 22
メタデータ 164
メディアドクター 168
目標管理 88
目録情報 178, 179, 182
文字コード 161
モデルカリキュラム 6
ものづくりのマネジメント 105

や行

要求管理 88

ら行

リスクマネジメント 87, 205

著者紹介

［執筆担当順］

神沼靖子（かみぬま やすこ）　（執筆担当：第 1 章〜第 6 章，第 14 章）

略　歴：1961 年　東京理科大学理学部数学科卒業，1999 年　博士（学術）
日本鋼管，横浜国立大学，埼玉大学，帝京平成大学を経て，2003 年　前橋工科大学（教授）を定年退職
現在　情報処理学会フェロー，NAPROCK（高専プロコン交流育成協会）理事，情報システム学会評議員

主　著：『基礎情報システム論』（共著），共立出版（1999）
『情報社会を理解するためのキーワード 3』（共編），培風館（2003）
『情報リテラシ 第 4 版』（共著），共立出版（2005）
『情報システム学へのいざない 改訂版』（共編），培風館（2008）
『プロジェクトの概念 第 2 版―プロジェクトマネジメントの知恵に学ぶ』（監修），近代科学社（2018）

学会等：情報処理学会，情報システム学会，電子情報通信学会，経営情報学会，日本応用数理学会，応用統計学会，日本数学会の各会員，および ACM 会員

大場みち子（おおば みちこ）　（執筆担当：第 7 章〜第 10 章）

略　歴：1982 年　日本女子大学家政学部家政理学科卒業
1982 年　（株）日立製作所入社
2001 年　大阪大学大学院工学研究科情報システム専攻博士後期課程修了，博士（工学）
2010 年　公立はこだて未来大学情報アーキテクチャ学科・教授
2023 年〜現在　京都橘大学工学部情報工学科・教授，日本学術会議会員

主　著：『情報システム基礎』（共著），オーム社（2006）
『ビジネスシステムのシミュレーション』（共著），コロナ社（2007）
『情報システムの開発法：基礎と実践』（未来へつなぐデジタルシリーズ 21 巻）（共著），共立出版（2013）
『緊急事態のための情報システム』（共訳），近代科学社（2014）
『システム設計論 改訂版』（共著），コロナ社（2017）

学会等：情報処理学会，電気学会，日本ソフトウェア科学会，日本教育工学会，人工知能学会，サービス学会，日本認知科学会の各会員

山口　琢（やまぐち たく）　（執筆担当：第 11 章，第 12 章）

略　歴：1987 年　千葉大学大学院理学研究科物理学専攻修了
2014 年　公立はこだて未来大学大学院システム情報科学研究科博士課程（後期）研究指導満了退学
現在　独立系研究者（元 株式会社日立製作所，元 株式会社ジャストシステム所属）

主　著：『開放型文書体系ハンドブック』（共訳），日本電子工業振興協会（1994）

学会等：情報処理学会 会員，日本認知科学会 会員

川野喜一（かわの きいち）　（執筆担当：13.1 節）

略　歴：1976 年　東京大学工学部計数工学科卒業，同年 富士通株式会社 入社
富士通システム統合研究所，特機システム事業本部 勤務を経て 株式会社富士通ディフェンスシステムエンジニアリング代表取締役社長（2007〜2014 年）
現在　情報システム学会 常務理事，モデルベース思考研究所 代表理事

主　著：『情報システムのための情報技術辞典』（一部執筆），培風館（2006）

学会等：情報システム学会，情報処理学会，日本コンペティティブ・インテリジェンス学会の各会員

小川邦弘（おがわ くにひろ）　（執筆担当：13.2 節）

略　歴： 1977 年　日本大学文理学部国文学科卒業
元帝京大学医学図書館 所属

主　著： 『二十一世紀の大学図書館：私立大学図書館協会創立五十周年記念論文集』（分担執筆），私立大学図書館協会（1993）

学会等： 日本図書館文化史研究会 会員

刀川　眞（たちかわ まこと）　（執筆担当：13.3 節）

略　歴： 1974 年　上智大学理工学部電気電子工学科卒業，日本電信電話公社入社
2002 年　東京工業大学大学院社会理工学研究科・価値システム専攻単位取得満期退学
現在　室蘭工業大学 東京事務所 所長・博士（工学）

主　著： 『電子貨幣論』（共著），NTT 出版（1999）
『21 世紀の「医」はどこに向かうか — 医療・情報・社会』（共著），NTT 出版（2000）

学会等： 情報処理学会，情報システム学会，社会情報学会，研究・イノベーション学会の各会員

砂田　薫（すなだ かおる）　（執筆担当：13.4 節）

略　歴： 1997 年　東京大学大学院人文社会系研究科社会文化研究専攻（社会情報学専門分野）博士課程満期退学（社会学修士）
現在　国際大学グローバル・コミュニケーション・センター主幹研究員（併任），中央大学（情報通信産業論），国士舘大学（国際情報論）の非常勤講師を兼務.

主　著： 『起業家ビル・トッテン — IT ビジネス奮闘記』，コンピュータエージ社（2003）
『新情報システム学序説 — 人間中心の情報システムを目指して！』（分担執筆），情報システム学会（2014）

学会等： 情報システム学会 会員

未来へつなぐ デジタルシリーズ 38
情報マネジメント

Information Management

2019 年 1 月 30 日　初　版 1 刷発行
2025 年 3 月 25 日　初　版 2 刷発行

著　者　神沼靖子・大場みち子
山口　琢・川野喜一
小川邦弘・刀川　眞
砂田　薫

発行者　南條光章

発行所　**共立出版株式会社**
郵便番号 112–0006
東京都文京区小日向 4–6–19
電話　03–3947–2511（代表）
振替口座 00110–2–57035
URL www.kyoritsu-pub.co.jp

印　刷　藤原印刷
製　本　ブロケード

一般社団法人
自然科学書協会
会員

検印廃止
NDC 007

ISBN 978–4–320–12358–8

Printed in Japan